民族文字出版专项资金资助项目

新型职业农牧民培育工程教材

蔬菜栽培技术

སྔོ་ཚལ་འདེབས་གསོའི་ལག་རྩལ།

农牧区惠民种植养殖实用技术丛书（汉藏对照）

《蔬菜栽培技术》编委会　编

青海人民出版社

图书在版编目(CIP)数据

蔬菜栽培技术 : 汉藏对照 /《蔬菜培技术 》编委会编；先玛措，吉太加译. -- 西宁 : 青海人民出版社，2017.3
(农牧区惠民种植养殖实用技术丛书)
ISBN 978-7-225-05309-7

Ⅰ. ①蔬… Ⅱ. ①蔬… ②先… ③吉… Ⅲ. ①蔬菜园艺—汉、藏 Ⅳ. ①S63

中国版本图书馆 CIP 数据核字（2017）第 055495 号

农牧区惠民种植养殖实用技术丛书
蔬菜栽培技术(汉藏对照)
《蔬菜栽培技术》编委会 编
先玛措 吉太加 译

出 版 人 樊原成
出版发行 青海人民出版社有限责任公司
西宁市同仁路 10 号 邮政编码:810001 电话:(0971)6143426(总编室)
发行热线 (0971)6143516/6137731
印 刷 青海西宁印刷厂
经 销 新华书店
开 本 890mm × 1240mm 1/32
印 张 8.25
字 数 200 千
版 次 2017 年 3 月第 1 版 2017 年 3 月第 1 次印刷
书 号 ISBN 978 -7 -225 -05309 -7
定 价 30.00 元

《蔬菜栽培技术》编委会

主　　任：李吉环

主　　编：严生德

副 主 编：张生桐

审　　稿：严生德

编写人员：严生德　张生桐　景　慧　柳　红
张　玮　张颖平　刘　兵　李白家
张优良　李　江　张建山　张广生
魏建平　马　文　崔文彦　张可田
仲文祥　何迎冒　张　琦

翻　　译：先玛措　吉太加

《སྔོ་ཚལ་འདེབས་གསོའི་ལག་རྩལ》

རྩོམ་སྒྲིག་ཨུ་ཡོན་ལྷན་ཁང་།

ཀྲུ་རིན།	ལིས་ཅི་ཧྲོན།
གཙོ་སྒྲིག་པ།	ཡན་ཧྲེན་ཏིག
གཙོ་སྒྲིག་པ་གཞོན་པ།	ཀྲང་ཧྲེང་ཐུང་།
རྩོམ་ཞུས།	ཡན་ཧྲེན་ཏིག
རྩོམ་སྒྲིག་མི་སྣ།	ཡན་ཧྲེན་ཏིག ཀྲང་ཧྲེང་ཐུང་། ཅིན་ཏེ། ལིག་ཧྲོང་། ཀྲང་པའེ། ཀྲང་ཝེ་ཕིན། ལིག་ཕིན། ལའེ་པད་ཐླ། ཀྲང་ཡིག་ལིང་། ལིས་ཅིང་། ཀྲང་ཅིན་ཧྲན། ཀྲང་གོང་ཧྲིན། པའེ་ཅིན་ཕིན། སྣ་བུན། ཚའེ་པིན་ཡན། ཀྲང་ཁའེ་ཐེན། ཀྲུང་བུན་ཞང་། ཏའོ་ཡུན་མའོ། ཀྲང་ཆི།
ཡིག་སྐྲུན་པ།	བྱམས་མ་མཚོ། ལྷུགས་ཐར་རྒྱལ།

前　言

蔬菜产业是青海省重点培育的特色产业。为进一步加快全省农村牧区蔬菜作物栽培技术推广力度，提高蔬菜种植水平，推动蔬菜产品提质增效提供强有力的技术支撑，在认真总结多年来我省蔬菜技术推广、科研、教学和生产实践的基础上，我们编写了《蔬菜栽培技术》（汉/藏文版）一书，本书详尽介绍了黄瓜、西葫芦、番茄、辣椒、普通菜花、葱、韭菜、萝卜、胡萝卜、莴笋、大白菜、菠菜、甘蓝、芹菜、小油菜和香菜等十六种常见蔬菜的品种选择、茬口安排、环境条件要求、生长发育特点、育苗定植、病虫害防治、水肥管理及采收等各个环节的新技术、新经验和新做法。内容简明扼要，通俗易懂，图文并茂，使本书具有较强的可操作性和实用性。全书采用了国家最新标准、法定计量单位和最新名词、新术语。本书适用于广大农业技术人员、广大菜农、农业院校师生以及部队农副业生产人员阅读参考，特别是为指导牧区蔬菜生产提供了一本较为系统、实用的书籍。

本书编写过程中得到有关领导、专家和老同志们的大力支持，在此表示诚挚的谢意。由于编写时间仓促、编者水平有限等各种原因，难免存在纰漏和缺点，有待在今后的实践中加以完善，也恳请各位读者给予宝贵意见和建议。

编　者

གླེང་གཞི།

སྔོ་ཚལ་ཐོན་ལས་ནི་མཚོ་སྔོན་ཞིང་ཆེན་གྱི་གཙོ་གནད་དུ་བཟུང་ནས་སྐྱེད་སྲིང་བྱེད་པའི་ཁྱད་ལྡན་ཐོན་ལས་ཤིག་ཡིན། ཞིང་ཆེན་ཡོངས་ཀྱི་ཞིང་སྡེ་དང་འབྲོག་ཁུལ་གྱི་སྔོ་ཚལ་འདེབས་གསོའི་ལག་རྩལ་ཁྱབ་སྤེལ་བྱེད་ཤུགས་སྟར་ལས་ལྷག་པར་རྗེ་ཆེ་རུ་གཏོང་བ་དང་། སྔོ་ཚལ་འདེབས་འཛུགས་ཚད་རྗེ་མཐོར་བཏང་ནས། སྔོ་ཚལ་ཐོན་རྫས་ཀྱི་སྤུས་ཚད་དང་ཕན་འབྲས་རྗེ་མཐོར་གཏོང་བ་ལ་ལག་རྩལ་གྱིས་འདེགས་སྐྱོར་ཡོང་བར་སྐུལ་འདེད་བྱས་ཏེ། ནན་ཏན་གྱིས་མཚོ་སྔོན་ཞིང་ཆེན་གྱི་ས་མང་པོའི་རིང་ལ་སྔོ་ཚལ་ལག་རྩལ་ཁྱབ་སྤེལ་དང་ཚན་ཞིབ། སློབ་ཁྲིད་དང་ཐོན་སྐྱེད་ལག་ལེན་སོགས་ཀྱི་ཉམས་མྱོང་སྤྱི་བསྡོམས་བྱས་པའི་རྨང་གཞིའི་སྟེང་དུ། ང་ཚོས《སྔོ་ཚལ་འདེབས་གསོའི་ལག་རྩལ》ཞེས་པའི་དཔེ་དེབ་འདི་རྩོམ་སྒྲིག་བྱས་པ་ཡིན། དཔེ་དེབ་འདིའི་ནང་དུ་ཧྲོང་ཀྲ་དང་ཞི་ཧུའུ་ལུའུ། ཀྲིམ་ཀྲུ། སུར་པན། སྒྲིར་བཏང་གི་ཆུར་ཚལ། ཙོང་། གེའུ། ལ་ཕུག སླང་ཇ། ལ་སེར། ཚོད་དཀར། ཚོད་ནག ཀན་ལན། ཆེན་ཚལ། པད་ཆུང་། ཨུ་སུ་སོགས་རྒྱུན་མཐོང་སྔོ་ཚལ་རྣམ་པ་བཅུ་དྲུག་གི་ས་བོན་གདམ་ག་དང་། སོག་ཤུལ་བཀོད་སྒྲིག ཁོར་ཡུག་གི་སླང་བྱ། འཚར་ལོངས་ཀྱི་ཁྱད་ཆོས། སྨུག་གསོ་རྩ་སྲོས་རྒྱག་པ། ནད་འབུའི་གནོད་པ་འགོག་བཅོས། ཆུ་ལུད་དོ་དམ། འཚོལ་བསྡུ་སོགས་དུས་རིམ་སོ་སོའི་ལག་རྩལ་གསར་བ་དང་ཉམས་མྱོང་གསར་བ། བྱེད་སྟངས་གསར་བ་སོགས་རེ་རེ་བཞིན་ཞིབ་ཏུ་རྩོམ་འབྲི་གནང་ཡོད། ནང་དོན་གྱི་ཆ་ནས་ཚིག་ཉུང་དོན་གསལ་དང་གོ་སླ་བའི་ཁྱད་ཆོས་ཡོད་ཅིང་། ཡི་གེ་དང་པར་རིས་ཀུན་ཟུང་དུ་སྦྲེལ་ཡོད་པས།དཔེ་

ཆ་འདི་ཉིད་ཀྱི་བཀོལ་སྤྱོད་རང་བཞིན་དང་དངོས་སྤྱོད་རང་བཞིན་ཇེ་ལེགས་སུ་བཏང་ཡོད། དཔེ་ཆའི་མགོ་གཞུག་བར་གསུམ་དུ་རྒྱལ་ཁབ་ཀྱི་ཚད་གཞི་གསར་ཤོས་དང་། ཁྲིམས་གསལ་ཚད་འཇལ་རྩིས་གཞི། ཆེས་གསར་བའི་མིང་ཚིག་དང་ཐ་སྙད་གསར་བ་སོགས་བེད་སྤྱོད་བྱས་ཡོད། དེ་བས། དཔེ་ཆ་འདི་ནི་རྒྱ་ཆེའི་ཞིང་ལས་ལག་རྩལ་མི་སྣ་དང་། རྒྱ་ཆེའི་ཚལ་འདེབས་ཞིང་པ། ཞིང་ལས་སློབ་གྲྭའི་དགེ་སློབ་དང་། དེ་བཞིན་དུ་དམག་དཔུང་ནང་གི་ཞིང་ཞོར་ཐོན་སྐྱེད་མི་སྣས་དཔྱད་གཞི་ལྟ་ཀློག་བྱས་ན་འཚམ་པར་མ་ཟད། ལྷག་པར་དུ་རོང་འབྲོག་ཁུལ་གྱི་སྔོ་ཚལ་ཐོན་སྐྱེད་སློབ་སྟོན་དུ་འཛིན་པར་མ་ལག་ཚང་ཞིང་དངོས་ཕན་ལྡན་པའི་དཔེ་དེབ་ཅིག་འདོན་སྤྲོད་བྱས་ཡོད།

དེབ་འདིའི་རྩོམ་སྒྲིག་བྱ་བའི་བརྒྱུད་རིམ་ཁྲོད་དུ་འབྲེལ་ཡོད་མགོ་ཁྲིད་དང་ཆེད་ལས་མཁས་པ། བློ་མཐུན་ཀན་བུས་རྣམས་ཀྱིས་རྒྱབ་སྐྱོར་ཤུགས་ཆེན་བྱས་པར་སྙིང་ཐག་པ་ནས་ཐུགས་རྗེ་ཆེ་ཞུ་བ་ཡིན། རྩོམ་སྒྲིག་གི་དུས་ཚོད་བྲེལ་འཚུབ་ཆེ་བ་དང་རྩོམ་སྒྲིག་པའི་ཆུ་ཚད་ཞན་པ་ལ་སོགས་པའི་རྒྱུ་རྐྱེན་སྣ་ཚོགས་ཀྱི་དབང་གིས། སྐྱོན་ཆ་གང་མང་ཞིག་འབྱུང་བ་ནི་གཡོལ་ཐབས་མེད་ཅིང་། ཕྱིན་ཆད་ཀྱི་ལག་ལེན་ཁྲོད་སུ་མཐུད་དུ་འཐུས་ཚང་དུ་གཏོང་དགོས་པས། ཀློག་པ་པོ་རྣམ་པས་བསམ་འཆར་འདོན་རྒྱུའི་རེ་བ་ཡོད།

སྒྲིག་པ་པོས།

目　　录

དཀར་ཆག

第一章　黄　　瓜

一、营养价值

黄瓜营养丰富，富含纤维素、多种维生素和矿质元素。

二、环境要求

黄瓜喜温怕寒，种子发芽温度25～30℃，生长期白天温度为20～30℃，夜间13～15℃，低于10℃停止生长，超过35℃以上光合作用受阻。黄瓜根系较浅，叶片大，吸水和肥料的能力较弱。

三、茬口安排

早春茬11月下旬至12月上旬育苗；秋延后可在6月中下旬或7月上旬育苗；秋冬茬育苗应根据市场需求和各地的实际情况而定。

四、品种选择

选用津春、津研、津杂和津优、新世纪、博耐及博杰等系列品种。

如要嫁接，砧木种子可选黑籽南瓜、南砧一号。

五、栽培管理技术

（一）种子消毒与催芽

温汤浸种时，先将种子投入55℃的温水中浸泡15分钟，水温降到30℃时再浸泡4～6小时，取出晾晒10分钟，用湿纱布包起放在25～30℃的环境中进行催芽，70%种子露芽便可播种。

（二）播种育苗

播种时选晴天上午进行。先给苗床灌水，待水渗下后撒上一层土，再将露白的种子按 10 厘米 ×10 厘米的距离平放在苗床上，然后上面覆盖 1.5 ~2 厘米的土，如进行嫁接，种子可适当放密一些；如采用营养钵、72 穴穴盘、营养块育苗，每穴放一粒种子，上覆育苗基质。最后覆盖地膜并加小拱棚（图 1 –1）。

图 1 –1　黄瓜穴盘育苗

黑籽南瓜比黄瓜要晚播种 5 ~7 天，可用沙床播种。

（三）嫁接

嫁接方法有多种，有靠接、劈接、插接等。青海省常用的是靠接法和插接法。

1. 靠接法：黄瓜刚见真叶，砧木第一真叶半展开时，即可嫁接，首先用 70% 酒精对刀片、竹签和手进行消毒，再用刀片或竹签去掉砧木的生长点及两腋芽，在子叶的下方 0.5 厘米处往下斜切 0.5 ~1 厘米长的切口，深至胚轴 1/3 ~1/2 处，将一带根的黄瓜苗，从子叶下 1.2 ~2 厘米处向上切一个与砧木切口长短相等方向相反的切口，切口达胚轴的 2/3，最后使两个切口上下相吻合，后用夹子或塑料布固定，再用湿土把黄瓜的根埋好，形成二根供养一苗，并加盖小拱棚。待接穗成活后将接穗的根在接口处剪断。

2. 插接法：黄瓜幼苗子叶展开，砧木南瓜幼苗第 1 片真叶至 5 分硬币大小时为嫁接适期。操作时，竹签粗 0.2 ~0.3 厘米，先端削尖。将竹签的先端紧贴砧木一子叶基部的内侧，向另一子叶的下方斜插，插入深度为0.5厘米左右，不可穿破砧木表皮。用刀片从黄瓜子叶下约0.5厘米处入刀，在相对的两侧面切一刀，切面长0.5~0.7厘米，刀口要平滑。接穗削好后，即将竹签从砧木中拔出，并插入接穗，插入的深度以削口与砧木插孔平为度。

（四）嫁接后温度管理

嫁接后前3天是愈伤组织的重要时期，白天温度控制在25~30℃，晚上在18℃左右，并用遮阳网等进行遮光，嫁接苗要及时喷水，促进伤口愈合，4~5天后可逐步降低温度，白天温度22~25℃，夜间15~20℃。此后逐步延长光照时间，去掉遮阳物，并进行通风，定植前7天温度可降低到15~20℃，进行拣苗，苗期不要过分控水，三叶一心时即可定植。

（五）定植

定植前整地。结合整地，苗施腐熟的优质有机肥10 000千克，磷酸二铵50千克，深翻后起垄，垄上覆地膜。定植采用大垄双行，内紧外松的方法，行距40厘米，株距25~30厘米。定植孔打在垄沿10厘米处。定植后，要注意整平定植孔下的土壤，把“十”字形开后的地膜铺平并用细土在地膜上压紧、封严，然后浇水（图1-2、图1-3）。

图1-2　深翻起垄

图1-3　起垄覆膜

（六）田间管理

定植后前 4 ~ 5 天不宜通风，白天温度保持在 25 ~ 28℃，夜间 15 ~ 20℃，并保持土壤潮湿。缓苗后，应降温、降湿，控温白天 20 ~ 25℃，夜间 12 ~ 15℃。黄瓜定植时浇水应少，5 ~ 7 天后浇缓苗水，然后蹲苗 20 ~ 25 天，待多数植株已结根瓜，瓜长10 ~ 15 厘米，粗 2.5 厘米左右，瓜柄变深绿色时浇头水。此后，浇水相隔时间的大致范围是：前期 10 ~ 12 天，中后期 5 ~ 7 天。追肥应“多次少量”，从浇头水开始，每浇水 2 ~ 3 次追施尿素 10 千克/亩（图 1 – 4、图 1 – 5）。

图 1 – 4　黄瓜吊蔓

图 1 – 5　黄瓜整枝

（七）病虫害防治

黄瓜主要病害有霜霉病、白粉病、细菌性角斑病等，防治时要严格执行“预防为主，综合防治”的植保方针，优先选用农业防治、物理防治和生物防治措施，实在必要时再进行药物防治。霜霉病防治：一是选用抗病品种；二是改善栽培管理。发病初期用生物制剂多抗霉素 75 ~ 100 倍液，间隔 7 ~ 9 天喷洒 1 次连防 5 次；或用 40% 霉灵 250 液喷洒，58% 瑞毒锰锌或 75% 百菌清 600 倍液交替喷雾。白粉病防治：彻底清理前茬残体，用 45% 百菌清烟剂熏治；发病初期可喷粉锈宁 1 500 倍液或 75% 百菌清可湿性粉剂 600 倍液防治。

黄瓜主要虫害有蚜虫（瓜蚜）、白粉虱、红蜘蛛等。瓜蚜防治：用20%速灭杀丁2 000倍液、25%功夫乳油3 000倍液，也可用防瓜蚜1号烟雾剂防治。白粉虱防治：用25%扑虱灵2 000倍液、2.5%天王星乳油2 000倍液，也可用22%敌敌畏烟雾剂熏杀。红蜘蛛防治：用73%克螨特1 000倍液、20%复方浏阳霉素1 000倍液，施药时要交替使用，一般7～10天防治1次，连防2～3次（图1－6）。

图1－6　物理防治：频振式杀虫灯

六、采收

根瓜尽量早采收，以防坠秧。采收要在早晨进行，此时瓜条含水量大，品质鲜嫩（图1－7）。

图1－7　黄瓜采收

第二章　西葫芦

一、营养价值

西葫芦含有维生素C、葡萄糖、胡萝卜素、钙、瓜氨酸、葫芦巴碱、腺嘌呤等物质，营养十分丰富。钠盐含量很低，几乎不含脂肪。

二、环境要求

1. 温度：西葫芦对温度有较强的适应性。种子发芽的适宜温度为25～30℃；生长发育适温18～25℃；开花结果适温为22～25℃。32℃以上花器官发育不正常，10℃以下停止生长。

2. 水分：西葫芦根系强大，吸水能力强，抗旱性好。苗期应适当控制水分，否则易引起茎叶徒长。结瓜期应保持土壤湿润。

3. 光照：西葫芦对光照要求不严，耐弱光性能较强，在自然光照条件下均能开花结瓜。

4. 土壤和营养：西葫芦在沙土、壤土或黏土地上均可生长。但在土层深厚、有机质含量高的壤土种植易获得高产。

三、茬口安排

1. 日光温室：秋季应在8月上旬播种，苗龄30～35天，10～12月上市。越冬茬应在9月下旬至10月中旬播种，苗龄40天左右。早春茬可在2月上旬播种，苗龄50天左右。

2. 露地春茬：4月下旬至5月上旬播种，播后注意防晚霜冻害。

四、品种选择

西葫芦有冬玉、京葫3号、晶莹一号、晶莹二号，春玉、白玉、艾维克、改良纤手等品种。

五、栽培管理技术

（一）播种育苗

1. 种子处理：种子用55℃水浸泡15分钟，再用20～30℃的水浸泡4小时，把种子上的黏液搓洗干净后晾干，然后用干净的湿布包好，放在25～30℃的环境条件下催芽，芽长2～4毫米时即可播种。

2. 播种：播种可直接播于温室内的苗床上，也可播在营养钵或50穴育苗穴盘内。温室内苗床按10厘米×10厘米或12厘米×12厘米距离每方块中央放一粒种子，再覆盖营养土2厘米厚并覆盖地膜，每亩地用种量250～350克。

（二）定植

定植前2～3天苗畦浇透水，以利于起苗和囤苗。定植时，根据品种生长特性，常规品种按大行距80厘米，小行距60厘米，株距50厘米在膜上双行三角形打孔；然后将苗带土坨放入孔内，并压好定植孔周围的薄膜，从垄沟浇水（图2－1）。

图2－1　西葫芦覆膜栽培

（三）田间管理

1. 水肥管理：根据定植水情况决定浇缓苗水，要是定植水浇足可不浇缓苗水，当根瓜开始膨大时浇水追肥，亩施磷酸二铵20千克。

根瓜要早收，以免影响第二、四瓜的生长，第二瓜开始膨大时追施第二次肥，可施磷酸二铵20千克，生育期追肥4～5次，并注意补充钾肥，以促座果率和增强抗病性。

2．温湿度管理：定植后保持高温高湿，一般不放风或少放风。白天温度稳定在25～30℃，夜间在10～15℃。缓苗后适当放风降温，白天温度保持在20～25℃，夜间最低温度保持在8～10℃。

根瓜开始膨大时，适当提高温度，促进根瓜生长。白天温度应在22～25℃，夜间最低温度11～13℃，当外界温度稳定在12℃以上时可昼夜通风。

浇水时应保持土壤湿润为宜，但要防止空气湿度过大。

3．温室栽培：西葫芦需进行人工授粉，其方法是在上午9～10时摘取当日开放的雄花，去掉花冠，在雌花柱头上轻轻涂抹，或利用激素处理防止落花落果，常用2，4－D在早晨8～10时涂抹刚开花的雌花柱头，但不能涂到植株的茎叶上。如果在配好的溶液中加入0.1%的原50%速克灵可湿性粉剂，可有效防治灰霉病的发生。

4．植株调整：对半蔓性品种，第一瓜收获后应及时吊蔓并掐去侧蔓。吊蔓方法同黄瓜，如侧蔓已着嫩瓜，可打去顶芽保留2～3片叶，同时要除去黄化老叶（图2－2）。

图2－2　西葫芦吊蔓

（四）主要病虫害防治

西葫芦的主要病害有炭疽病、白粉病、灰霉病、病毒病等。

1. 农业防治：选用抗病品种，与非瓜类作物进行2年以上轮作；起垄栽培，采用地膜覆盖、膜下暗灌等方法；加强田间管理，通风降温，及时摘除发病的花、叶、果；培育壮苗，采用配方施肥技术，增强抗病力。

2. 化学防治

（1）炭疽病：发病初期可用70%甲基托布津可湿性粉剂500倍液兑80%福美双500倍液的混合液+新高脂膜800倍液，或70%代森锰锌可湿性粉剂400倍液+新高脂膜800倍液喷防。

（2）白粉病：发病初期用5%百菌清粉尘剂或5%加瑞农粉尘剂，每亩1 000克喷粉，或用农抗120水剂200倍液、15%粉锈宁可湿性粉剂1 500倍液喷防（图2－3）。

图2－3　西葫芦白粉病

（3）灰霉病：发病初期用2%武夷菌素水剂100倍液，50%腐霉利可湿性粉剂1 500倍液，50%乙烯菌核利可湿性粉剂1 000倍液，或75%百菌清可湿性粉剂600倍液喷防。

（4）病毒病：发病初期用20%病毒A可湿性粉剂500倍，或1.5植病灵乳油1 000倍液，或抗毒剂1号300倍液，每10天喷1次，连续2～3次。最主要的还是要消灭蚜虫，切断病源传播途径。

西葫芦的主要虫害有瓜蚜、白粉虱、斑潜蝇等，其防治方法参考黄瓜主要害虫的防治方法。

第三章　番　　茄

一、营养价值

番茄俗称西红柿、洋柿子。番茄作为一种蔬菜，据营养学家测定，它含有丰富的营养成分和多种人体所需的维生素，如胡萝卜素、维生素 C 和 B 族维生素等。尤其含有较其他果蔬更多的对人体健康有益的茄红素。番茄含有丰富的维生素 A 原，经人体消化吸收转化为维生素 A，既可促进骨骼生长，又能防治佝偻病、眼干燥症、夜盲症及某些皮肤病。

二、环境要求

番茄原产于美洲，受到原产地气候的影响，形成了喜温、喜光、怕热的习性。因此，在青海地区夏秋季气温较高，光照充足的生态环境下比较适宜番茄生长，且产量高。

（一）温度

番茄是喜温性的茄果类蔬菜，适合于月平均气温 20～25℃的环境下生长发育，对温度的适应范围为 10～35℃。番茄生长发育最适温度白天为 20～28℃，夜间为 15～18℃，当温度降到 10℃以时即生长缓慢，在 5℃时停止生长；当气温升高至 33℃时番茄生长受到影响，达到 40℃时停止生长，达到 45℃时会发生高温危害。

番茄在不同发育阶段对温度的要求所有不同。种子发芽最适温度为25～30℃，当温度低于12℃或高于40℃，造成发芽困难。幼苗期最适温度白天为20～25℃，夜间为10～15℃。番茄开花期对温度反应敏感，花蕾期白天温度需达到15℃以上，最适气温白天为20～30℃，夜间15～20℃。番茄在结果期适温为白天24～26℃，夜间12～17℃。在果实着色期最适温度为20～25℃。番茄生长发育需有一定昼夜温差，尤其在结果期明显。番茄植株白天进行光合作用制造养分，夜间适当降低温度，有利于养分的运输和积累，促进根、茎、叶及果实生长，从而提高产量和品质。

（二）光照

番茄对光照时长要求不严，属于中光性植物，但喜欢较强的光照。光照不足引起植株徒长，营养不良，开花数量减少，落花落果严重。因此，在番茄栽培过程中需注意光照对植株的影响。

（三）水分

番茄枝繁叶茂、蒸腾量大，对水分的需求也大。番茄生长发育通常要求较高的土壤湿度（相对湿度65%～80%）和较低空气湿度（相对湿度45%～65%）。番茄不同的生长时期对水分的要求也有所不同。发芽期必须使种子充分吸水膨胀，土壤相对湿度达到80%左右；幼苗期由于幼苗较小，根系小，土壤水分需要保持在较高的水平，一般土壤相对湿度以60%～70%为宜；果实膨大期植株生长旺盛需水量明显增多，一般土壤相对湿度85%～90%，空气相对湿度45%～65%；盛果期果实发育速度快，植株蒸腾量大，应保持土壤湿润，避免水分供应造成果实发育不良。

（四）土壤营养

番茄对土壤适应性较强，富含有机质、土层深厚、排水良好的壤土对番茄生长发育有利。番茄耐盐碱性较强，且对土壤通气性要求较高，土壤通气性高时，植株生长发育良好，当土壤含氧量低于2%时，植株枯死。

番茄栽培过程中因为其生育期长，因此需保证足够的养分供应才可获得高产。栽培前期每亩施用腐熟的有机肥4 000 ~ 5 000千克和过磷酸钙15千克。番茄是喜钾作物，在三要素肥料中需求量最大，其次是氮，磷最少，其氮磷钾比例为1:0. 46:1. 32。

追肥可迅速补充植株所需的营养，有效促进其生长发育。当一穗普遍开花坐果时，进行第一次追肥，施硫酸铵10 ~ 15千克，约20天后一穗果膨大，二穗陆续坐果时，第二次追施硫酸铵15 ~ 20千克，以供一穗果迅速生长，到二穗果膨大，三穗普遍坐果时，第三次追施硫酸铵15 ~ 20千克，当一、二穗果大部分采收，三穗果进入膨大期，第四次追施硫酸铵10千克。追肥均随灌溉水浇施，第一次追肥可适当提前，缓苗后立即施硫酸铵10千克，第二次及第三次追肥每次除施硫酸铵15千克外，加施磷酸二铵10千克及硫酸钾10千克，第四次可只补施硫酸铵10千克。施肥总量：有机肥2 500千克，硫酸铵50千克，磷酸二铵35千克，硫酸钾30千克，增施的磷、钾化肥主要是补充土壤有效磷、钾含量不足。施肥量应根据其具体情况适量调整。

三、茬口安排

番茄的生育期较长，应根据其收获时间确定播种育苗时间，合理安排茬口。在安排茬口时忌连作，与茄科作物间隔一段时间后再栽培番茄。早春茬可在10月中旬播种，12月中旬定植；越冬长季节栽培可在8月中旬播种，9月下旬定植，12月中旬可以采收；夏秋茬于1月下旬播种，4月中旬定植，7月上旬开始采收；秋延后可在6月中旬播种，7月下旬定植，9月中旬即可采收。

四、品种选择

毛粉802：中晚熟品种，无限生长型，单果重约200克，粉红色，果实光滑、美观、脐小、肉厚，不易裂果，品质佳，商品性好，坐果力强，产量高，亩产4 000～5 000千克。但果皮薄，不耐储运。

合作903：早熟品种，有限生长型，单果重350克，大红果，高圆球形，大而整齐，果肉厚，果皮坚韧、光滑，不易裂果，耐贮运，口感品味好，商品性极佳，适应性强，耐高温、耐干旱，抗病毒病，亩产5 000千克以上。

百利：无限生长型，早熟，单果平均重180～200克，丰产性好，适合于秋冬和早春温室大棚栽培，果实扁圆形，大红色，口味好，无裂纹，无青皮，中大型果，质地硬，极耐贮运，适于出口，抗花叶病毒病、枯萎病，耐叶霉病。

千禧系列：无限生长型，生长势强，坐果率高，每花序可结果30个左右，果实近圆形，果形均匀。单果重20克，裂果少，抗晚疫病、叶霉病，耐储运。

卡鲁索：番茄“卡鲁索”是荷兰得鲁特种子公司育成的。温室番茄专用品种卡鲁索，作为我国温室番茄无土栽培首选品种，经比较试验，表现产量高、品质好、抗逆性强、适应性广、种子质量好、投入产出高等优良性状。每亩春茬产量9 000千克，秋茬产量5 000千克。果红色，扁圆形，畸形果少，商品率达95%以上。该品种除抗烟草花叶病毒外，还抗叶霉病、黄萎病、枯萎病，并有耐低温、耐热光等特性。

五、栽培管理技术

（一）播种、育苗

番茄在播种前进行温汤浸种以预防早疫病、溃疡病、叶霉病等病害的发生。根据定植密度，每亩播种量为20～30克。播种可采用点播、条播。播种后应立即覆细土，厚度0.8～

1.0 厘米。

播种后一般 3 ~ 4 天出苗。苗期主要是温度和光照的管理。播种后至子叶完全展开，白天温度应控制在 25 ~ 28℃，晚上 15 ~ 18℃。出苗至分苗前，其白天温度控制在 20 ~ 25℃，晚上 10 ~ 15℃，以防止幼苗徒长。分苗前 4 ~ 5 天，进行炼苗，提高移植后成活率，促进缓苗。同时，改善光照条件，保温被应逐渐早揭晚盖。

（二）定植

定植密度根据品种、支架等情况确定。定植时苗不要栽得太深或太浅，栽苗后及时浇水，以促进缓苗。缓苗期间进行闭棚升温，在高温高湿的条件下促进缓苗，当温度超过 30℃时则应该进行降温。

（三）田间管理

番茄在整个生育周期中对光照需求较大，应注意补光、增光。

番茄活棵后需进行中耕除草、浇水、追肥，促进根系和茎叶生长。秧苗移栽成活后，根系横向生长较快，宜浅中耕；秧苗进入开花结果之前，以除草为主，适当进行浅中耕。缓苗后白天温度控制在 20 ~ 25℃，夜间温度 13 ~ 17℃（图 3 − 1）。

图 3 − 1　番茄膜下滴灌

（四）整枝

当株高长至 26 厘米时支架、缚蔓。支架一般为“人”字形，温室支架应在温室挂铁丝用扎紧带缚蔓。随着植株的生长，每隔16～20厘米缚蔓一次（图3－2，图3－3）。

图3－2　番茄吊蔓

图3－3　番茄绑蔓

生产中常用单秆整枝，即保留主干，摘除其他分杈。近年在保护地内为降低植枝高度，促使番茄早熟丰产，还采用留叶整枝法及连续摘心整枝法。留叶整枝法是主秆留4穗果进行摘心封顶，在第一花序下方的两个侧枝长到6厘米左右时各留一叶摘心；连续摘心整枝法是在主枝留2穗果进行封顶，在主枝第一花序下留2～3个侧枝，每一侧枝再结2穗果封顶，每株番茄结4～6穗果。当植株封行以后，如茎叶生长过旺，可以打去基部的老叶、黄叶，以利通风透光。早熟栽培的番茄若栽得较密，为促进下层果实早熟应及早打顶。一般在第3～4穗花着果后即可打顶（图3－4）。

图 3－4　番茄整枝

（五）保花保果

当夜间温度低于15℃或白天温度高于30℃时，易引起落花落果。一般都可用2，4－D或番茄灵，把药水涂于花柄上，但药剂均不能沾在茎叶及生长点上，否则会发生药害。

在番茄栽培过程中，水肥管理采取两头小，中间大的原则。定植后旱情较重时，应勤施、淡施促苗生长肥；开花结果盛期重施腐熟的人畜肥和速效的磷钾肥；后期适量施入肥料，防止早衰，增加后期产量。一般定植后追施4～5次，便能满足植株生长对肥料的需要。开花结果之前，应控制氮肥施用量，否则，秧苗徒长，抗逆能力降低，易造成落花落果；施肥时不要损伤枝叶，减少传毒传病机会，防止病虫危害，有条件的农户也可进行根外追肥，补充土壤施肥的不足。

六、病虫害防治

（一）晚疫病

为害叶、茎和果实。在叶片上多从叶尖或叶缘开始，病斑形状不规则，周缘不明显，初呈暗绿色，水渍状，后变褐色。病斑可扩大至整个或大半个叶片，湿度大时，在病健交界处，长出一圈白色霉状物（孢子囊及孢囊梗）；干燥时，病叶迅速干枯，在茎和果柄上，病斑暗褐色，稍凹陷，边缘不明显。果实病斑不规则形，褐色或黑褐色，常作云纹状向外扩展。潮湿时，病斑上长出稀疏的白色霉状物。病果质地硬实，斑面粗糙，不光滑。预防番茄晚疫病可选用抗病品种，并与非茄科作物轮作，培育无病壮苗，及时降低田间湿度。发病初期应适当控水增强通风，降低空气湿度。选用75%百菌清可湿性粉剂700倍液、25%甲霜灵可湿性粉剂600倍液、50%甲霜铜可湿性粉剂700倍液进行喷施，每隔5～7天喷施1次，喷施2～3次。

（二）早疫病

叶片受害，病斑圆形，近圆形，褐色至黑褐色，有同心轮纹，严重时叶片枯死。茎部多发生在分枝处，褐色，棱形或椭圆形，稍凹陷，发病严重时，引起断枝。果实病部多发生在蒂部附近和有裂缝的地方，圆形或近圆形，稍凹陷，有同心轮纹，斑面上生黑色霉状物。作物发病后摘除发病中心病株。可喷施50%腐霉利可湿性粉2 000倍液、50%异菌脲可湿性粉剂1 000～1 500倍液、56%嘧菌酯百菌清高科600倍液（6%嘧菌酯、50%百菌清）、65%抗霉威可湿性粉剂1 000～1 500倍液等药剂。

（三）青枯病

多在番茄开花期间发生，病株叶片色泽变淡，萎蔫状，多从顶端叶片开始，中午前后极为明显，傍晚至天明，叶片恢复正常，反复多日后，萎蔫加剧，并自上而下蔓延。最后叶片不再恢复常态，全株死亡。从发病开始至整株死亡，一般需3～5天，如大雨潮湿，可延长7～10天。此外，病茎中、下部皮层粗糙，常长出长短不一的疣状突起和不定根。有时在病茎上发生油浸状褐色不规则斑块。病茎维管束变褐色，如将病茎作横切面检查，略加挤压，有乳白色黏液溢出（菌脓），病株根部正常。植株发病后，用72%农用硫酸链霉素可溶性粉剂4 000倍液或新植霉素4 000倍液灌根，8～10天灌1次，连灌2～3次。在进行药剂防治的同时，适当喷施一些叶面肥，以促进番茄恢复生长。少施氮肥，多施有机肥和磷钾肥，增强植株的抗病力。

（四）蚜虫

多在夏天发生，多在嫩叶上群集刺吸汁液。分泌蜜露，使叶片卷缩，生长停滞，并传播病毒病。干旱少雨有利于蚜虫的发生。及时清除杂草减少虫源，同时悬挂黄板诱杀蚜虫。药剂防治可选用40%乐果乳油1 000～1 500倍液，或50%抗蚜威可湿性粉剂2 000倍液喷雾。

（五）白粉虱

成虫和幼虫群聚为害，并分泌大量蜜液，严重污染叶片和果实，并引起霉污。

1. 农业防治：培育“无虫苗”。育苗前熏蒸温室除去残余虫口，清除杂草残株，在温室通风口加一层防虫网避免外来虫源，尽量避免混栽，特别是黄瓜、西红柿、菜豆不能混栽。调整生产茬口也是有效的方法，即头茬安排芹菜、甜椒等白粉虱为害轻的蔬菜，二茬再种黄瓜、番茄。摘除老叶并烧毁。老龄若虫多分布于下部叶片，茄果类整枝时适当摘除部分老叶，深埋或烧毁以减少种群数量。

2. 物理防治：黄色对白粉虱成虫有强烈诱集作用，在温室设置黄板（每亩用32～34块），诱杀成虫效果显著。黄板设置于行间与植株高度相平。

3. 药剂防治：用背负式机动发烟器或3MF－3背负式植保多用机，将1%溴氰菊酯或2.5%戊菊酯（杀灭菊酯）油剂雾化成0.5～5微米的雾滴，悬浮在空气中杀灭成虫；或用25%噻嗪酮（扑虱灵）可湿性粉剂和联苯菊酯（天王星）混用喷2次；或用2.5%溴氰菊酯或20%氰戊菊酯（速灭杀丁）乳油2 000倍液喷雾隔6～7天1次，连续喷3次；或用甲基克杀螨（灭螨猛）可湿性粉剂 1 500 倍液、25% 三氟氯氰菊酯（功夫）乳油 3 000 倍液，以及联苯菊酯 0.8 ~ 2.0 克/亩，用药后 1 天即对成虫防效在 99.0% 以上。

（六）斑潜蝇

及时清除植株残体，以减少虫源数量，可用糖醋液诱杀成虫。当田间发现幼虫时，可用 0.9% 阿维菌素乳油 3 000 倍液或 15% 哒螨灵乳油 2 500 ~ 3 500 倍液进行防治。

七、采收

番茄是以成熟果实为产品的蔬菜，果实成熟大体分为绿熟期、转色期、成熟期、完熟期等 4 个时期，无论在哪个成熟期采收，都要根据运输条件来决定。果实充分成熟、红透变软时糖分最高，是加工制酱及留种的采收期（图 3 – 5）。

图 3 – 5　番茄采收

第四章 辣 椒

一、营养价值

辣椒果实果皮中含有辣椒素，可增进食欲，降低患心脏病和其他一些慢性病的风险；抑制胃酸分泌，刺激碱性黏液分泌，有助于预防和治疗胃溃疡。辣椒中的维生素 C 含量在蔬菜中位居第一，其次维生素 B、胡萝卜素，以及铁、钙等矿质元素含量亦较高。中医认为，性热而散，消宿食，解结气，开胃口，散寒除湿。甲亢、肾炎、慢性肠胃病、痔疮、慢性肝炎等患者不宜食用辣椒。

二、环境要求

辣椒属于喜温、耐旱、怕涝、喜光而又较耐弱光作物。生产实践中须综合考虑各种因素对辣椒的影响，为辣椒生长发育创造一个良好的环境条件。

（一）温度

辣椒是喜温作物，种子发芽的适宜温度为 25～30℃，温度高于 35℃或低于 10℃均可造成发芽困难或不能发芽。苗期白天温度达 30℃时，可加速出苗和幼苗生长；晚上较低的温度保持在 15～20℃时，可防秧苗徒长。辣椒生长发育的适宜温度白天为 20～30℃，晚上为 16～20℃。当温度低于 15℃时植株生长发育受阻，低于 5℃则植株易遭寒害而死亡。授粉结实期以 20～25℃最适宜其生长发育，低于 10℃则难以授粉，易引起落花落果；高于 35℃时，出现落花或果实干萎。果实发育和转色时，要求温度在 25℃

以上。

（二）光照

辣椒对光照的适应性较强，要求较强的光照同时又对光照时长不敏感，但比其他蔬菜更耐弱光。种子发芽期要求黑暗条件，幼苗期则需要较好的光照条件。良好的光照条件是培育壮苗的必要条件，光照充足，幼苗节间短，茎粗壮，叶片肥厚，颜色浓绿，根系发达，抗逆性强，不易感病。成株期光照充足，促进辣椒枝繁叶茂，茎秆粗壮，叶面积大，叶片厚，开花结果多，果实发育良好、产量高。开花结果期需充足的光照，有利于促进花器生长发育，否则会引起落花落果。

（三）水分

辣椒既不耐旱又不耐涝，由于其根系较小、吸收能力较弱，因此要求土壤保持湿润疏松，土壤相对含水量80%左右，空气相对湿度70%～80%时，有利于辣椒的生长。若土壤湿度过高会影响根系发育，空气湿度过高不利于授粉受精并引发其他病害。辣椒在各生长发育阶段需水量也不相同。种子发芽时需要充分吸水才能正常发芽，一般浸种催芽需要浸水6～8小时；辣椒幼苗蓄水量较少，土壤湿度过大，根系发育不良，植株生长瘦弱，抗逆性差；定植后，辣椒生长速度快，蓄水量增加，应适当浇水满足其生长发育需求，但应适当控水以促进根系生长，同时又要抑制植株徒长；初花期应加大供水量，以满足开花、分枝需要；果实膨大期需水量更多，此时期若水分供应不足则会导致果实膨大速度减慢、果表皱缩、色泽暗淡，易形成畸形果，但水分供应过多又会导致落花落果、烂果。因此，栽培辣椒时应根据不同时期供应适量水分，浇水和排水都要方便。

（四）土壤营养

辣椒对土壤要求不严，一般沙土、黏土都可种植，但以肥沃疏松，排水良好的沙壤土最好，壤土容易发苗，生长速度快。辣椒除了对氮磷钾吸收量大外，还需要吸收钙、镁、铁等多种中微量元素。在其生育期中，对氮的需求量最大，其次是钾，磷最少。氮肥不足则植株矮小，叶片小，分枝减少，果实较小；磷肥促进辣椒根系发育；钾肥促进辣椒茎秆健壮和果实膨大。辣椒幼苗期需肥量较少，适量多施一些氮肥，但需要均衡施肥养分，否则花芽分化受阻、开花延迟、开花数减少；开花初期应多施一些磷钾肥，促进根系生长，提高抗病力。此外，辣椒生长后期和采摘后喷1次需肥量大，可结合浇水进行追肥（氮∶磷∶钾=2∶1∶2）；盛果期和采摘后，喷施0.3%磷酸二氢钾或1%过磷酸钙，每隔7～10天喷1次，连续喷2～3次，以提高单果重量和品质。

三、茬口安排

冬茬辣椒一般在8月播种育苗，10月定植，12月进行采收，3月结束；冬春茬在10月下旬播种育苗，2月定植，3月开始收获，6月采收结束；秋冬茬在7月育苗，9月定植，10月开始采收，1月采收结束。

四、品种选择

陇椒6号：早熟品种，长势中等，单株结果数32.3个，果实呈羊角形，单果重35～40克，果长22厘米，果皮绿，果面微皱，微辣，品质优良，耐低温寡照，耐疫病。陇椒平均亩产4 000千克。

坂田N86：早熟品种，大果、粗羊角，果长28～36厘米，颜色淡绿明亮，果实多为三心室，顺直无畸形，果肩无裂纹，辣味适中，适合加工和鲜食，抗条斑病毒病、疫病。

乐都长辣椒：中熟品种，长牛角形，果长24厘米，表面有纵沟，皱缩，果实深绿，老熟果暗红色，果肉细厚，品质佳，辣味适中，单果重150克，最大单果重350克。株高95厘米，生长势中等。每亩产量4 000～4 500千克。抗病毒病与炭疽病，抗寒、耐热、耐贮。

循化线辣椒：无限生长型，株高 70～100 厘米，单株果实数 30～40 个，果长 20～25 厘米，果顶尖向下弯曲，深绿色，螺旋形，有褶皱，成熟果实为鲜红色。抗病性强，连续结果性好，亩产在 1 300 千克以上。

甘椒二号：中早熟品种，长势强健，果实长羊角形，绿色，果面有皱褶。味辛辣，品质优，商品性极好，果长 30～40 厘米，单果重 40 克左右。抗病毒病、耐疫病，耐弱光低温，亩产 4 500 千克左右，适于露地、大棚及日光温室栽培。

航椒 8 号：中早熟品种，株型半紧凑，株高 90 厘米，果实长羊角形，果长 28～35 厘米，单果重 65～80 克，果皮皱，青熟果绿色，红熟果深红色，味辣。耐低温弱光，抗疫病、白粉病、病毒病等。

五、栽培管理技术

（一）播种育苗

选择 2～3 年内未种植过茄果类蔬菜的田地作为育苗床，采用营养钵或穴盘育苗。育苗土配制采用完全腐熟的有机肥与 2～3 年内未种过茄果类蔬菜的园土按 1∶2～3 比例混合均匀，或采用商品育苗基质。对辣椒种子进行温汤浸种消毒，预防部分病害，然后将种子处理后置于 25～30℃条件下催芽，当种子 70% 以上露白后应及时播种。

播种前先将穴盘育苗土浇足底水，待水下渗后用育苗土薄撒一层铺平穴盘表面，再将种子播至孔穴中，然后覆盖 0.8～1.0 厘米育苗土。

出苗前温度应控制在 25～30℃，需要保温保湿。当 70% 种子出苗后将覆盖物揭去。从苗出齐到第一片真叶出现期间应适当降温，白天温度 20～25℃，夜间温度 15～18℃，适当增加光照，促使幼苗生长健壮（图4－1，图4－2）。

图4－1　辣椒穴盘育苗

图4－2　辣椒嫁接技术

（二）定植

当幼苗长至7～10片真叶，室内最低温度应保持在8℃以上即可进行定植。定植前7～10天应进行适当拣苗，以适应外界环境。定植后立即浇定植水（图4－3）。

图4－3　辣椒定植

（三）田间管理

辣椒栽培时，宜采用黑白相间的地膜覆盖栽培。定植后需要保持高温、高湿环境一段时间，以利于缓苗。如果缓苗情况良好即可进行蹲苗，但蹲苗时间不宜过长。缓苗后至开花前可结合浇水轻施复合肥，以促进其健壮生长，为开花奠定基础。开花至第一次采收前进行追肥，追肥主要是以氮磷钾复合肥为主，主要是促进植株分枝、开花、结果。结果期是辣椒生长期需肥量最大的时期，每亩施氮磷钾复合肥10～15千克并配合施用适量微肥。

一般追肥后需要及时浇水，促进辣椒对肥料的吸收，但切忌大水漫灌，以防止死秧（图4-4）。

图4-4　黑白相间地膜

在辣椒生长中期易造成土壤板结，此时应进行适当中耕并结合除草，以促进根系纵深生长、防止早衰。中耕标准为不伤害根系为准。中耕除草后，应及时浇水促进辣椒生长。

（四）植株调整

将首花节位下主茎上萌发的侧枝，要及时摘除。植株下部的老黄叶、病叶应及时清除，集中深埋或烧毁。温室辣椒在出现四分枝后需进行吊秧，并疏除以后长出的细弱枝（图4-5，图4-6）。

图4-5　辣椒整枝

图4-6　辣椒吊蔓

（五）病虫害防治

1. 猝倒病：真菌性病害，主要在苗期发病，茎基部发生水渍状暗斑，进而绕茎扩展，逐渐萎缩呈细线状倒伏地面。苗床应设在地势较高、排水良好的田块。对苗床进行杀菌消毒处理。发现病株应及时清除，喷施4%农抗123、75%百菌清、50%多菌灵等药剂进行防治。

2. 辣椒疫病：真菌性病害，染病幼苗茎基部呈水浸状软腐，致上部倒伏，呈暗绿色，最后猝倒或立枯状死亡；定植后叶部染病，产生暗绿色病斑，叶片软腐脱落；茎染病亦产生暗绿色病斑，引起软腐或茎枝倒折，湿度大时病部可见白霉；花蕾被害迅速变褐脱落；果实发病，多从蒂部或果缝处开始，初为暗绿色水渍状不规则形病斑，很快扩展至整个果实，呈灰绿色，果肉软腐，病果失水干缩挂在枝上呈暗褐色僵果。选用抗病品种，种子消毒，实行轮作，深耕晒田，及时清除田间病株并进行深埋或焚毁，预防辣椒疫病的发生。在栽培过程中，尽量避免出现高温高湿的环境。发病初期选用25%瑞毒霉、64%杀毒矾、90%乙磷铝加高锰酸钾、50%甲霜铜或50%克霜灵可湿性粉剂喷施，各种药剂交替使用，每5~7天喷1次，连喷2~3次。

3. 白粉病：真菌性病害，主要危害叶片，初期叶片的正面或背面长出圆形白粉状霉斑，逐渐扩大连成一片。发病后期整个叶片布满白粉，后变为灰白色。选用抗病品种，进行种子消毒，栽植前进行高温闷棚，适量增施磷钾肥促进根系生长和植株健壮。选用25%乙嘧酚、30%醚菌酯水剂或47%加瑞农可湿性粉剂喷施，每7~10天喷1次，连喷2~3次。严重时可选用50%氯溴异氰尿酸混合氟硅唑喷雾，并结合用乙嘧酚－嘧菌酯烟雾剂熏棚。

4. 根腐病：真菌性病害，危害辣椒茎基部及维管束，病株部分枝和叶片变黄萎蔫，茎内维管束褐变，湿度大或生育后期茎基部或根茎部腐烂，有时可见粉红色菌丝及点状黏质物。选用抗病品种、培育壮苗，与豆科、禾本科作物轮作和排除田间积水等措施预防病害。可选用50%甲基硫菌灵·硫磺悬乳剂、50%根腐灵可湿性粉剂、50%杀菌王水溶性粉剂、50%多菌灵可湿性粉剂、50%地灵可湿性粉剂或50%甲基托布津可湿性粉剂喷施或灌根，隔10天左右施药1次，连续2~3次。采果前3天停止用药。

5. 蚜虫：温室内可覆盖银灰色地膜驱避蚜虫，或悬挂黄板于植株生长点20厘米处诱杀。其他防治措施可参考番茄来进行防治。

6. 潜叶蝇：及时清除植株残体以减少虫源数量，可用糖醋液诱杀成虫。当田间发现幼虫时，可用0.9%阿维菌素乳油3 000倍液或15%哒螨灵乳油2 500~3 500倍液进行防治。

六、采收

青椒采摘的标准是，果实表面的皱褶减少，果皮色泽转深，光洁发亮。采摘时间应在早、晚进行，中午因水分蒸发较多，果柄易脱落。

第五章　普通菜花

一、营养价值和

菜花又名花菜、洋花菜、球花甘蓝，属十字花科芸薹属一年生植物。菜花含有许多丰富的营养素，能起到抗氧化、抗发炎和排毒的作用。尤其值得一提的是，其中一种叫做硫代葡萄糖苷的植物化学物质，能激活人体排毒的酶类。菜花也是维生素 C 的好来源，其中镁含量亦很高，有助于抗氧化。同时，菜花的能量很低，但膳食纤维很高，是当之无愧的健康明星。古代西方人还将花椰菜推崇为“天赐的良药”和“穷人的医生”。禁忌人群是，尿路结石者慎食。

二、环境要求

（一）温度

菜花属于半耐寒性蔬菜，喜冷凉气候，但不耐霜冻。气温过低时不易形成花球；气温过高则花球松散，失去商品价值。种子发芽最适温度为 20～25℃，营养生长期最适温度为 8～24℃，花球生育期最适温度为 15～18℃。当气温低于 8℃以下，花球生长缓慢；当气温高于 25℃，造成植株徒长，花球偏小、松散，品质变差。

（二）光照

菜花属于长日照作物。光照时间长短对营养生长影响不大，但在营养生长期较长的光照时间和较强光照下有利于生长，提高产量。结球器不宜强光照射，若受到强光照射易引起花球变色，降低品质。

（三）水分

菜花喜湿润环境，但不耐涝，也不耐旱，对水分供应要求较高。在整个生育期都需要充足的水分供应，特别是蹲苗后至花球形成期均需要大量的水分供给。当水分供应不足或气候过于干旱时，抑制营养生长，促进生殖生长。

（四）土壤营养

菜花对土壤要求较高，要求土壤疏松、富含有机质、保水保肥能力较好的壤土或黏质壤土。菜花在全生育期中主要以氮肥为主，氮、磷、钾肥需相互配合使用。如果缺少氮肥会影响植株生长发育，出现减产；供给作物足够的磷肥可促进花球的形成；当缺钾时，植株易出现黑心病；在植株生长过程中缺硼，易引起花球开裂，出现褐色斑点并带有苦味。因此，在栽培中不仅需要保证大量元素的供应，而且还要适量增施微量元素。若栽培土壤贫瘠，肥料供应不足，则会使植株长势弱，花球偏小。

三、茬口安排

根据菜花的品种特性、收获时间和气候条件等适时播种。

四、品种选择

玛瑞亚：山东寿光先正达种子有限公司，春播定植后 70 天左右收获，秋冬季生长期延长至 80 ~ 120 天。叶色深绿，花球洁白、紧凑，高球形，花柄无杂色，商品性好。花球重 1 ~ 1.5 千克。

京研 50：国家蔬菜工程技术研究中心，早熟品种，定植后 50 天左右收获。株型直立、紧凑，叶色浅灰绿，叶形呈披针形，叶面蜡质较少，内叶合抱，生长势强。耐热、抗病，花球紧密、洁白、细嫩，呈半球形。单球重 0.8 ~ 1.0 千克。

金玉：橙色菜花杂交一代，早熟，定植后60天左右收获。株型半直立，外叶黄绿色，叶形呈披针状，叶面蜡质较多，生长势强。耐热、抗病，花球紧密，因β-胡萝卜素含量高而呈现橙色。单球0.8~1.0千克。

荷兰83：又名祁连白雪，中早熟品种。耐寒性强，抗黑斑病和黑腐病。株高60厘米，株型较开张，叶呈长卵圆形，深绿色，粉蜡中等。花球近圆形，球面圆整，紧实。单球重800克，亩产2 000~2 500千克。

五、栽培管理技术

菜花栽培方法与西兰花相似，可根据其品种特性、收获时节和气候条件等确定播种时间。

（一）播种、育苗

采用苗床育苗，前茬未种植甘蓝类作物，育苗地选择土质肥沃、疏松、排水通畅的地块作为苗床。营养土以人工配制为宜，一般由园土和有机肥组成，厚度15~20厘米。播种前应平整苗床和浇足底水。播种采用点播，每亩用种量0.5千克。播种后用无纺布加遮阳网双层覆盖，每天傍晚浇少量的水以保持土壤湿润，播种后4~5天即可出苗，白天温度控制在15~20℃，夜间5℃左右。齐苗后应尽快揭除无纺布和遮阳网，并注意通风去湿，以免幼苗徒长。待子叶展开后及时间苗，每穴只保留1株。苗床保持见干见湿但不可控水，防止出现老庙、僵苗。当幼苗长至3~4片叶时，追施少量尿素。此外，及时除草，防治病虫害。

（二）定植

当幼苗长至7~8片叶时，即可定植。定植前7~10天应进行拣苗并浇足起苗水，以提高幼苗成活率。同时施足基肥，腐熟有机肥2 500~5 000千克，磷肥20~25千克。

菜花喜湿润但不耐涝，因此采用高畦深沟栽培。在畦宽1.3

米种植2行，株距33厘米，每亩2 000～2 300株。定植后立即浇缓苗水。

（三）田间管理

定植后3～4天浇第二水并每亩追施尿素10千克，磷酸二铵12～15千克，以促进幼苗健壮成长。浇水应根据土壤和天气情况进行浇水，保持土壤湿润，并结合勤锄浅锄，以防除杂草和增加土壤空气和通透性，促进根系发育，有利于生长。

菜花需肥量较大，结合中耕除草施用适量复混肥和尿素，促进花球膨大。为防止花径出现空心，现蕾前15～20天用16%液体硼肥1 000倍液喷施2～3次进行叶面追肥。现蕾初期，即花球分化新叶交心时应施一次重肥，每亩施复混肥20千克，以后视菜花长势可在小蕾期再施一次复合肥。当花球长至鸡蛋大小时结合浇水，每亩施尿素10～15千克并配施适量钾肥；花球长到拳头大小时，每亩施尿素10千克并进行浇水，促进花球膨大，同时可进行多次叶面施肥，如磷酸二氢钾。

菜花可在花球露出后，用花球外面的大叶将花球包裹，再用稻草等物轻轻捆扎，捆扎时不要损伤叶片，可把接近花球的大叶折断覆盖花球，以保证质量。

（四）病虫害防治

菜花全生育过程中主要病害有猝倒病、立枯病、根肿病、黑腐病、霜霉病、黑斑病、菌核病、软腐病；虫害有蚜虫、小菜蛾、菜青虫、夜蛾、小地老虎等。蚜虫、白粉虱防治可采用黄板诱杀。挂银灰色地膜条可驱避蚜虫。

1. 猝倒病：真菌性病害，幼苗的胚茎基部呈水浸状，后变成黄褐色的线状干枯，倒伏。育苗期应注意苗床不要积水，及早用75%百菌清800倍液浇泼。

2. 立枯病：真菌性病害，苗期茎基部或底下根部出现椭圆形的褐色病斑，中间凹陷扩展后绕茎1周，不折倒。消毒苗床土，每平方米苗床施用40%五氯硝基苯粉剂9克+70%代森锰锌可湿性粉剂1克，兑细土4~5千克拌匀，播种后用药土覆盖在种子上面，出现病株时及时拔除病苗。发病初期的药物防治：用75%百菌清可湿性粉剂600倍液、70%代森锰锌可湿性粉剂500倍液、铜氨合剂400倍液等药剂，每7天左右喷1次，一般喷1~2次。

3. 霜霉病：真菌性病害，通过流水、风雨、农事操作传播，可危害茎、花梗等。受害叶片产生不规则或多角形病斑。天气潮湿时，叶斑背面产生白色霉状物。病斑后期干枯形成黄褐色或枯黄色病斑，严重时全叶枯萎。茎部、花梗受害呈肥肿或畸形。温度15~20℃，天气潮湿、低洼积水、土壤黏重易发此病。防治此病应加强田间管理，选择地势较高、气候较干燥、通风透光、排水良好的地块；深沟高畦，合理施肥，适时适量增施磷钾肥；植株发病后可选用75%百菌清可湿性粉剂500倍液，或72%克鲁克湿性粉剂600~800倍液喷雾。

4. 黑腐病：细菌性病害，可通过种子、水流、伤口传播。发病症状呈水渍状，真叶发病呈“V”形病斑，伤口感染呈淡褐色病斑，边缘黄色晕圈。可通过种子消毒、培育壮苗来预防该病；实行合理轮作，清洁田园，清除销毁病株残体。发病后可喷施72%农用硫酸链霉素可湿性粉剂4 000倍液或50%速克灵可湿性粉剂1 000倍液。

5. 软腐病：细菌性病害，多在中后期发生。茎基部出现水浸状斑，后期腐烂，发臭。种植菜花的田地实行轮作，清洁田园，不施用未腐熟的有机肥；翻晒土壤。彻底除虫，农事操作尽量避免造成伤口。药物防治可选72%农用链霉素可溶性粉剂3 000~4 000倍液、新植霉素4 000倍液；30%氧氯化铜悬浮剂300~400倍液、14%络氨铜水剂350倍液等，隔7~10天喷施或浇施1次，连续施2～3 次。

6. 菌核病：真菌性病害，多在生长中后期发生。初期水浸状褐色斑、组织软腐，形成黑色菌核。对于发病严重的地块进行深翻，将菌核深埋土中以减少菌源。合理施肥，培育壮苗，提高植株抗病能力。50% 托布津可湿性粉剂 500 倍液；70% 甲基托布津可湿性粉剂 1 000～2 000 倍液；50% 速克灵可湿性粉剂 2 000 倍液；40% 菌核净可湿性粉剂 1 000～1 500 倍液；30% 菌核利可湿性粉剂 1 000 倍液，每隔 10 天喷药 1 次，连续喷 2～3 次。

7. 蚜虫：零星发生时，及时用 10% 大功臣、10% 比丹 1 500 倍液、蚜霸等药剂喷施。

8. 小菜蛾、菜青虫：采用性激素诱杀，以减少其虫量的危害；或用 15% 阿维·毒死蜱 2 000 倍液、5% 氟铃脲 1 000 倍液、2% 阿维 1 000 倍液、20% 甲氰 2 000 倍液、4.5% 高氯 1 500 倍液 +50% 辛硫磷 1 000 倍液及 5% 锐劲特悬浮剂，每亩 50～100 毫升。喷药后，根据其效果决定是否补喷。

9. 小地老虎：主要苗前期为害。防除小地老虎应铲除杂草，清除其产卵场所。诱杀成虫：结合黏虫用糖、醋、酒诱杀液或甘薯、胡萝卜等发酵液诱杀。诱捕幼虫：用泡桐叶或莴苣叶诱捕，于每日清晨到田间捕捉；对高龄幼虫也可在清晨到田间检查，如发现有断苗，拨开附近的土块进行捕杀。药物防治：每亩可选用 50% 辛硫磷乳油 50 毫升或 2.5% 溴氰菊酯乳油或 40% 氯氰菊酯乳油 20～30 毫升、90% 晶体敌百虫 50 克兑水 50 升喷雾，适用于虫龄在 3 龄盛发前。对于虫龄较大的可采用毒饵诱杀，选用 90% 晶体敌百虫 0.5 千克或 50% 辛硫磷乳油 500 毫升，加水 2.5～5 升喷在 50 千克碾碎炒香的棉籽饼、豆饼或麦麸上，于傍晚在受害作物田间每隔一定距离撒一小堆或在作物根际附近围施，每亩用量 5 千克。

六、采收

当花球充分长大、色洁白，质地致密，表面周正，鲜嫩不老，边缘尚未散开时（散花菜除外），即为采收时期。

采收时，将花球下部带花茎 10 厘米左右一起割下。顶花球采收后，植株的腋芽萌发，并迅速长出侧枝，于侧枝顶端又形成花球。当侧花球长到一定大小、花蕾尚未开放时，可再进行采收。一般可连续采收 2 ~3 次。

第六章　葱

一、营养价值

葱的主要营养成分是蛋白质、糖类、维生素 A 原（主要在绿色葱叶中含有）、食物纤维以及磷、铁、镁等矿物质等。

二、环境要求

（一）温度

葱种子在 4～5℃的条件下就可发芽，在 15～25℃下发芽迅速，植株生长最适温度为 15～25℃，高于 25℃时植株生长迟缓，叶身发黄，容易感染病害。

（二）光照

葱对光照强度要求不高，生长期需要良好的光照条件，不喜阴，也不喜强光。

（三）水分

大葱耐旱力强，但根系的吸收能力差，因此各生长发育期均需保持较高的土壤湿度。葱不耐涝，多雨季节应注意及时排水防涝，防止沤根。抽薹期水分过多易倒伏。

（四）土壤营养

葱对土壤的适应性较强，以土层深厚、排水良好、富含有机质的沙壤土为佳。葱对氮肥最敏感，施用氮肥有显著增产效果。

三、茬口安排

青海省 3 月中下旬开始播种育苗，5 月中下旬定植。

四、品种选择

选用适应性广、抗病性强、生长势旺的葱品种，如五叶齐、大通鸡腿葱、章丘大葱等。

五、栽培管理技术

（一）播种育苗

1. 整地施肥：基肥以有机肥为主，播种前随翻地施入，每亩施用腐熟有机肥 3 000 ~ 7 000 千克、过磷酸钙 30 ~ 100 千克、硫酸钾 15 ~ 25 千克后耙平。

2. 种子处理：播前用 55℃热水浸烫 10 分钟，不断搅动，水温降至 30℃时浸泡 4 小时捞出用纱布包好，置于 24 ~ 25℃恒温处催芽，待 80% 种子露白时进行播种。

3. 播种育苗：对育苗地要深耕施肥，做成 70 ~ 100 厘米宽的平畦。每亩苗床用种 3 ~ 5 千克，播种后应盖土 0.5 ~ 0.6 厘米，酌量浇水，保持土壤湿润。幼苗出土时浇一次水，待土壤封冻前结合追肥浇一次水。到第二年返青，即 4 月中旬结合除草追一次肥。进入三叶期后，随水可追施尿素 3 ~ 10 千克。

（二）定植

定植时间在 5 月中下旬，苗高达 20 ~ 30 厘米，3 ~ 4 叶时即可定植。栽培葱的田块，土壤应疏松，有机质含量高，连续 2 ~ 3 年未种过葱或韭菜等葱蒜类蔬菜。定植时行距按 40 厘米，株距 3 ~ 5 厘米，定植深度为 10 厘米，盖土要把葱白盖完，深度以露心为宜（图 6 – 1）。定植后浇定根水，5 ~ 7 天后再浇水。

图 6 – 1　葱的定植

（三）田间管理

1. 缓苗期：管理原则是宁旱勿涝，忌积水，否则易造成烂根。缓苗后，及时松土、除草、浅培土一次。

2. 盛长期：缓苗后，植株进入生长盛期，要结合灌水进行追肥，每亩地追施尿素 10～15 千克或复合肥 15～20 千克，整个生长期追施2～3次，叶面喷施磷酸二氢钾 2～3 次，为提高葱耐贮性，收获前 7 天停止浇水。在生长盛期之后进行第二次培土，培土与地面相平；第三次培土成浅垄；第四次培土成高垄。每次培土以不埋没葱心为宜，栽植沟深，葱白肥壮。

3. 主要病虫害防治

（1）主要病害

1）物理防治：选用抗病品种和无病种子，施足有机肥，增施磷钾肥提高植株抗病力；选择地势高、易排水的地块种植，实行2～3 年轮作。

2）药剂防治

①霜霉病：发病初期喷洒 40% 乙磷铝可湿性粉剂 250 倍液或 25% 丙环唑乳油 2 000 倍液、75% 百菌清可湿性粉剂 600 倍液喷雾，每隔 7～10 天喷 1 次，连续 2～3 次。

②锈病：发病初期喷洒 15% 三唑酮（粉锈宁）可湿性粉剂 2 000～2 500 倍液或 12.5% 烯唑醇可湿性粉剂 4 000 倍液。

③紫斑病：发病初期喷洒 75% 百菌清可湿性粉剂或 53% 精甲霜·锰锌水分散粒剂 500 倍液、50% 异菌脲可湿性粉剂 1 000 倍液。

④白色疫病：发病初期喷洒 64% 杀毒矾可湿性粉剂 400～500 倍液、60% 氟吗啉·锰锌可湿性粉剂 800 倍液，每隔 7～10 天喷 1 次，连续 2～3 次。

（2）主要虫害

1）葱地种蝇

①农业防治：用红糖 0.5 千克，醋 0.25 千克，酒 0.25 千克

+清水0.5千克，加敌百虫少量，配好的糖醋液倒入盆中，保持5厘米深度放在田中即可。

②药剂防治：可喷洒90%敌百虫1 000倍液、50%辛硫磷乳油1 000～1 500倍液或10%灭蝇·杀单悬浮剂1 000倍液，每隔6～8天喷雾1次。

2）葱斑潜蝇：幼虫期可喷洒50%敌百虫800倍液、50%辛硫磷乳油1 000～1 500倍液或25%喹硫磷乳油1 000倍液、1%阿维菌素乳油或10%吡虫啉乳油2 500倍液。成虫发生初期用2.5%溴氰菊酯乳油2 000倍液，每隔7天喷1次，连续2～3次。

3）葱蓟马：增施磷钾肥，利用蓝板诱杀。喷洒10%吡虫啉可湿性粉剂2 000倍液、2.5%高效氯氟氰菊酯乳油2 000倍液，每隔6～8天喷1次。

六、采收

一般在外叶基本停止生长，叶色变成黄绿，土壤上冻前15～20天收获为宜。收后稍晾晒，束成小捆，在阳光充足的干燥地方晾晒，待叶身和外层叶鞘稍干时，于冷凉干燥处贮藏，也可随时上市。青海省越冬的葱宜在土壤解冻、新叶生长时开始采收，一直持续到抽薹开花前。

第七章　韭　　菜

一、营养价值

韭菜的营养价值很高，每 100 克可食用部分含蛋白质 2～2.85 克，脂肪 0.2～0.5 克，碳水化合物 2.4～6 克，纤维素 0.6～3.2 克，以及大量的维生素。此外，韭菜还含有挥发性硫化丙烯，因而具有辛辣味，有促进食欲的作用。

二、环境要求

（一）温度

韭菜是一种耐寒性强的蔬菜，适应性广，其叶子生长的适宜温度为 15～25℃，但在 10～15℃条件下亦能生长。韭叶能耐 -5～-4℃的低温，但不耐高温，超过 25℃生长缓慢，纤维增多，品质变劣。

（二）光照

较耐荫，韭菜生长中要求光照适中，光照过强或过弱均会影响韭菜的品质。

（三）水分

韭菜要求土壤水分高，整个生长期要供水充足，需保持土壤湿润。

（四）土壤营养

韭菜对土壤的适应性强，在沙壤土、壤土、黏土上均可栽培。韭菜喜肥，栽培时要施足基肥，春秋季要分期追肥，以氮肥为主，配施磷钾肥。

三、茬口安排

在土壤解冻后到秋分可随时播种，一般在 3 月下旬至 5 月上旬，以春季播种为宜，夏季播种宜早不宜迟。

四、品种选择

河南“791”、平韭 5 号、汉中冬韭、雪韭 731 等。

五、栽培管理技术

（一）浸种催芽

由于韭菜种子小，种皮坚硬，吸水困难，播种种子要用上年收获的新种，播前 4～5 天进行浸种催芽。先在 40℃温水中投洗，除去浮在上面的秕籽，后浸泡 24 小时，取出放在干净瓦盆中盖湿纱巾，放在 15～20℃地方催芽，每天用清水洗 1 次，有 30% 种子露白即可播种。

（二）播种

韭菜播种分条播和撒播，育苗多用平畦撒播或条播。直播时多采用宽幅沟条播，即在做好的畦内开沟，沟深 7 厘米，沟底宽 15 厘米，沟距 25 厘米。种子播撒后及时覆一层 2 厘米厚细土，然后用脚轻踩一遍，再轻盖一层细绵沙保墒以利出苗（图 7－1）。

图 7－1　韭菜条播

育苗移栽，先将畦内浇一次底水，水层深 7～8 厘米。待水渗下后将种子均匀撒下，然后覆土 1～2 厘米厚。播后在畦面覆盖地膜，以提高土壤温度和保墒，待有30%以上的种子出苗后，及时揭去地膜，以防烧苗，发现露白倒伏的，要再补些湿润的土。

（三）定植

1. 时间：春播苗应在夏至后定植，夏播苗应在大暑前后定植。定植时最好避开高温高湿季节，否则会延迟缓苗。

2. 定植：将韭菜起苗，剪短须根，只留2～3厘米，以促进新根发育，再剪短叶尖。然后在畦内按株行距10厘米×20厘米，每穴栽苗7～10株；或按株行距16厘米×30（36）厘米，每穴栽苗20～30株，栽培深度以埋没分蘖节为宜。

（四）田间管理

温室栽培，一般10月下旬扣膜，11月中下旬可收第一刀。温度管理上以白天保持17～24℃，夜间10℃为宜，温度高加大通风量。当长到6叶期开始分蘖时，出现跳根现象（分蘖的根状在原根状的上部），这时可以进行盖沙、压土或扶垄培土，以免根系露出土面。当苗高20厘米时，停止追肥浇水，以备收割。第一刀收割后1～2天，韭菜伤口愈合后，追施腐熟有机肥，每亩用2 000千克，均匀撒到畦面，以后每刀韭菜长到5～6厘米时，有条件时可进行随水追肥，每亩用尿素10～15千克，化肥一定要随水施用，以免发生氨害。

（五）主要病虫害防治

1. 主要病害：灰霉病、疫病。

（1）农业防治：①选用抗病品种，不同的品种抗病性有很大的差异。②合理进行通风排湿，减少叶面结露；加强管理，培育壮苗，及时清除病叶，增强植株的抗病能力。

（2）药剂防治：灰霉病发病初期用50%速可灵可湿性粉剂1 000～1 500倍液、70%甲基托布津可湿性粉剂800倍液喷雾，也可用百菌清或速可灵烟雾剂进行防治。防治时药剂要交替使用，一般每隔7~10天喷1次。

2. 主要虫害：根蛆、斑潜蝇。

防治方法同葱斑潜蝇。

六、采收

一年收割青韭2~4次。收割时都要留3~5厘米的叶鞘的基部，以免伤害叶鞘的分生组织及幼芽，影响下一次的产量。入秋以后不再收割，以养根为主。

第八章 萝 卜

一、营养价值

萝卜的主要成分有蛋白质、糖类、B族维生素和大量的维生素C，以及铁、钙、磷和纤维素、芥子油和淀粉酶。据测定，萝卜的维生素C含量比苹果、梨等水果高近10倍。萝卜性凉，味辛、甘，具有消积滞、化痰清热、下气宽中、解毒之功效。萝卜是地道的保健食品，能促进新陈代谢、增进食欲、帮助消化，可以化积滞，用于食积胀满、痰咳失音、吐血、消渴、痢疾、头痛、排尿不利等；常吃萝卜可降低血脂、软化血管、稳定血压，可预防冠心病、动脉硬化、胆石症等疾病。

二、环境要求

萝卜起源于温带地区，为十字花科萝卜属一二年生草本植物。属半耐寒性植物，喜冷凉气候，在不同的生长阶段对温度的要求有一定的差别。种子发芽的适温为20～25℃；幼苗期能耐25℃的高温，茎叶生长适宜温度为15～20℃；肉质根生长的温度为13～18℃。

萝卜属长日照植物，日照充足，同化作用旺盛，物质积累多，根膨大快；反之，根的膨大生长受阻而降低产量。

萝卜生长发育要求有充足的水分，土壤水分的多少能直接影响根和叶的大小与质量。适于萝卜肉质根生长的土壤相对含水量为65%～80%，空气的相对湿度为85%左右，如水分过多土壤中的氧气减少，二氧化氮增加，不利于根的生长和营养物质吸收，反而会造成根的粗糙。如果土壤干燥，气候炎热则会影响肉质根的品质和产量。

萝卜喜肥沃、疏松的土壤或沙壤土。对土壤肥力要求以氮为主的完全肥料，适当增施钾肥能提高萝卜的品质。

三、茬口安排

露地春夏茬4月中下旬至5月初播种；秋茬6~7月播种；玉树等高海拔地区温室栽培的宜在2月底播种。

四、品种选择

春夏萝卜：洋红萝卜、红蛋蛋、花樱萝卜、顶上盛夏、白玉春等。

秋萝卜：心里美、卫青萝卜、乐都绿萝卜等。

五、栽培管理技术

（一）整地施肥

萝卜根系分布较深，吸肥能力强，因此要选择土层深厚、疏松和排水良好肥沃的沙质壤土。同时选择前茬是小麦、豆类、茄果类等作物的地块，并要注意合理轮作。萝卜施肥应以基肥为主，追肥为辅，有机肥的施用对于萝卜的产量和质量都有很大的影响，但有机肥必须腐熟，否则会造成侧根。一般亩施有机肥4 000~5 000千克，然后深翻15~18厘米作畦，可起垄栽培，也可平畦栽培。

（二）播种

播种时应根据不同地区和不同品种的特性适时播种。在播种前，首先做好种子的发芽试验，根据发芽率确定用种量。一般穴播每亩0.4~0.5千克，条播每亩0.5~0.6千克。秋冬萝卜的栽植密度要根据品种来掌握，一般行距50~60厘米，株距25厘米左右。播种时种子要均匀撒开，然后覆土2厘米并稍加镇压，使土壤和种子密接，有利于种子发芽。

（三）田间管理

1. 浇水：根据萝卜茎叶和肉质根的生长特点，正确使用肥水，协调地上部和地下部的平衡生长是获得萝卜高产的关键。因此，萝卜播种后如果没有雨水，土壤又不湿润，应及时浇水，以确保种子发芽。在管理上前期应促进叶片和吸收根的健壮生长，为后期肉质根的膨大奠定基础。但当营养体达到一定的程度时，又必须加以控制，使养分及时转移到贮藏器官。在肉质根膨大期，一定要保证叶片有较长的寿命和较强的生命力来促进肉质根的膨大。叶片进入生长盛期，要适时浇水以供植株正常所需的水分，但不宜浇得过多，以防叶片徒长。进入肉质根生长盛期，则需充足的水分和养分，要勤浇水、浇透水。还要根据当地土质和气候条件掌握浇水的间隔天数。

2. 间苗和定苗：为了保证萝卜苗生长整齐和健壮，一般苗期要采取两次间苗，一次定苗。当小苗生长到两片真叶时进行第一次间苗，条播的按5厘米左右留苗，点播的留2~3株，当小苗长到4片真叶时进行第二次间苗。条播的按8~10厘米左右留苗，点播每穴留两株。小苗长出6~7片真叶时进行定苗，点播每穴留1株，条播的应根据品种的特性留苗。每次间苗都要注意淘汰小苗、弱苗、杂苗和病苗。

3. 中耕除草：秋萝卜的苗期高温多雨，杂草也相对生长较快，应结合中耕除净杂草。每次间苗和定苗后都要进行中耕，中耕时要注意防止伤根，以免引起萝卜肉质根分杈、裂口和腐烂。

4. 追肥：一般在肉质根开始进入生长盛期进行追肥。因为萝卜在进入肉质根生长盛期，据有关试验结果表明是氮、磷、钾吸收最多的时期。不同的时期对于这三种元素吸收量也是有差别的。幼苗期和莲作期是细胞分裂，吸收根和叶面积扩大时期氮的需求量要比磷、钾多一些。肉质根生长期也是养分贮藏积累时期，则磷、钾肥的需求量多。根据上述吸收养分的特点，除施足基肥外还要进行 2～3 次的追肥。

5. 病虫害防治

（1）虫害防治

1）蚜虫：主要有萝卜蚜和桃蚜两种，除为害萝卜外还为害其他十字花科蔬菜。可用 10% 吡虫啉可湿性粉剂 2 000～3 000 倍喷雾，或用 50% 抗蚜威可湿性粉剂 0.5 千克加水 1 000～1 500 千克，或用 2.5% 溴氰菊酯乳油 0.5 千克加水 3 000～4 000 千克，或用 20% 速灭菊酯乳油 0.5 千克加水 2 000～2 500 千克进行喷雾防治。

2）菜螟：又叫钻心虫，主要为害十字花科蔬菜，以萝卜、大白菜受害最重。应掌握在卵的初孵期，幼虫吐丝结网前喷药防治。一旦幼虫钻入心叶内，药物则难以取得理想的防治效果。因此，宜掌握在幼虫孵化始盛期、菜苗初见心叶被害时，施药部位尽量喷到蔬菜心叶上，防治间隔期 7～10 天，连续喷雾 2～3 次，并注意药剂的交替使用。可选用的农药有 2.5% 功夫菊酯乳油 3 000倍液（亩用药量 30～35 克）、5% 卡死克乳油 2 000～2 500 倍液（亩用药量 40～50 克）、5% 抑太保乳油 2 000～2 500 倍液（亩用药量 40～50 克）、48% 乐斯本乳油2 500倍液（亩用药量 30 克）等。

3）小菜蛾：又叫吊丝虫，可用黑光灯诱杀幼虫。药剂防治方法可参考菜螟防治。

4）黄曲条跳甲：药剂防治方法可参考菜螟防治。喷药时，先从田边四周开始向内包围，防止跳甲向外逃跑。在幼虫发生严重、为害根部时，可用 90% 晶体敌百虫 0.5 千克加水 1 000 千克进行灌窝。

（2）病害防治：萝卜的主要病害有软腐病、白斑病、黑斑病、病毒病、霜霉病等。对病害要采取综合防治，以减少发病条件，杜绝病源，增强植株抗病能力，如选用健康不带病种子，进行种子消毒，实行轮作，深沟高畦，保持田园清洁，防治虫害等。必要时使用药剂防治。

6. 生产中常见问题

（1）先期抽薹问题：先期抽薹是指肉质根尚未充分肥大，即抽花薹，甚至开花。根菜类常发生这种情况，尤其是萝卜，先期抽薹造成肉质根由致密变为疏松、实心变为空心，失去食用价值。先期抽薹的出现与各品种阶段发育的要求及外界环境条件的影响密切相关。如在肉质根未肥大前或正膨大中，遇到低温、长日照天气，即满足了该品种抽薹开花所需的条件，植株就会抽薹开花。因此，不同栽培季节要选用适宜品种，适期播种，采用优良栽培技术等，都可防止或减少先期抽薹。

（2）肉质根的开裂、空心、分叉问题

1）开裂：肉质根开裂主要是由于生长期土壤水分供应不均匀而造成的。如秋冬萝卜在生长初期，遇到高温干旱而供水不足时，肉质根皮层组织逐渐硬化，到生长中后期温度适宜，水分充足时，肉质根内木质部薄壁细胞迅速分裂膨大，内部细胞不能相应生长，就发生了开裂。防止措施是在萝卜生长前期遇天气干旱时，及时灌溉，中后期肉质根迅速膨大时，均匀供水。

2）空心：肉质根空心原因在于细胞生长膨大迅速，养分供应缺乏，细胞内营养物质含量迅速降低所致。空心主要发生在叶的生长将近停止、肉质根膨大很快的时候，它和品种、栽培条件与栽培技术有关。如早熟品种空心早，晚熟品种空心迟，沙质土空心早、黏壤土空心迟；土壤排水不良，天气高温干旱，施肥不匀，供水不足，则易空心；采收过迟或抽薹开花也易造成空心。

在栽培上尽量避免上述各种不良因素，就可防止或减少空心现象的发生。

3）分叉：肉质根的侧根膨大，就形成分叉。原因主要是耕作层太浅，土壤坚硬及石砾、瓦屑、树根等硬物未除尽，阻碍了肉质根的生长。施用未腐熟的人畜粪尿、营养面积过大也会引起分叉。防止方法是对土壤深耕细作、施肥得当、种植密度适宜、采用直播等。

六、收获

各个不同的萝卜品种都有其适宜的收获期。收获期要根据品种、栽培季节和市场的需求而定。因此，采收时不宜过早，但也不宜过迟。

第九章　莴　笋

一、营养价值

莴笋为菊科，属一年生或两年生草本植物，是春季及秋、冬季重要的蔬菜之一。莴笋的营养成分很多，包括蛋白质、脂肪、糖类、灰分、维生素A原、维生素B_1、维生素B_2、维生素C、钙、磷、铁、钾、镁、硅等元素和食物纤维，故可增进骨骼、毛发、皮肤的发育，有助于人体的生长但多食易上火，对视力也有影响。莴笋茎叶中含有莴苣素，味苦，高温干旱苦味浓，能增强胃液分泌，刺激消化，增进食欲，并具有镇痛和催眠的作用。莴笋中碳水化合物含量较低，而无机盐、维生素含量则较丰富，尤其是含有较多的烟酸。烟酸是胰岛素的激活剂，糖尿病人经常吃莴苣，可改善糖的代谢功能。中医认为，莴笋味甘，性凉、苦，入肠、胃经；具有利五脏，通经脉，清胃热，清热利尿的功效；用于小便不利、尿血、乳汁不通等症。

二、环境要求

莴苣根系浅而密，多分布在20～30厘米土层内。苗期叶片互生于短缩茎上，叶用莴苣叶片数量多而大，以叶片或叶球供食；茎用莴苣随着植株旺盛生长，短缩茎逐渐伸长和膨大，花芽分化后，茎叶继续扩展，形成粗壮的肉质茎。

莴苣种子在4℃时可以发芽，15～20℃只需3～4天就可发芽，30℃以上发芽受阻。高温期间播种则需浸种和低温催芽。苗期最适温度为12～20℃，短期可耐5～6℃的低温，茎叶生长时以11～18℃最为适宜。如果日平均气温达24℃以上，夜温长期在19℃以上，易引起未熟抽薹，笋茎细长，失去商品价值。如地表温度达40℃时，茎部会被灼伤而死苗。莴苣随着植株长大，其抗寒力逐渐减弱，抽薹后受冻，茎肉软绵、糠心，不能食用。

进入茎肥大期要水分充足，后期水分不宜过多，以免发生裂茎而导致软腐病的发生。

莴笋喜欢疏松、肥沃、湿润的土壤。整个生育期对氮肥要求较高，氮素充分对幼苗生长和产品形成有重要作用。

三、茬口安排

春莴笋于10月下旬至11月上旬播种，翌年4月收获；夏莴笋于2月下旬播种，6月下旬收获；秋莴笋于6月下旬播种，9月下旬收获。

四、品种选择

青海省栽培的品种有西宁白尖叶莴笋、紫叶莴笋等。

五、栽培管理技术

（一）播种育苗

第一茬夏莴笋于2月在温室播种育苗；第二茬秋莴笋于6月在露地播种育苗。穴盘基质育苗，也可条播，行距10厘米。为使出苗整齐，缩短生长时间，播种前需进行种子处理。处理方法：可用25℃温水浸种24小时，然后包在纱布中，在10～12℃温度下催芽。3～4天后有60%～70%种子发芽即可播种。

（二）整地施基肥

亩施腐熟农家肥7 500千克作基肥，整地起垄。垄宽40～45厘米，垄沟宽30厘米，垄高12～15厘米。起垄后铺地膜。

（三）定植

定植时间应根据各地气候条件来决定，如夏莴笋在晚霜后5

月上旬；秋莴笋在7月定植。春莴笋株行距35厘米×35厘米，秋莴笋30厘米×30厘米。

（四）田间管理

1. 追肥：在生长期追肥2次，以氮肥为主。第一次追肥在定植后10天，每亩追施硫酸铵10千克，硫酸钾和过磷酸钙各5千克。用小铲在地膜上切“一”字形口施入，并用土封严施肥口，施肥后浇水。第二次在嫩茎肥大期，每亩追施硫酸铵5千克，在浇水时溶于水中施入。

2. 浇水：栽苗成活后，结合追肥浇一次水。茎部肥大期浇第二次水。以后视土壤干湿情况浇水。

3. 病虫害防治：莴笋主要病虫害有霜霉病、菌核病、软腐病、蚜虫、斑潜蝇等。

（1）霜霉病：可用25%瑞毒霉（25%甲霜灵）或50%福美双、甲霜灵锰锌等药剂拌防治。一般在发病前或发病初期喷药，选用药剂和兑水比例：安泰生70%可湿性粉剂2 000倍液、霉克多66.8%可湿性粉剂700倍液、25%甲霜灵500倍液、64%杀毒矾400倍液、48%瑞毒锰锌500倍液。兑水喷雾，每隔7～10天喷1次，连续3～4次。喷药以叶背为主。药剂应交替使用，可提高防治效果，延缓抗性产生。

（2）软腐病

1）农业防治：选用抗病品种，如直立性品种植株，茎基部水分容易蒸发，伤口易愈合，可减少病菌侵入；宜选择地势较高、灌排水条件好的地块，避免选用低洼易涝地块。实行轮作；基肥充分腐熟；铲除病株，病穴用石灰消毒。

2）种子处理：用热水和高锰酸钾浸种。将种子放在50℃热水中浸25分钟，再浸入1%高锰酸钾液中15分钟，然后用清水冲洗干净。

3）药剂防治：发病初期用新植霉素或农田链霉素 4 000 倍液喷雾或灌根，也可用中生菌素、菜丰宁 80～100 倍液灌根。

（3）菌核病

1）主要症状：地面茎基部先呈现水渍状褐色病斑，后向上扩展蔓延并腐烂，病部遍布白色丝状物和黑色鼠屎状大颗粒（菌核）。病株叶片变黄枯萎。该病以菌核在土中越冬，条件适宜时经风雨传播侵害植株，扩大蔓延。多雨积水、低温潮湿、种植过密等均为发病条件。

2）防治方法：实行 3～4 年轮作。用 10% 盐水选种，除去混入种子中的菌核（老鼠粪便）。深耕培土，开沟排水，改善田间通风透光条件。发病初期，可选用 50% 速克灵可湿性粉剂1 500 倍液、40% 菌核净可湿性粉剂 1 000 倍液、50% 多菌灵可湿性粉剂 500 倍液或 70% 甲基托布津可湿性粉剂 800 倍液喷洒，每隔 7～10 天喷 1 次，连续 3 次。

（4）蚜虫和斑潜蝇：选用 48% 乐斯本 800 倍液或 50% 抗蚜威可湿性粉剂2 000～3 000 倍液或 10% 吡虫啉 2 000 倍液喷雾。

六、收获

莴笋食用部分为嫩茎，应在茎部肥大而尚未抽薹时采收。各地采收时间不一样，夏莴笋在 7 月中下旬；秋莴笋在 9 月底至 10 月初采收。

第十章 胡萝卜

一、营养价值

胡萝卜是一种质脆味美、营养丰富的家常蔬菜，素有“小人参”之称。胡萝卜富含糖类、脂肪、挥发油、胡萝卜素、维生素A、维生素B_1、维生素B_2、花青素、钙、铁等人体所需的营养成分，具有治疗贫血、感冒、便秘、高血压以及预防癌症、健胃和美容等功效。

二、环境要求

胡萝卜喜欢冷凉气候，适宜生长温度在15～25℃之间，喜欢强光的光照和相对干燥的空气条件，土壤要求干湿交替，水分充沛，并疏松、通透、肥沃；需要较大的温差和充足全面的养分有利于肉质根的形成，同时为保证较高的胡萝卜素、茄红素含量，胡萝卜比较耐旱，尤其是苗期，在30%～50%土壤含水量时亦能正常生长。

（一）土壤

胡萝卜要求土壤具有一定形态质地和养分含量。要具备灌溉条件，交通方便的地块；雨涝地块，种过小麦、胡麻的地块，以及用过除草剂的地块、生荒地块等均不适宜种植胡萝卜。

（二）温度

当土壤温度稳定在8℃以上（5月中旬）就能播种，在15℃以上就开始萌芽，最适宜生长的温度为白天23～25℃，晚上12～

15℃。温差大则决定胡萝卜的品质优胜，糖度增加。

（三）水分

当土壤含水量在20%以上时，胡萝卜就能凭借强大的吸收能力进行吸水膨胀，为发芽做准备。但是在实际播种时，土壤含水量能保持在60%～70%（捏之成团，掂之即散）时是比较合适的。这就需要对播种田提前蓄墒浇水或播种后补水，否则不能保证整齐地正常出苗。从出苗到定苗阶段，胡萝卜的生长中心在根部，因此地上部分生长缓慢，也是水分需要最少的阶段，此时期适当的干旱和控水有利于根系生长，形成理想的长根型。当胡萝卜长至小手指粗并开始转色的时候是水分肥料要求最高的时候，要补给充足的水分和肥料（追肥），前期干旱或供水不足，后期应适当补水，但不易过急补水，否则易造成胡萝卜开裂。采收前15～20天胡萝卜吸收能力减退，可减少水分供应，创造好温度条件，促进产量形成。此时采用小水浇法使土壤湿润即可。

（四）肥料条件

胡萝卜需要的肥料元素主要有大量元素（氮、磷、钾）、中量元素（钙、硅）和微量元素（硼、锌、钼、镁、锰、铁）。氮肥是形成机体的叶片、茎、肉质根等的主要元素；磷是向下长根的动力以及花药花器分化的元素；钾是养分运输载体和纤维组织的构成成分，同时与氮肥的吸收利用相互作用和互相控制；钙是细胞壁的主要成分；硅是控制细胞排列顺序，主要表现在表面的光滑度上；硼是控制细胞分裂节奏同时促进钙的吸收，防止出现岔根和开裂的重要元素；锌是萝卜体内抗病毒酶的主要成分，作用是提高对病毒的抵抗能力；钼是整体抵抗力和吸收能力的源泉，多年栽培必须进行补充，否则重茬障碍严重发生；镁、锰、铁是叶绿素的主要成分，不能及时补充将降低叶片的光合作用，难以获得丰收。因此，胡萝卜对肥料的要求既全面又充足，种植胡萝卜时必须对土壤肥力加以了解，科学施肥，以达到丰收之目的。

三、品种选择

齐头红、维他那、新黑天5寸、一品腊、全胜等。

四、栽培管理技术

（一）整地作畦、施肥

1. 整地、作畦：胡萝卜直根入土深、直根上着生四纵列侧根，比萝卜根多2行，故易发生歧根。诱发歧根的因素很多，如栽培在排水不良的低洼地；施用未腐熟的有机肥及栽培土壤氮素浓度高；耕层浅、犁底层土质坚硬、板结等。因此，要提高胡萝卜的商品性，必须在整地阶段做到以下几点：①选择排水良好的沙壤土或壤土。②耕地要深，整地要细，一般要求耕深20～30厘米，耕翻后耙2遍，使田地土壤疏松细碎，以保证出苗和根系发育良好。③选择高垄栽培，垄距为40～50厘米，垄高15～20厘米；平畦栽培宽90～100厘米，长度因地而定。高垄栽培比平畦栽培产量高，分杈、裂根率低。

2. 施肥：胡萝卜对氮、磷、钾的需要量，以钾为主，氮、磷次之。充足的钾肥有利于肉质根的发育和着色，充足的磷肥有利于增加胡萝卜的含糖量，氮肥施用量不宜过多。中等肥力地块结合深翻，每亩施入腐熟有机肥3 000～5 000千克、三元复合肥25千克、辛硫磷2千克（防地下害虫），精耕细作，使土肥均匀。

（二）播种育苗

1. 种子处理：春播时因温度低，发芽慢，为了使种子和土壤接触均匀，播前要将种子刺毛搓掉，进行温汤浸种处理。将种子放入50℃热水中浸泡25分钟后再放入15～25℃温水中浸种4～5小时，经常翻动种子。然后捞出在20～25℃条件下催芽5～7天，待60%种子露芽后在0℃低温环境下存放3～5天即可播种。

2. 播种：4 月下旬至 5 月上旬进行撒播，每亩播种量 0.5 ~ 0.75 千克。为了给胡萝卜发芽出苗创造良好条件，在播种时可利用小白菜、青萝卜、菠菜生长快，胡萝卜在小白菜、青萝卜、菠菜遮荫下利于出苗的特点，可混播小白菜、青萝卜、菠菜，覆土 0.6 ~ 1 厘米，播种后浇透水，待地表黄干后耙平畦面。

五、田间管理

（一）除草间苗

胡萝卜发芽较慢，苗期长，此时正值夏季高温多雨季节，杂草生长快，易形成草荒，影响幼苗生长，因此要及时除草，以人工除草为主，化学除草为辅。当胡萝卜幼苗长至 1 ~ 2 片真叶时进行第一次间苗，苗距 5 ~ 7 厘米，5 ~ 7 片叶时定苗，苗距 10 厘米，亩保苗 32 000 株左右。化学除草每亩可用高效盖草能 20 毫升，兑水 30 千克地面喷雾。

（二）中耕

第一次间苗后，在行间浅锄，除草保墒，促使幼苗生长；定苗后第二次中耕，中耕应先浅后深，避免伤根。为了防止绿肩，应培土盖住胡萝卜肩部，但不要埋住株心部。

（三）浇水

胡萝卜在发芽期浇 1 次水，土壤湿度维持在土壤最大持水量的 60% ~70% 为宜，以利种子发芽，保苗全、苗齐。幼苗期长至 9 ~ 14 片叶时控制浇水量，使土壤保持湿润。当肉质根开始膨大时（即手指粗时）进行浇水，保证充足的水分。一般情况下整个生育期浇 2 ~ 3 次水，以促进根系向纵深发展，防止裂根，提高产品质量。播种后 50 天，肉质根进入膨大期要保证充足的水分。

（四）施肥

胡萝卜在生长期共追肥 2 ~ 3 次，亩追施磷酸二铵、硫酸钾 15 千克或尿素 5 千克。第一次追肥 15 天后，进行第二次追肥，再间隔20～25天进行第三次追肥，亩施硫酸铵10～15千克或磷酸二铵、硫酸钾10～15千克。亩追施硫酸铵5～10千克或施生物钾肥效果明显。

六、病虫害防治

（一）主要病害及防治

1. 黑斑病和黑腐病：选用优良品种、合理布局、轮作倒茬，增施有机肥、中耕除草、培育无病虫害壮苗，降低病虫源数量。播前进行温汤拌种，或用种子量0.3%的70%代森锰锌拌种。发病初期用75%百菌清可湿性粉剂600倍液、50%速克灵可湿性粉剂1 500～2 000倍液或50%扑海因可湿性粉剂1 000～1 500倍液喷雾防治。每隔10天喷1次，连续2～3次，采收前15天停止用药。

2. 细菌性软腐病：6～8月为青海省集中降雨期，易发生软腐病，故采用高垄栽培，发现病株及时挖除，并撒生石灰，或用新植霉素400倍液、72%农用链霉素可湿性粉剂400倍液喷雾。

3. 花叶病：加强田间管理，及时防治蚜虫，生长期间满足肥水供应，促进植株生长，增强抗病能力；发病初期用20%病毒立克或1.5%植病灵2号乳油1 000倍液喷雾，采收前15天停止用药。

（二）主要虫害及防治

1. 地下害虫：蛴螬、金针虫等可用50%辛硫磷2 500～3 000倍液或乐斯本2 000倍液防治。

2. 潜叶蝇：用20%杀灭菊酯乳油2 000～3 000倍液或10%吡虫啉乳油2 000～3 000倍液喷雾。

七、采收与贮藏

当胡萝卜的80%左右外叶由绿转黄萎蔫时，胡萝卜肉质根充分肥大即为采收适期，适宜收获期为9月上旬至10月下旬，应在上冻前收获完毕。

采收时工具应清洁卫生、无污染，应分级整理，摘除畸形、裂缝、过小胡萝卜，选择完好产品分装在编织袋起运。胡萝卜耐储藏，在1℃左右低温和相对湿度90% ~95%条件下可储藏5 ~6个月（图10－1，图10－2）。

图10－1　胡萝卜机械采收

图10－2　胡萝卜机械采收

第十一章　大 白 菜

一、营养价值

大白菜含有丰富的粗纤维，不但能起到润肠、促进排毒的作用，而且还有刺激肠胃蠕动，促进大便排泄，帮助消化的功能。对预防肠癌有良好效果。白菜中含有丰富的维生素 C、维生素 E，多吃白菜，可以护肤和养颜；白菜中还含有的一些微量元素，可以帮助分解同乳腺癌相联系的雌激素。

二、环境要求

大白菜为十字花科芸薹属一年生、二年生草本植物，包括结球及不结球两大类群。由芸薹演变而来。以柔嫩的叶球、莲座叶或花茎供食用。白菜根为浅根系，主根粗大，侧根发达，水平分布。

大白菜属半耐寒性蔬菜，适宜温和而凉爽的气候，大多数品种不耐高温和寒冷。营养生长最适宜的温度为 12～22℃，超过 22℃生长不良，28℃以上生长受抑制。大白菜不耐低温，低于 5℃会停止生长，低于 0℃易受冻害。大白菜的种苗在 0～10℃下，经 15～25 天即可通过春化阶段抽薹开花。

大白菜为长日照作物，光照时间长可以促进发育。水分对大白菜的生长非常重要。幼苗期需水量较少，但不能缺水，否则土壤干旱板结，不利于幼苗生长；莲作期需水量较大，但浇水次数不宜过多，最好保持土壤见干见湿为好；在整个生育期中结球期的需水量最大，缺水会造成减产，而浇水时忌大水漫灌。大白菜适宜微酸性或弱碱性土壤，喜土层深厚、肥沃而富含有机质的沙壤土中生长。大白菜对氮肥需求量较大，但要适当配合磷、钾肥，可提高抗病能力，还可改善品质。另外，大白菜对钙的吸收较敏感，土壤中若缺乏可供吸收的钙则会引发白菜的干烧心病。

三、茬口安排

大白菜以秋季栽培为主，但为了满足市场的需求，按照不同的品种要求增加保护地栽培、露地早熟品种栽培或夏季栽培等茬次。

四、品种选择

目前，青海省种植的品种有春秋 54、春夏王、春秋王、旺春、小杂 60、太原一号、春玉黄、京春黄娃娃菜等。

五、栽培管理技术

（一）整地施肥

大白菜根系浅，生长期长，生长量大，需大量的有机肥。一般亩施有机肥 5 000 ~ 10 000 千克、过磷酸钙 50 千克、硫酸钾肥 15 千克或复合肥 30 千克。前茬作物收获后，及时清理田园，耕翻后整细、整平，可起垄栽培也可平畦栽培，若起垄垄高在 12 ~ 15 厘米，垄顶宽 25 厘米，垄距 50 ~ 60 厘米。

（二）播种

大白菜播种期要根据品种、气候等条件来定。播种过早病害严重，过晚则生长时间不足，造成包心不实。青海省一般秋冬茬在 6 月下旬至 7 月上旬播种较适宜。播种分直播和育苗移栽两种，整地起垄后覆盖地膜，在膜上划口进行穴播，种子播后覆盖 1 厘米土，并轻微进行镇压；后者一般比直播要提前2 ~ 3 天播种，每亩栽培田可安排 20 ~ 25 平方米的苗床，播种后进行镇压，使种子和土壤充分接触，苗出土后要保持土壤的湿润，齐苗后要分 2

次间苗，苗距保持在6~8厘米见方，一般在20天左右即可育成。

（三）发芽期及幼苗期管理

大白菜播种后到齐苗要保持田间的土壤湿润，少雨高温时勤浇水。多雨时要及时排涝，防止田间积水。小苗长到2片真叶和4片真叶时进行2次间苗，第一次苗按7~8厘米见方留苗，第二次按15厘米左右留苗。育苗移栽要适期定植，密度可参照直播。

（四）莲作期管理

白菜生长到8~10个叶片应及时定苗，根据栽培的品种掌握留苗的距离和株数，大型品种亩保苗1 700~2 000株，小型品种亩保苗2 000~2 400株。定苗时要选留壮苗、大苗，去除弱苗、虫咬苗。

（五）结球期管理

大白菜外叶封垄、心叶开始抱合时进入结球期。这一时期是需水和需肥的高峰期，要常浇水保持土壤经常湿润，直到收获的前几天停水。结球期要随水追肥2次，在结球开始和中期施用，每次亩施硫酸铵或磷酸二铵20~25千克，并适当追施少量的钾肥。

（六）病虫害及防治

1. 软腐病：白菜软腐病又叫烂疙瘩，是白菜的主要病害之一。不论是田间、贮藏、运输过程中发病都能造成重大经济损失。在田间地头发病，多从包心期开始，病部呈灰褐色水浸状不规则性病斑，外围的大部分叶片在晴天的中午萎蔫，早上或晚上尚能恢复。持续几天后外部叶片平贴地面，露出叶球，俗称“脱帮子”，叶柄基部和根茎处心髓组织完全腐烂，臭气四溢。也有的从外叶边缘、心叶顶部开始，向下发展，或从叶片虫伤向四周蔓延，造成整株腐烂。其病原菌为欧氏杆菌属细菌。发病条件：软腐病菌在4~36℃之间都能生长，但最适宜的温度为28~30℃。

病菌一般都从伤口侵入，如植株有自然裂口、虫伤、病伤和机械伤等，但以叶柄上自然裂口为主要途径，其次是虫伤。防治方法：选用抗病品种，不同品种的抗病性有明显的差异；前茬作物收获后及时耕翻、晾晒，清除残枝病叶；适期播种培育壮苗；浇水时严防大水漫灌。药物防治：发病初期用72%农用硫酸链霉素可溶性粉剂3 000～4 000倍液、新植霉素4 000倍液，或70%敌可松600倍液灌根。

2. 霜霉病：真菌病害，采用50%代森锰锌600～800倍液、72%杜邦克露1 000倍液或77%可杀得400倍液交替喷雾防治。

3. 虫害：主要有蚜虫、白粉虱和菜青虫、甜菜夜蛾、小菜蛾等。

蚜虫和白粉虱均以成虫和若虫吸食大白菜汁液，导致被害叶褪绿、变黄、萎蔫，甚至全株枯死；分泌的蜜露严重污染叶片，引起霉污病发生，使白菜失去食用价值。另外，还可传播病毒病。防治方法：利用蚜虫和白粉虱的趋黄性，在田间设置黄板诱杀，每亩地设置20～25块黄板，固定在木棍上插在菜田中，高度以黄板底部高出植株顶部20厘米为宜；亩用生物药剂3%除虫菊素微囊悬浮剂45毫升喷雾防治；或用10%吡虫啉可湿性粉剂2 000倍液、德力克1 500倍液、98%巴丹可湿性粉剂2 500倍液交替喷雾防治，每周喷1次，连喷2～3次，但要注意早晚用药。菜青虫、甜菜夜蛾和小菜蛾均以幼虫食叶为害，菜青虫3龄后可蚕食整个叶片，为害重的仅剩叶脉，严重影响白菜生长和包心，造成减产；甜菜夜蛾主要以初孵幼虫群集叶背吐丝结网，在其内取食叶肉，留下表皮成透明小孔，4龄以后食量大增，将叶片吃成孔洞或缺刻，严重时仅剩叶脉和叶柄，对产量和品质影响较大；小菜蛾可将菜叶吃成孔洞和缺刻，严重时全叶成网状，在苗期常集中心叶为害，影响白菜包心。防治方法：利用害虫的趋光性，在田间每 40 ~ 50 亩设置一盏频振式杀虫灯或黑光灯诱杀害虫；也可利用甜菜夜蛾、小菜蛾等对性信息素的趋性，在田间每亩地放置一套性诱剂诱杀害虫；在害虫低龄期用生物制剂Bt250 ~ 500 倍液喷雾防治；或用 15% 安打悬浮剂 3 000 倍液、安达尔 1 500 ~ 2 000 倍液、4.5% 高效氯氰菊酯乳油 1 500 ~ 2 000 倍液交替喷雾防治。

六、采收

结球紧实后，表面生长成熟，应及时采收上市，成熟至收获的缓冲期为 7 ~ 10 天，超过 10 天会影响其商品性和产量。

第十二章　菠　　菜

一、营养价值

菠菜含有大量的植物粗纤维，具有促进肠道蠕动的作用，利于排便，且能促进胰腺分泌，帮助消化。菠菜中所含的胡萝卜素在人体内转变成维生素A，能维护正常视力和上皮细胞的健康，增加预防传染病的能力，促进儿童生长发育。菠菜中含有丰富的胡萝卜素、维生素C、维生素E、钙、磷及一定量的铁等有益成分，能供给人体多种营养物质。菠菜中所含微量元素物质，能促进人体新陈代谢，增进身体健康。大量食用菠菜，可降低中风的危险。菠菜提取物具有促进培养细胞增殖的作用，既抗衰老又能增强青春活力。

二、环境要求

菠菜属耐寒性最强的蔬菜，5～8片叶的植株能耐15℃左右的低温，菠菜最适宜发芽的温度15～20℃，温度过低发芽率降低。生长适宜温度为15～20℃，在30℃时发芽率不到30%。菠菜属长日照作物，当日照达到12小时、平均气温5℃时，一些早熟品种开始抽薹。晚熟品种要求更长的光照时间和更高的温度才能抽薹。菠菜在潮湿的土壤里生长良好，生长速度最快，生长期要保证菠菜的充足水分供应。菠菜喜中性和微酸性土壤，耐盐性较强，在有机质含量高的土壤中生长最好。在叶片肥大期要保证氮肥的充足供应和氮、磷、钾肥的配合施用。

三、茬口安排

温室栽培全年都能生产，无论是西红柿、黄瓜、辣椒的后茬或是它们的前茬都能种植。露地在 3～9 月亦能播种。

四、品种选择

选用日本大叶、尖叶、圆叶、全能等品种。

五、栽培管理技术

（一）整地

播种前 2～3 天清除前茬作物的残枝和杂草，土壤进行深翻，结合翻地每亩施优质农家肥 4 000～5 000 千克，过磷酸钙 15～20 千克，并用 50% 多菌灵或甲基托布津每平方米用量为 8 克进行土壤处理，然后耙平畦面待播。

（二）播种

播种时每亩地的用种量 4～5 千克，播种可采用撒播，也可采用条播，条播的行距 15 厘米，播种后覆盖 1～1.5 厘米的土即可。

（三）田间管理

出苗后温室内温度达到 30℃以上时需进行通风，以防治霜霉病的发生。生长期根据长势结合浇水可适当追施尿素，每亩 10～15 千克。

（四）病害防治

1. 霜霉病：受害的叶片上初呈淡绿色斑，病斑边缘不明显，以后病斑扩大成不规则形，叶背面出现灰白色霉层，然后变为紫灰色。病斑从植株下部向上发展，严重时全株萎蔫状，干旱时病叶枯黄，潮湿时叶腐烂，背面产生大量紫灰色霉层。该病为藻状菌纲、散展霜霉属真菌病害，低温、高湿是发病的主要条件。另外，植株过密，通风透光不好时发病重。防治方法：发病初期用 25% 甲霜灵可湿性粉剂 800 倍液、75% 百菌清可湿性粉剂 600 倍液、90%霜疫灵可湿性粉剂600倍液或69%安克锰锌可湿性粉剂500倍液喷雾防治。

2. 炭疽病：主要危害叶片及茎。叶片染病，初生淡黄色污点，逐渐扩大成灰褐色，呈圆形或椭圆形病斑，具轮纹，中央有小黑点，可借风雨传播，由伤口或表皮直接侵入。降雨多、地势低洼、栽植过密、植株生长发育不良发病重。发病初期喷洒50%多菌灵可湿性粉剂700倍液或40%多硫悬浮剂600倍液、50%甲基托布津可湿性粉剂500倍液防治。该病应以预防为主，注意在采收前10～15天停止喷药。

六、采收

菠菜长到30厘米高时，即可根据市场需求陆续收获上市。

第十三章　甘　　蓝

一、营养价值

甘蓝是世界卫生组织曾推荐的最佳蔬菜之一，也被誉为天然“胃菜”。其所含的维生素 C 及维生素 U，不仅能抗胃部溃疡、保护并修复胃黏膜组织，还可以保持胃部细胞活跃旺盛，降低病变的概率。甘蓝含有的维生素 C 在维持骨骼密度上发挥着重要作用。甘蓝含有的叶黄素作为抗氧化剂，可有效防止视网膜黄斑退化。经常吃这种蔬菜，还可使白内障和膀胱癌的发病率减少 40%。

二、环境要求

结球甘蓝属一年生的草本植物，经低温春化后第二年抽薹开花形成种子。甘蓝喜温和气候，有一定的抗寒和耐热能力，适应性较强，全国各地均有栽培。甘蓝种子发芽适温为 16 ~ 20℃，叶球生长的适温 17 ~ 20℃，25℃以上基部叶片变枯，茎伸长，结球松散，品质、产量下降。结球甘蓝要求湿润的土壤和空气环境，土壤水分不足或干燥易引起基部叶片脱落，叶球小而松散，甚至难以结球。结球甘蓝较耐肥，肥沃的中性土壤及充足的氮、磷、钾肥的供应，有利于甘蓝的丰产。

三、茬口安排

日光温室栽培甘蓝，茬次安排应根据市场需求和品种特性适当选择播种日期。春季露地栽培一般在 2 月中下旬温室进行育苗，4月中下旬定植。

四、品种选择

结球甘蓝栽培宜选早熟品种，目前普遍用得较多的有8398、933、中甘11、中甘21、青甘1号、迎春等。

五、栽培管理技术

（一）育苗

1. 种子处理：播种前用种子重量0.4%的福美双拌种，也可用55℃水浸种10～15分钟，并不断搅拌，待水温降到30℃时再浸泡2～4小时，用干净湿纱布包好放到20℃的条件下进行催芽，每天要淘洗、翻动1次，待60%种子露白后播种。

2. 育苗：播种后白天温度保持在20～25℃，夜间不低于15℃；出苗后白天温度20℃，夜间10℃；心叶出现时白天温度15～18℃，夜间不能低于10℃。当茎粗0.5厘米以上时，要避免长期处于10℃以下的低温，以免通过春化阶段引起先期抽薹。定植前一周切块起苗，并通风降温，宜在7～8℃下进行低温拣苗，以确保定植后的成活率。

（二）定植

定植前亩施优质农家肥5 000千克，过磷酸钙20～30千克，撒施后深翻30厘米作畦，畦宽3米，长度因地而宜，按株行距40厘米×35厘米定植，亩保苗在5 500株左右，定植后及时浇水。

（三）田间管理

定植缓苗后及时灌水，促进植株生长，以后土壤缺水应及时补充，土壤含水量要经常保持在70%～80%。结合浇水亩施硝酸铵10千克，小叶球形成期每亩追施磷酸二铵10～15千克，促进小叶球膨大。为了防治土壤板结增加透气性，要及时进行中耕除草，提高地温，促进根系的发育。

（四）病虫害防治

1. 幼苗猝倒病：发病初期幼苗基部呈水浸状黄褐色污斑，缢缩成线状，病苗绿色而倒伏，湿度大时病部有絮状白霉产生。土壤温度低而且含水量过高，光照不足易引起病害发生。预防方法：苗床可用50%多菌灵可湿性粉剂或70%甲基托布津可湿性粉剂消毒，每平方米用8~10克与适量的细土混匀后播种时下铺上盖。药剂防治：发病初期可用铜铵合剂防治，配制方法1千克硫酸铜加碳酸氢铵6.5千克，研细混拌均匀后装在塑料袋里密闭24小时，然后取出后加水400倍液喷雾；也可在出苗后喷75%百菌清600倍液或70%代森锰锌可湿性粉剂500倍液防治。

2. 软腐病：病原菌主要从伤口侵入，病部开始呈水渍状，2~3日表皮下陷，上面有乳白色的细菌黏液，内部组织全部腐烂并有一种臭味，以后基部腐烂，外叶脱落，叶球外露，心茎腐烂，属细菌性病害。高温多雨、昆虫活动多容易发病。防治方法：选用抗病品种，加强田间管理。发病初期用72%农用链霉素可湿性粉剂3 000~4 000倍液，或新植霉素4 000倍液、70%敌可松800倍液交替使用，每隔7~10天喷1次，连喷2~3次。

3. 虫害

（1）小菜蛾：有趋光性，在成虫发生期每10亩地放置一盏黑光灯，可诱杀大量小菜蛾。生物防治：采用细菌杀虫剂如Bt，可使小菜蛾大量感病死亡；发病初期可选用25%或30%灭幼脲1号或3号500~1 000倍液、50%二嗪农乳油1 500倍液、5%抑太保乳油2 000倍液、5%卡死克乳油2 000倍液进行喷雾防治，并要喷到叶背面或新叶上，每隔5~7天喷1次，连续3~5次。

（2）甜菜夜蛾：成虫有较强的趋光性，可在田间设置频振式杀虫灯诱杀；药剂可选用15%安打悬浮剂2 000~3 000倍液。防治应掌握在幼虫盛孵期和一龄幼虫高峰期施药，喷药要均匀周到，叶的正反面都要充分着药。该虫抗药性强，故要注意轮换用药。甜菜夜蛾具有昼伏夜出习性，防治应在傍晚进行。高温干旱季节防治应加大用水量。

（3）斜纹夜蛾：可利用频振式杀虫灯、性信息素、黑光灯或糖醋盆诱杀成虫；施药应在傍晚进行，可选用5%锐劲特1 500～2 000倍液、10%除尽悬浮剂1 000～1 500倍液喷雾防治。

（4）菜青虫：采用细菌杀虫剂，如Bt和青虫菌六号液剂500～800倍液；或用2.5%保得乳油2 000倍液、5%锐劲特悬浮剂2 500倍液等防治。此外，还可采用20%或25%灭幼脲1号或3号胶悬剂500～1 000倍液防治，但此类药剂作用效果较慢，通常在虫龄变更时才可使害虫致死，应提早喷洒。

六、采收

当甘蓝叶球包实时可陆续采收上市。

第十四章　芹　　菜

一、营养价值

芹菜营养十分丰富，100 克芹菜中含蛋白质 2.2 克，钙 8.5 毫克，磷 61 毫克，铁 8.5 毫克，其中蛋白质含量比一般瓜果蔬菜高 1 倍，铁含量为蕃茄的 20 倍左右。芹菜中还含丰富的胡萝卜素和多种维生素等，对人体健康都十分有益。芹菜具有的平肝降压作用，临床上对于原发性、妊娠性及更年期高血压病均有效。芹菜也是高纤维食物，具有抗癌防癌的功效，它经肠内消化作用产生一种木质素或肠内脂的物质是一种抗氧化剂，高浓度时可抑制肠内细菌产生的致癌物质。

二、环境要求

芹菜为双子叶植物，伞形科二年生半耐寒蔬菜，直根系，喜冷凉、润湿的气候条件。种子发芽最适宜温度为 15～18℃，15℃以下发芽缓慢，25℃以上发芽率降低，30℃以上几乎不发芽。营养生长温度白天以 20～25℃为宜，夜间以 10～18℃为宜，地温以 10～23℃为宜；若气温低于 15℃则生长缓慢，连续5～10 天低于 10℃时易抽薹开花；温度高于 25℃会加速植株的木质化，造成薄壁细胞破裂，使叶柄中间发空，品质下降。例如，西芹的叶在短日照下发育较好，在长日照下根的发育受抑制。西芹在生长前期需要比较充分的光照，生长后期短日照和较弱的光对其生长又十分有利，因此，西芹在秋冬季栽培长势比较好。西芹喜湿润的空气和土壤条件，因为西芹的根皮层组织中输导系统发达，可向地上部、根部送氧，所以土壤中水分较充足，生长就会旺盛。西芹生长需要充足的肥料，氮肥对其叶数、叶重影响大，缺氮叶数多，重量轻；磷肥有利于叶片的分化，磷不足则影响叶片和心叶的发育；钾肥对叶柄变粗和变重影响很大，还可使叶柄产生光泽，品质脆嫩、纤维少。

三、茬口安排

秋季大棚栽培、秋冬温室栽培、春季露地栽培。

四、品种选择

文图拉、脆嫩西芹、佛罗里达683、津南实芹等。

五、栽培管理技术

（一）播种期

秋季大棚栽培6月中下旬播种；冬季温室栽培7月上旬至8月上旬播种；露地栽培2月上旬至2月下旬温室育苗。

（二）种子处理

西芹种子的种皮厚而坚硬，并有油腺，不易吸水，播前应浸种催芽，先用50℃温水浸泡30分钟，在常温下泡8~12小时，并不断搓洗，然后用湿布包好放到15~22℃环境条件下催芽7~10天，等多数种子露白时播种。

（三）苗床准备

播前3~5天将苗床翻耕好，施足底肥，整细压平，每平方米的苗床施腐熟过筛的农家肥15千克，磷酸二铵25克，并用50%托布津或50%多菌灵10克进行土壤消毒，然后浇足底水，等水下渗即可播种。

（四）播种

可条播也可撒播，因西芹育苗时间长，播种时应比普通芹菜稀，每平方米的苗床用种量2~3克，然后覆盖细土0.3~0.5厘米，最后覆地膜。

（五）苗期管理

幼苗出土后，及时揭去地膜，室内温度保持在20℃左右。第二片真叶展开后及时间苗，苗距12厘米，保证幼苗均匀。3～4片叶时定苗，苗距6厘米，并适当控水防治徒长，一般苗龄60～70天，苗长到5～6片叶时定植。西芹苗期主要靠充足的底墒生长，子叶展平露心前不浇水，可在1～2片真叶时结合间苗盖一层薄土，定苗后结合浇水每平方米的苗床追施磷酸二铵20克。发现立枯病用农用链霉素溶液喷施，定植前5～7天降温拣苗。

（六）定植

秋季大棚栽培8月中下旬定植；秋冬温室栽培9月上中旬至10月上旬定植；春季露地栽培4月中下旬定植。露地栽培选地势向阳，土地肥沃，灌溉方便的地块。定植前5～7天，及时清除田间杂草残株，每亩施腐熟的优质农家肥5 000～6 000千克，麻渣100千克，磷酸二铵20～25千克，碳酸氢铵30千克混匀后施入。然后选晴天无风的天气定植，栽苗时按15～20厘米的株行距，大小苗分开，栽苗时应注意不要将幼苗的心叶埋上，亩保苗7 500～10 000株，栽后应及时浇定植水。

（七）田间管理

定植后3～4天可不通风。白天温度保持在20℃左右，夜间保持在13～18℃，要是严冬最低温度也要保持在5℃以上。西芹生长前期经历时间长，生长缓慢，田间易滋生杂草，应结合中耕除草，一般在生育期中耕2～3次，中耕时宜浅，防止伤根，中耕后及时培土。定植后1～2天再浇1水，一般连浇3～4水。等发现心叶变绿，新根发出，进行中耕蹲苗，以防外叶徒长。植株长到15厘米左右时开始追肥，每亩施硝酸铵15～20千克或硫酸铵25～30千克。定植后60～70天，进入心叶直立期，每亩施尿素 15 千克，硫酸钾 4 ~5 千克。每次追肥后都要浇水，保持土壤湿润，尤其是进入立心期后，更要保证水分的供应。

（八）病虫害防治

1. 斑枯病：芹菜斑枯病也叫晚疫病。此病在保护地栽培中较为严重，主要为害叶片、叶柄和茎。叶片发病有大小两种病斑，初发病为油状褐色小斑点。大病斑为 3 ~ 10 毫米不等，小病斑为 0.5 ~0.2 毫米，病斑外围有一圈黄色晕环。叶柄和茎部发病均为长椭圆形的病斑，斑面密生黑色粒点。由半知菌亚门芹菜生壳针孢属真菌侵染发病。以菌丝替伏在种皮内附着在种子上，或随病残体及采种母根上越冬。在病残体上越冬的病菌当温度、湿度适宜产生分生孢子器和分生孢子，借气流或浇水传播。主要是高湿、叶片有水滴存在，或较冷凉的环境条件下；生长势弱，品种抗病力差引起。防治方法：选用抗病品种，进行种子消毒；加强田间管理，如适当密植，控制田间湿度等；幼苗高 2 ~3 厘米或发病初期，用 75% 百菌清 600 ~ 800 倍液、50% 多菌灵可湿性粉剂或 64% 杀毒矾 500 倍液，连续喷雾 2 ~3 次。

2. 软腐病：主要发生在叶柄的基部或茎上，发病初期先出现水渍状、淡褐色纺锤形不规则病斑，后内部组织腐烂，有恶臭味。为胡萝卜软腐欧文氏菌胡萝卜软腐致病型，属细菌病害。一般在植株生长中后期，封垄遮荫，地面潮湿容易发病。有时与冻害和其他病害混发，连作发病严重。防治方法：选用无病地块栽培，或实行两年以上的轮作；加强管理，锄草时避免伤根，以防造成伤口处细菌侵入；培土时避免把叶柄埋入土中；出现病株及时拔除，在拔除地撒少量的石灰消毒。如果是收获后植株带土，在贮运期仍能腐烂；发病初期用新植霉素 3 000 ~4 000 倍液或 30% DT 胶悬剂 500 倍液、72% 农用硫链霉素可溶性粉剂 3 000 倍液交替连续喷雾 2 ~3 次。

3. 芹菜叶斑病：芹菜叶斑病又称早疫病，主要为害叶片。叶上初呈黄绿色水渍状斑，后发展为圆形或不规则形，大小4～10毫米，病斑灰褐色，严重时病斑扩大汇合成斑块，终致叶片枯死。茎或叶柄上病斑椭圆形，3～7毫米，灰褐色，稍凹陷。发病严重的全株倒伏。高湿时，上述各病部均长出灰白色霉层，即病菌分生孢子梗和分生孢子。发病初期喷洒50%多菌灵可湿性粉剂800倍液，或50%甲基硫菌灵可湿性粉剂500倍液、77%可杀得可湿性粉剂500倍液。

4. 烧心：为生理病害。开始时心叶叶脉间变褐，以后叶缘细胞逐渐死亡，呈黑褐色。生育前期较少出现，一般主要发生在11～12片叶时。发病原因：主要由缺钙引起。大量施用化肥后易使土壤酸化而缺钙，施肥过多，特别是氮肥、钾肥过多，会影响根系对钙的正常吸收。另外，低温、高温、干旱等不良环境条件均会降低根系活力，减弱根系对钙的吸收能力，加重缺钙。防治方法：选择中性土壤种植芹菜。对酸性土壤要施入适量石灰，把土壤的酸碱性调到中性。多施有机肥，避免过量施用氮肥、钾肥，尤其不要一次大量施用速效氮肥。避免高温、干旱。温度过高要通风降温。经常保持土壤湿润，小水勤浇，不能忽干忽湿。发生烧心时，要及时向叶面喷施0.5%氯化钙或硝酸钙水溶液，也可喷施绿芬威3号等钙肥。

5. 空心：芹菜空心是组织老化的一种现象，从叶柄基部开始空心并逐渐向上发展，空心部位出现白色絮状木栓化组织。多发生在土壤瘠薄的地块，特别是中后期遇高温干旱、肥料不足、病虫危害、肥多烧根、缺乏硼素、芹菜受冻、收获过迟等因素，会使芹菜根系吸收肥水的能力下降，地上部得不到充足的营养，叶片生理功能下降，制造的营养物质不足。在此情况下，叶柄接近髓部的薄壁组织，首先破裂萎缩，形成空心秆。防治方法：①选择纯正的高质量的实心优良芹菜品种。②选择适宜的地块种植，尤以富含有机质、保水保肥力强并且排灌条件好的沙壤土为宜，土壤酸碱度以中性或微酸性为好，忌黏土或沙性土壤种植。③温度调控：芹菜喜冷凉湿润的环境条件，棚室内栽培芹菜，白天气温以15～20℃为宜，最高不超过25℃；夜间保持10℃左右，不要低于5℃；平时适当通风，降低空气湿度。④合理施肥水：施足底肥，撒施均匀，每亩施优质腐熟的有机肥5 000千克，最好加施发酵好的鸡粪100～200千克，或磷酸二铵15千克；定植缓苗后施提苗肥，每亩随水施硫酸铵10千克，或施发酵的人粪尿。生长期追肥以速效氮肥为主，配合钾肥，每次每亩施20千克左右，每隔15天追肥1次。为防缺硼空心，可用0.3%～0.5%硼砂溶液叶面施肥。小水勤浇，经常保持畦土湿润。此外，还要注意及时防治病虫害和及时收获。

6. 叶柄开裂：主要表现为茎基部连同叶柄同时裂开。发病原因：一是缺硼；二是在低温、干旱条件下，生长受阻所致。此外，突发性高温、多湿，植株吸水过多，造成组织快速充水，也会造成开裂。防治方法：一是施足充分腐熟的有机肥，每亩施入硼砂1千克，与有机肥充分混匀；二是叶面喷施0.1%～0.3%硼砂水溶液。管理中注意均匀浇水。

7. 蚜虫：黄板诱杀，每亩挂30～40块黄板；也可用5%氯氰菊酯2 000倍液与10%吡虫啉4 000～6 000倍液交替喷雾。

8. 斑潜蝇：防治方法与蚜虫相似。

六、采收

芹菜采收前两周禁止使用任何农药。当植株高度达到70厘米左右，每株重量达到1 000克以上进行收获。采收后取掉外面的老黄叶，扎捆出售。一般亩产可达7 500～8 000千克。

第十五章　小 油 菜

一、营养价值

小油菜含有蛋白质、脂肪、糖类、膳食纤维、钙、磷、铁、胡萝卜素、维生素 B_1、维生素 B_2、烟酸、维生素 C 等。其中钙的含量较高，几乎等于白菜含量的 2～3 倍。含有大量胡萝卜素比豆类、番茄、瓜类都多，并且还含有丰富的维生素 C。有助于增强机体免疫能力，保持血管弹性，减少动脉粥样硬化的形成，从而保持血管弹性，以及润泽皮肤、延缓衰老。小油菜中所含的维生素 C，在体内形成一种“透明质酸抑制物”，这种物质具有抗癌作用，可使癌细胞丧失活力。此外，小油菜中含有的粗纤维可促进大肠蠕动，增加大肠内毒素的排出，达到防癌抗癌的目的。

二、环境要求

小油菜喜冷凉气候，有较强的耐寒性，也较耐热。种子 5～8℃即可发芽，但 20～25℃发芽最快。生长期适温为 15～20℃，超过 25℃则生长不良。品种不同，耐低温性也有差异，一般能耐 0～3℃的低温。小油菜属长日照作物，光照不足易引起徒长或茎节伸长，影响品质。小油菜对土壤适应性较强，但以壤土和沙壤土为宜。对水分要求较高，水分不足生长缓慢，纤维增加，品质下降。在叶片旺盛生长期要求充足的水分和氮肥，否则叶片小而发黄。小油菜有耐热、耐寒的特性。

三、茬口安排

保护地可全年栽培，露地栽培以春夏季种植为宜。

四、品种选择

适合温室栽培的油菜，依其叶柄的颜色可分为青帮和白帮两种。常用的有上海四月慢、五月慢、冬常青、特矮青、矮箕青、二月慢、上海青等。

五、栽培管理技术

（一）苗期管理

日光温室的小油菜栽培，可直播，也可育苗移栽。播种日期根据温室条件和市场的需求而定。若育苗移栽，播种时先用20～30℃温水浸种2～3小时后沥干水分，在15～20℃的条件下催芽，等70%种子露白即可播种。播种前准备好苗床，按每平方米施有机农家肥10千克，耙平踩实后灌水。撒一层细土后按每平方米3克进行播种，然后覆盖0.5～1厘米的细土。要是撒播每亩地按300～400克种子准备。播种后白天温度保持在20～25℃；出苗后白天温度为15～20℃。苗出齐后选晴天无露水时撒一层细土弥缝。小苗二叶一心时间苗，以后还可间一次苗，苗距3～4厘米。苗期一般不旱不浇水，播后30～40天，苗3～4叶时即可定植，定植前7天可进行5℃左右的低温拣苗。定植前亩施有机农家肥4 000～5 000千克，磷酸二铵20～30千克。深翻耙平后按18～20厘米在畦内开沟，再按10厘米株距栽苗。定植后即可浇水。

（二）田间管理

定植后白天温度保持在25℃，夜间10℃，促进缓苗。心叶开始生长后降温，白天20～25℃，夜间8～10℃，白天超过25℃进行通风。定植后10天左右浇一次缓苗水，并随水追施尿素10～15千克或硫酸铵15～20千克。若底肥和墒情好，可推迟浇水和施肥时间。

（三）常见病害

1. 黑斑病：病斑发生在叶的两面，呈圆形或近圆形淡褐色或褐色，具有明显的同心轮纹，周围常有黄色晕环，潮湿时病斑上生有微细的黑色霉。叶柄局部枯死，严重时病斑连片，外叶脱落。高湿的条件下病害严重。发病最适温度为17℃，但在10～35℃之间均能生长发育。防治方法：①种子消毒：用40%福美双或40%灭菌丹拌种，药量为种子量的0.4%；或用50℃温汤浸种20分钟。②加强田间管理：浇水后注意通风排湿，严防室内湿度过高；与非十字花科蔬菜隔年轮作，及时清除田间病残体。③药剂防治：发病初期用75%百菌清可湿性粉剂或75%代森锰锌可湿性粉剂500倍液、40%灭菌丹400倍液、64%杀毒矾可湿性粉剂500倍液交替使用，每隔7天1次，连续2～3次。

2. 霜霉病：幼苗期染病，叶片受害。在子叶背面出现淡黄色病斑，严重时幼苗茎叶变黄枯死。成株染病，叶背面出现白色霜霉。叶正面出现淡绿色病斑，逐渐变为黄色至黄褐色，病斑扩大后受叶脉限制成多角形，随病加重病斑连片增多，叶片枯死。若保护地施氮肥过多，密度过大，通风不良、湿度大，温度在15℃左右，病害发生严重。防治方法：播种前用75%百菌清或35%瑞毒霉拌种，药量以种子重量的0.3%为佳。加强管理，合理密植、施肥、浇水、通风排湿、及时清除病株病残体，避免重复染病。药剂防治可参考霜霉病的防治方法。

3. 白锈病：发病初期在叶片背面生有稍隆起的白色近圆形至不规则形疱斑，即孢子堆。其表面略有光泽，有的一张叶片上疱斑多达几十个，成熟的疱斑表皮破裂，散出白色粉末状物，即病菌孢子囊。在叶正面则显现黄绿色边缘不明晰的不规则斑，有时交链孢菌在其上腐生，致病斑转呈黑色。种株的花梗和花器受害，致畸形弯曲肥大，其肉质茎也可显现乳白色疱状斑，成为本病重要特征。

白锈菌在0～25℃均可萌发，潜育期7～10天，故此病多在纬度或海拔高的低温地区和低温年份发病。在这些地区如低温多雨，昼夜温差大，露水重，连作或偏施氮肥，植株过密，通风透光不良及地势低排水不良田块发病重。防治方法：发病初期喷洒25%甲霜灵可湿性粉剂800倍液，或50%甲霜铜可湿性粉剂600倍液，或58%甲霜灵·锰锌可湿性粉剂500倍液，或64%杀毒矾可湿性粉剂500倍液，每亩喷50～60升，每隔10～15天喷1次，连续2次，防效优异。

六、采收

温室定植后40天即可收获，也可根据市场需求分次间收，或一次性收获。

第十六章　香　　菜

一、营养价值

香菜营养丰富，水分含量很高，可达90%；香菜内含维生素C、胡萝卜素、维生素B_1、维生素B_2等，同时还含有丰富的矿物质，如钙、铁、磷、镁等。香菜还含有苹果酸钾、甘露糖醇等。香菜中含的维生素C比普通蔬菜高得多，一般人食用7～10克香菜叶就能满足人体对维生素C的需求量。香菜中所含的胡萝卜素要比西红柿、菜豆、黄瓜等高出10倍多。香菜辛、温，归肺、脾经，具有发汗透疹，消食下气，醒脾和中的功效。主治麻疹初期，透出不畅及食物积滞、胃口不开、脱肛等病症。

二、环境要求

香菜属耐寒性蔬菜，适宜冷凉湿润的环境条件，在高温干旱条件下生长不良。香菜幼苗在2～5℃低温下，经过10～20天可完成春化，以后在长日照条件下，通过光周期而抽薹。香菜为浅根系蔬菜，吸收能力弱，对土壤水分和养分要求均较严格，保水保肥力强，有机质丰富的土壤最适宜生长。对土壤酸碱度适应范围为pH值为6.0～7.6。

三、茬口安排

香菜不耐高温，喜温凉，高温季栽培，易抽苔，产量和品质都受到影响，故应以秋种为主。青海省春、夏、秋季均可种植，大田、园田都可以种植，房前屋后也可种植。最好在3年内未种过香菜、芹菜的地块上种植，以防发生株腐病（又称死苗或死秧）等土传病害。

四、品种选择

香菜有大、小叶两个类型。目前，适合保护地栽培的主要有5个品种：山东大叶、北京香菜、原阳秋香菜、白花香菜（又名青梗香菜）、紫花香菜（又名紫梗香菜）。

五、栽培管理技术

（一）种子处理

将香菜种子搓开，用15～20℃清水浸种12～24小时（中间更换一次水），捞出后控出多余水分，稍晾一下，装入湿布袋，每袋装入0.5千克，然后放入冷凉潮湿处催芽。在催芽过程中，每天将种子取出用10～20℃温水淘洗一次。也可用5×10^{-6}赤霉素（85%赤霉素1克兑水170千克）或1.8%丰产素兑水6 000倍液，浸种12～14小时，代替低温浸种和催芽。

（二）播种

有机肥要经过充分发酵腐熟和细碎，一般亩施有机肥8 000千克、磷酸二铵75千克，施肥后翻耙2～3遍，使肥土混合均匀，然后耙平畦面，浇足底墒水，水渗后随即撒播种子。亩用种量1.5千克。若速生小苗上市供应的要高度密植，亩用种10千克以上。撒播种子后要盖0.5～0.8厘米厚的细沙。香菜出苗后3～4天小水灌浇1次。寒冷季节在保护设施内育苗，要防晴日午间高温暴晒并每日轻洒水1次。

（三）施除草剂

香菜播后每亩苗前可用48%氟乐灵（茄科宁）乳油50克，兑水50千克，或25%利谷隆乳油100克，或50%利谷隆可湿性粉剂60克，兑水50千克均匀喷于畦面，并保持畦面湿润。芫荽出苗后，每亩用50%扑草净可湿性粉剂50克，兑水50千克喷洒。

（四）田间管理

香菜苗期生长的温限为3～20℃，以12～15℃最宜。香菜喜湿怕涝，需要经常保持土壤湿润。出齐苗后间苗，2片真叶期定苗，苗距3～4厘米。苗高2厘米时便开始追肥，宜随水冲施速效氮素化肥。一般8～10天浇1次水，隔1次水冲施1次化肥，每次冲施硝酸钾15千克（或尿素10千克）、硼砂0.25千克。后期冲施肥料应氮、钾配合，每次冲施尿素和硫酸钾各8～10千克。在采收前半月，宜喷洒20×10^{-6}～25×10^{-6}赤霉素，以提高产量。

（五）病虫害防治

早疫、晚疫病用杀毒矾、绿乳铜等防治，菌核病、灰霉病用速克灵、菌核净等防治，软腐病用DT、CT等防治，病毒病用菌毒清、植病灵等防治，株腐病用多菌灵等防治，蚜虫、白粉虱、斑潜蝇用吡虫啉、啶虫脒、阿维虫清等防治。

ལེའུ་དང་པོ། རྟོང་ཀྭ།

དང་པོ། འཚོ་བཙུད་ཀྱི་རིན་ཐང་།

རྟོང་ཀྭའི་འཚོ་བཅུད་ཕུན་སུམ་ཚོགས་པ་དང་། དེའི་ནང་དུ་ཚེ་སྨའི་རྒྱུ་དང་འཚོ་བཅུད་སྣ་ཚོགས། གཏེར་རྫུའི་གཞི་རྒྱུ་སོགས་འདུས་པ་ཡིན།

གཉིས་པ། ཁོར་ཡུག་གི་ལྷང་བྱ།

རྟོང་ཀྭ་ནི་དྲོད་ལ་ཆགས་ཤིང་གྲང་ངར་ལ་སྐྲག་པ་དང་། སྨྱུ་གུ་འབུས་དུས་ཆེས་འཚམ་པའི་དྲོད་ཚད་ནི་25~30℃ཡིན། འཚར་སྐྱེའི་དུས་སྐབས་ཀྱི་ཉིན་དཀར་གྱི་དྲོད་ཚད་ནི་20~30℃དང་། མཚན་མོའི་དྲོད་ཚད་ནི་13~15℃ཡིན། དྲོད་ཚད་10℃ལས་དམའ་དུས་སྐྱེ་མཚམས་འཛོག་པ་དང་། དྲོད་ཚད་35℃ལས་བརྒལ་བའི་སྐབས་སུ་འོད་སྦྱོར་ནུས་པ་མང་པོ་མེད་པར་འགྱུར་བ་ཡིན། རྟོང་ཀྭའི་རྩ་ལག་གཏིང་མི་ཟབ་ལ་ལོ་མ་ཆེ་བ་དང་། ཆུ་དང་ལུད་འཛིན་པའི་ནུས་པ་ཆུང་ཞན་པ་ཡིན།

གསུམ་པ། འདེབས་འཛུགས་ཀྱི་བཀོད་སྒྲིག

དཔྱིད་དུས་འདེབས་འཛུགས་བྱེད་པ་ཡིན་ན་ཟླ་11པའི་ཟླ་སྨད་ནས་ཟླ་12པའི་ཟླ་སྟོད་བར་དུ་སྨྱུ་གུ་གསོ་བ་དང་། སྟོན་དུས་འདེབས་འཛུགས་བྱེད་པ་ཡིན་ན་དུས་ཚོད་ནར་འགྱངས་བྱས་ཏེ་ཟླ་6པའི་ཟླ་དཀྱིལ་ལམ་ཟླ་སྨད་དང་ཟླ་7པའི་····ཟླ་སྟོད་དུ་སྨྱུ་གུ་གསོ་སྐྱོང་བྱེད་དགོས། སྟོན་དུས་དང་དགུན་དུས་སུ་སྨྱུ་གུ་འདེབས་

འཛུགས་བྱེད་དུས་སུ། ཚོང་རའི་དགོས་མཁོ་དང་ས་གནས་སོ་སོའི་གནས་ཚུལ་དངོས་ལ་དམིགས་ནས་གཏན་ཁེལ་བྱེད་དགོས།

བཞི་པ། ས་བོན་གདམ་ག

ཅིན་ཁྲིན་དང་ཅིན་ཡན། ཅིན་ནཱ། ཅིན་ཡུག དུས་རབས་གསར་པ། པའོ་ནད། པའོ་ཙའི་སོགས་རིགས་གྲས་ཀྱི་ས་བོན་གདམ་དགོས།

གལ་ཏེ་མཐུད་སྦྱོར་བྱེད་པ་ཡིན་ན། མཐུད་གཞིའི་ཤིང་སྡོང་གི་ས་བོན་ནི་ནན་ཀྭའི་ས་བོན་ནག་པོ་དང་ནན་ཀྭའི་མཐུད་གཞི་ཤིང་སྡོང་ཨང་རྟགས་དང་པོ་འདེམ་ཆོག

ལྔ་པ། འདེབས་གསོའི་ནོ་དམ་ལག་རྩལ།

(གཅིག) ས་བོན་དུག་སེལ་དང་མྱུག་སྐྱུལ།

ཆུ་དྲོན་སོན་སྦང་བྱེད་སྐབས། སྔོན་ལ་ས་བོན་དྲོད་ཚད 55℃ཅན་གྱི་ཆུ་ཚའི་ནང་དུ་སྦང་ནས་དུས་ཚོད་སྐར་མ 15འཛོག་པ་དང་། དྲོད་ཚད་མར་བབས་ནས 30℃ཡིན་པའི་སྐབས་སུ་ཡང་བསྐྱར་ཆུ་ནང་དུ་སྦངས་ནས་དུས་ཚོད 4~6 ལ་བཞག་རྗེས། ཕྱིར་བཏོན་ནས་སྐར་མ 10ལ་སིལ་སྐེམ་བྱེད་ཅིང་། སིང་རས་ཧྲོན་པས་འཐུམ་ནས་དྲོད་ཚད 25~30℃ཡི་ཁོར་ཡུག་ནང་དུ་བཞག་ནས་མྱུ་གུ་སྐྱེ་འདེད་བྱེད་དགོས་པ་དང་། 70%ས་བོན་གྱི་མྱུ་གུ་འབུས་རྗེས་སྨོ་འདེབས་བྱས་ཆོག

(གཉིས) མྱུག་གསོ་སོན་འདེབས།

ཧོང་ཀྭ་འདེབས་པའི་དུས་སུ་གནམ་གཤིས་དྭངས་པའི་ཉི་དྲོ་འདེམས་ནས་སྨོ་འདེབས་བྱེད་དགོས། ཐོག་མར་མྱུ་གུ་གསོ་སར་ཆུ་ལྷུག་དགོས་ཤིང་། ཆུ་སའི་གཏིང་རིམ་ལ་སིམ་རྗེས་དེའི་སྟེང་དུ་ས་རིམ་པ་གཅིག་གཏོར་པ་དང་། དེའི་འཕྲོར། མདོག་དཀར་པོ་མདངས་པའི་ས་བོན་རྣམས་པད་ཚུན་གྱི་བར་ཐག་ལ་ལི་སྨི10 ×ལི་

སྨི 10ཡོད་པའི་སྨུ་གུ་གསོ་ཚས་སྟེང་དུ་ལེབ་འཇོག་བྱེད་དགོས། མཇུག་མཐར། དེའི་སྟེང་དུ་ལི་སྨི1.5~2 ཡོད་པའི་ས་རིམ་པ་གཅིག་འགེབས་དགོས། གལ་ཏེ་མཐུད་སྦྱོར་བྱེད་དགོས་ཚེ། ས་བོན་རྣམས་བབ་བསྟུན་གྱིས་ཚགས་དམ་པོ་བྱེད་དགོས། གལ་ཏེ་གནོད་བཅུད་ཕུར་བ་དང 72ཁུང་སྡེར། འཚོ་བཅུད་རྡོག་བུའི་སྨུག་གསོ་བེད་སྤྱོད་བྱེད་པ་ཡིན་ན། ཁུང་བུ་གཅིག་གི་ནང་དུ་ས་བོན་གཅིག་རེ་བཞག་རྗེས་སྟེང་དུ་སྨུག་གསོའི་རྫ་རྒྱ་འགེབས་དགོས། མཇུག་མཐར། འཁྱིག་སྲོག་འགེབས་དགོས་པར་མ་ཟད་སྤྱིལ་བུ་ཞིག་ཀྱང་བཟོ་དགོས། (རི་མོ 1–1)

རི་མོ 1–1 ཏོང་ཀྭའི་ཁུང་སྡེར་སྨུག་གསོ།

འབྲུ་རྡོག་ནག་པོའི་ནན་ཀྭའི་སྨྱོ་འདེབས་དུས་ཡུན་ནི་ཏོང་ཀྭའི་སྨྱོ་འདེབས་དུས་ཡུན་ལས་ཉིན 5 ~7གྱི་དལ་བ་དང་། བྱེ་མའི་སྨྱོ་ཁྲི་སྟེང་དུ་འདེབས་འཛུགས་བྱས་ཆོག

(གསུམ) མཐུད་སྦྱོར།

མཐུད་སྦྱོར་བྱེད་ཐབས་ལ་རིགས་མང་པོ་ཡོད་དེ། སྤྱིར་བཏང་དུ་ཉེ་མཐུད་དང་གཤགས་མཐུད། འཇུག་མཐུད་སོགས་ཡོད་ཅིང་། མཚོ་སྔོན་ཞིང་ཆེན་ནས་ནམ་རྒྱུན་བེད་སྤྱོད་བྱེད་ཤུགས་ཆེ་བ་ནི། ཉེ་མཐུད་བྱེད་ཐབས་དང་འཇུག་མཐུད་བྱེད་ཐབས་གཉིས་སོ། །

1.ཉེ་མཐུད་བྱེད་ཐབས། ཏོང་ཀྭའི་མེ་ཏོག་བར་ལ་སྐྱེས་པའི་ལོ་མ་འབུས་མ་ཐག མཐུད་གཞིའི་ཤིང་སྡོང་ལ་སྐྱེས་པའི་ལོ་མའི་བྱེད་ཁ་འགྲེམས་པའི་སྐབས

སུ་མཐུད་སྦྱོར་བྱས་ཆོག་པ་ཡིན། ཐོག་མར་70%ཆང་བཙུད་ཀྱིས་བསྐར་གྱི་དང་སྨྱུག་གཟེར། ལག་པ་བཅས་ལ་དུག་སེལ་བྱེད་པ་དང་། དེའི་འཁྲོར་བསྐར་གྱི་དང་སྨྱུག་གཟེར་གྱིས་མཐུད་གཞིའི་ཤིང་སྡོང་གི་ཡལ་ག་ཐོན་ས་དང་ཟུར་སྐྱེས་མྱུ་གུ་གཉིས་ཀ་བསལ་བར་བྱེད་ཅིང་། སྐྱེ་རྟེན་ལོ་མའི་འོག་ཕྱོགས་ཀྱི་ལི་སྨི 0.5ཡི་གནས་སུ་མར་གསེག་ནས་རིང་ཐུང་ལ་ལི་སྨི 0.5~1ཡོད་པའི་གཏུབ་ཁ་ཞིག་བཟོས་ཏེ། གཏིང་ཚད་ལ་སྐྱེ་རྩའི་མ་རྐང་གི 1/3~1/2 ཡོད་དགོས་ལ། རྩ་བ་ཡོད་པའི་རྟོང་ཀྭའི་ས་བོན་ཞིག་སྐྱེ་རྟེན་ལོ་མའི་འོག་ཕྱོགས་གི་ལི་སྨི 1.2~2 ཡོད་པའི་ས་གནས་སུ་ཁ་ཡར་འཁོར་ཡོད་ཅིང་། མཐུད་གཞིའི་ཤིང་སྡོང་གི་གཏུབ་ཁ་དང་རིང་ཐུང་ལ་འདྲ་མཉམ་ཡིན་པ་དང་ཁ་ཕྱོགས་ལྡོག་ཡོད་པའི་གཏུབ་ཁ་ཞིག་བཟོ་དགོས། གཏུབ་ཁས་སྐྱེ་རྩྭའི་མ་རྐང་གི 2/3ཟིན་དགོས། མཇུག་མཐར་རིང་ཐུང་མེད་པའི་གཏུག་ཁ་གོང་འོག་གཉིས་ཐོད་ཐུག་ནས། འཇབ་ཅེ་དང་འཁྱིག་སྔོག་གིས་གཏན་ཁེལ་བྱས་མཐར། བརྟན་ས་ཡིས་རྟོང་ཀྭའི་རྩ་བ་སྲིད་དགོས་པར་མ་ཟད། རྩ་བ་གཉིས་ཀྱིས་མྱུ་གུ་གཅིག་གསོ་བའི་རྣམ་པ་ཆགས་པར་བྱས་ནས། རྡོད་ཁང་ཆུང་དུ་ཞིག་ཀྱང་སྐྲུན་དགོས། མཐུད་སྦྱོར་ཡལ་ག་གསོན་ནས་འཚར་སྐྱེ་འབྱུང་དུས་མཐུད་སྦྱོར་ཡལ་ག་རྩ་བ་མཐུད་ཁ་ནས་གཏུབ་དགོས།

2.འཇུག་མཐུད། རྟོང་ཀྭའི་མྱུ་གུའི་སྐྱེ་རྟེན་ལོ་མ་འགྲེམས་པ་དང་། མཐུད་གཞིའི་ཤིང་སྡོང་ནན་ཀྭའི་མྱུ་གུའི་མེ་ཏོག་བར་ལ་སྐྱེས་པའི་ལོ་མ་དང་པོའི་ཆེ་ཆུང་དངུལ་སྒོར་སྐར་ཆུང་5ཙམ་ཡིན་དུས་ནི་མཐུད་སྦྱོར་བྱེད་པར་ཆེས་འཚམ་པའི་དུས་སྐབས་ཡིན། ལས་སྒོ་སྤེལ་བའི་སྐབས་སུ། སྨྱུག་གཟེར་གྱི་སྦྲོམ་ཕྲ་ལི་སྨི 0.2~0.3ཙན་དེའི་རྩེ་མོ་གཞོགས་ནས་རྣོན་པོར་བྱ་དགོས། སྨྱུག་གཟེར་གྱི་རྩེ་མོ་ནི་མཐུད་གཞིའི་ཤིང་སྡོང་དེ་ཉིད་ཀྱི་སྐྱེ་རྟེན་ལོ་མའི་རྩ་བའི་ནང་ངོས་སུ་འཛར་བར་བྱས་ནས། སྐྱེ་རྟེན་ལོ་མ་གཞན་ཞིག་གི་འོག་ཕྱོགས་སུ་གསེག་འཛུད་བྱེད་དགོས།

འཛུབ་པའི་ཟབ་ཚད་ནི་ལི་སྨི 0.5ཡས་མས་ཡིན་ལ། མཐུད་གཞིའི་ཤིང་སྡོང་གི་ཕྱི་ལྤགས་ལ་གནོད་སྐྱོན་བཟོ་མི་རུང་། བསྐར་གྱི་བཀོལ་ནས་ཏོང་ཀྲུའི་སྐྱེ་རྟེན་ལོ་མའི་འོག་ཕྱོགས་ཀྱི་ལི་སྨི 0.5ཙམ་ནས་གཏུབ་པ་དང་། གཏུབ་ཁའི་རིང་ཐུང་ནི་ལི་སྨི 0.5 ~0.7ཡིན་ལ། གྲི་ཁ་སྨོམ་འདྲེད་ཡིན་དགོས། མཐུད་སྦྱོར་ཡལ་ག་ཇེ་ལེགས་སུ་སོང་རྗེས། སྨུག་གཟེར་དེ་ཉིད་མཐུད་གཞིའི་ཤིང་སྡོང་སྟེང་ནས་ཕྱིར་བཏོན་ཏེ། དེའི་ནང་དུ་མཐུད་སྦྱོར་ཡལ་ག་འཛུགས་དགོས་ལ། ཟབ་ཚད་ནི་གཞོག་ཁ་དང་མཐུད་གཞིའི་ཤིང་སྡོང་གི་འཛུད་ཁུང་དང་དོ་མཉམ་ཡིན་དགོས།

(བཞི) མཐུད་སྦྱོར་བྱས་རྗེས་ཀྱི་དྲོད་ཚད་དོ་དམ།

མཐུད་སྦྱོར་བྱས་རྗེས་ཀྱི་ཉིན་གོང་མ་གསུམ་ནི་རྨ་སོས་བརྒྱུད་རིམ་ཁྲོད་ཀྱི་གལ་ཆེའི་དུས་སྐབས་ཤིག་ཡིན། ཉིན་མོའི་དྲོད་ཚད 25~30℃ནང་དུ་ཚོད་འཛིན་བྱེད་པ་དང་། དགོང་མོའི་དྲོད་ཚད 1 8℃ཡས་མས་ནང་དུ་ཚོད་འཛིན་བྱེད་དགོས་པར་མ་ཟད། ཉི་གྲིབ་དྲ་བ་སོགས་བེད་སྤྱད་དེ་འོད་འགོག་པ་དང་། མཐུད་སྦྱོར་མྱུ་གུའི་སྟེང་དུ་དུས་ཐོག་ཏུ་ཆུ་གཏོར་ནས། རྨ་ཁ་སོས་པར་སྐུལ་འདེད་བྱེད་དགོས། ཉིན 4~5འདས་རྗེས་དྲོད་ཚད་རིམ་བཞིན་ཇེ་དམའ་རུ་བཏང་ཆོག་ཅིང་། ཉིན་མོའི་དྲོད་ཚད 22~25℃དང་། མཚན་མོའི་དྲོད་ཚད 15~20℃ཡིན། དེ་འཕྲོར། རིམ་བཞིན་འོད་འཕྲོའི་དུས་ཚོད་ཇེ་རིང་དུ་གཏོང་བ་དང་། ཉི་གྲིབ་དངོས་པོ་མེད་པར་བཟོས་ནས་ཀླུང་རྒྱུག་ཏུ་འཇུག་པ་ཡིན། རྩ་སྦྱོས་མ་བརྒྱབ་གོང་གི་ཉིན 7ཀྱི་སྐབས་སུ་མྱུ་གུ་འདེམ་སྒྲུག་བྱེད་དགོས་པས་དྲོད་ཚད་ཇེ་དམའ་རུ་བཏང་ནས 15 ~20℃ ལ་མར་བབ་ཆོག མྱུ་གུ་འདེམ་སྒྲུག་བྱེད་དུས་ཆུ་ལ་ཚད་བཀག་ཚོད་འཛིན་བྱེད་མི་དགོས་ཤིང་ལོ་མ་གསུམ་དང་རྐང་གཅིག་ཡོད་དུས་རྩ་སྦྱོས་རྒྱག་དགོས།

(ལྔ) རྩ་སྦྱོས་རྒྱག་པ།

ཟ་སྤྲོས་མ་བཏབ་གོང་ལ་ས་ཁོད་སྙོམ་དགོས། ས་ཁོད་སྙོམ་པའི་སྐབས་ཐོག་དང་བསྟུན་ནས། རུལ་བསྐལ་ལངས་པའི་ཕྲུས་ལེགས་ཀྱི་སྐྱི་ལྷན་ལུད་རྫས་སྤྱི་ཀྲ 10000དང་། ཞིན་སྒྲུར་ཨེན་གཉིས་སྤྱི་ཀྲ 50གཏོར་དགོས། ས་གཏིང་རིམ་ལ་སློག་རྗེས་རྣང་མའི་ས་ཞུར་བཟོ་བ་དང་། ས་ཞུར་སྟེང་དུ་འཁྱིག་ཤོག་འགེབས་དགོས། ཟ་སྤྲོས་རྒྱག་དུས་ཞུར་ཆེན་གཅིག་ལ་མ་ཕྲེང་གཉིས་སྤྱོད་པ་ཡིན། ནང་དམ་ཕྱི་སྟོད་ཀྱི་བྱེད་ཐབས་སྤྱོད་པ་དང་བར་ཐག་ནི་ལི་སྨི 40དང་། སྟོང་རྐང་གི་བར་མཚམས་ནི་ལི་སྨི 25~30ཡིན་ལ། ཟ་སྤྲོས་རྒྱག་པའི་ཁྲོང་བུ་ནི་ཞུར་སྣང་ངོས་ཀྱི་ལི་སྨི 10ཙམ་ནས་གཏོད་དགོས། ཟ་སྤྲོས་བཏབ་ཚར་རྗེས། ཟ་སྤྲོས་རྒྱག་པའི་ཁྲོང་བུའི་འོག་ཕྱོགས་ཀྱི་ས་རྒྱུ་ཁོད་སྙོམ་པར་དོ་སྣང་བྱས་ཏེ། རྒྱ་གྲམ་དབྱིབས་གཟུགས་སུ་གྲུབ་པར་བྱས་རྗེས་འཁྱིག་ཤོག་སྙོམ་པར་འདིང་བ་དང་། འཁྱིག་ཤོག་ཁ་སྦྱར་ནན་པོ་བྱས་རྗེས་དེའི་སྟེང་དུ་ཆུ་གཏོར་བ་ཡིན། (རི་མོ 1–2དང་རི་མོ 1–3)

རི་མོ 1–2 གཏིང་སློག་ས་ཞུར།

རི་མོ 1–3 ས་ཞུར་འཁྱིག་འཐུམ།

(དྲུག) ཞིང་ཁའི་བདག་གཉེར།

ཟ་སྤྲོས་བཏབ་རྗེས་ཀྱི་ཉིན 4 ~5 སྔོན་ལ་རླུང་རྒྱུག་ཏུ་འཇུག་མི་རུང་། ཉིན་མོའི་དྲོད་ཚད 25~28℃བར་དང་། མཚན་མོའི་དྲོད་ཚད 15~20℃བར་དུ་རྒྱུན་སྲུང་བྱེད་དགོས་པར་མ་ཟད། ས་རྒྱུ་ཆུ་བརླན་གྱིས་འཛིན་པ་རྒྱུན་འཁྱོངས

བྱེད་དགོས། སྨྱུ་གུ་བཙུགས་རྗེས་དྲོད་ཚད་དང་བསྣན་ཚད་ཇེ་དམའ་རུ་བཏང་ནས། ཉིན་མོའི་དྲོད་ཚད་20~25℃དང་མཚན་མོའི་དྲོད་ཚད་12~15℃བར་དུ་ཚོད་འཛིན་བྱེད་དགོས། ཧོང་ཀྲར་རྩ་སྒྲོས་རྒྱག་དུས་ཆུ་ཉུང་འདྲེན་བྱེད་དགོས་པ་དང་། ཉིན5 ~7གྱི་རྗེས་སུ་ཆུ་གཏོར་ནས་སྨྱུ་གུ་འཛུགས་པ་ཡིན་ལ། དེ་འཕྲོར། ལྗང་བ་རྩ་ཟབ་སྡོང་རྒྱས་ཡོང་བར་བྱེད་ཡུན་ནི་ཉིན20 ~25ཡིན། ཉིན་འགའ་འགོར་རྗེས་སྡོང་རྐང་སྟེང་དུ་ཧོང་ཀྲའི་རྩ་བ་གྲུབ་པ་ཡིན། ཀྲའི་རིང་ཐུང་ལ་ལི་སྨི10~15དང་། སྦོམ་ཚད་ལ་ལི་སྨི2.5ཡས་མས་ཡོད། ཀྲའི་ཡུ་བ་ལྗང་ནག་ཏུ་འགྱུར་བའི་སྐབས་སུ་ཆུ་ཐོག་མ་འདྲེན་དགོས། དེའི་རྗེས་སུ། ཆུ་འདྲེན་དུས་ཚོད་ཀྱི་བར་ཐག་ནི། དུས་འགོར་ཉིན10~12བར་དང་།དུས་དཀྱིལ་དུ་ཉིན5~7བར་ཡིན། སྟེང་ལུད་འཇོག་དུས་ངེས་པར་དུ"ཐེངས་མང་ཚད་ཉུང"ཡིན་དགོས་ཤིང་། ཐོག་མར་ཆུ་འདྲེན་མགོ་ཚུགས་པ་ནས་བཟུང་། ཆུ་འདྲེན་ཐེངས2~3ལ་གཅིན་རྒྱ་ལུད་ཇས་མུའུ་རེར་སྤྱི་རྒྱ10རེ་གཏོར་དགོས། (རི་མོ1–4དང་རི་མོ1–5)

རི་མོ 1–4 ཧོང་ཀྲ་དཔྱང་བ།

རི་མོ1–5 ཧོང་ཀྲ་ཡལ་བཞུར་རྒྱག་པ།

(བདུན) ནད་འབུའི་གནོད་སྐྱོན་འགོག་བཅོས།

ཧོང་ཀྲའི་ནད་ཀྱི་གནོད་པ་གཙོ་བོ་ནི་སད་སུར་དུག་ནད་དང་ཕྱེ་དཀར་ཐོན་ནད། ཕྲ་སྲིན་རང་བཞིན་གྱི་ཟུར་ཁྲའི་ནད་སོགས་ཡོད། འགོག་བཅོས་བྱེད་སྐབས"སྔོན་འགོག་གཙོ་བོ་དང་ཕྱོགས་བསྡུས་འགོག་བཅོས"བྱེད་པའི་རྩེ་ཤིང་

སྲུང་སྐྱོང་གི་བྱེད་ཕྱོགས་ལག་བསྟར་ནན་མོ་བྱེད་དགོས། ཞིང་ལས་འགོག་བཅོས་དང་དངོས་ཁམས་འགོག་བཅོས། སྐྱེ་དངོས་འགོག་བཅོས་བྱེད་ཐབས་ཐོག་མར་འདེམ་སྒྲུད་བྱེད་པ་དང་། དགོས་ངེས་ཀྱི་དུས་སུ་ད་གཟོད་དངོས་གནས་སྨན་རྫས་འགོག་བཅོས་བྱ་དགོས། སད་སེར་དུག་ནད་འགོག་བཅོས། གཅིག་ནི་རིམས་འགོག་རྫས་སྣ་འདེམ་སྒྲུད་བྱེད་པ། གཉིས་ནི་འདེབས་གསོའི་དོ་དམ་ལེགས་བཅོས་བྱེད་པ། ནད་ལྡང་མ་ཐག་པའི་དུས་སུ་སྐྱེ་དངོས་ཀྱིས་ལས་སློན་བྱས་པའི་སྨན་རྫས་སམ་དུག་འགོག་སྨན་རྫས་པའི་ཡི 75~100སྒྲུད་དགོས། ཉིན 7~9 བར་ནས་གཏོར་འཐྲིམ་ཐེངས 1དང་སྔོན་འགོག་ཐེངས 5བྱེད་དགོས། ཡང་ན། 40%ཡི་མའི་ལེན་སྨན་ཆུ་པའི་ཡི 250འཐྲིམ་གཏོར་བྱེད་པ་དང་། 58%རའི་ཏུ་སྣན་ཞུན་དང 75%པའི་རུན་ཆེན་པའི་ཡི 600རེས་མོས་གཏོར་བ། ཕྱི་དཀར་ཐོན་ནད་འགོག་བཅོས། སོག་ཤུལ་གྱི་ལྷག་གཟུགས་གཙང་བཤེར་མཐར་ཕྱིན་བྱེད་ཅིང་། 45%པའི་ཅིན་ཆེན་གྱི་དུ་བས་བདུག་བཅོས་བྱེད་དགོས། ནད་ལྡང་མ་ཐག་པའི་དུས་སུ། རྡིན་ཞིག་ཉིན་པའི་པེ 1500དང་ཡང་ན 75%པའི་རུན་ཆེན་ཀླན་ཏུང་ཕྱི་རྫས་པའི་ཡི 600ཡིས་འགོག་བཅོས་བྱ་དགོས།

ཧོང་ཀྭའི་གནོད་འབུ་གཙོ་བོ་ནི། སྐྱེ་དངོས་གནོད་འབུ(འབུ་སྲིང)ཕྱི་དཀར་ཤིག་འབུ། སྲོམ་དམར་སོགས་ཡོད། སྐྱེ་དངོས་གནོད་འབུ་འགོག་བཅོས། 20%སའོ་མེ་ཧྲ་ཧྲིན་པའི་ཡི 2000དང་། 25%དྲག་རྩལ་ཐྲིས་མ་པའི་ཡི 3000འདེམ་སྒྲུད་བྱེད་དགོས། གཞན་ད་དུང་འབུ་སྲིང་སྔོན་འགོག་ཨང་རྟགས་དང་པོའི་དུ་སྨུག་བཟོ་རྫས་ཀྱིས་འགོག་བཅོས་བྱས་ཀྱང་ཆོག ཕྱི་དཀར་ཤིག་འབུ་འགོག་བཅོས། 25%ཕའོ་ཧྲི་ལིན་པའི་ཡི 2000དང་། 2.5%སྐར་མ་གནམ་རྒྱལ་ཐྲིས་མ་པའི་ཡི 2000སྒྲུད་དགོས་ཤིང་། 22%དབྲ་འགོག་དུ་སྨུག་བཟོ་རྫས་སྦྱུད་དེ་འབུ་སྲིང་བསད་ཀྱང་ཆོག སྲོམ་དམར་འགོག་བཅོས། 73%ཁེ་མན་ཐེཙ་པའི་ཡི

1000དང་།20%མང་སྦྱོར་ལིའུ་དབྱང་རྐམ་རྒྱུ་པའི་ཡེ 1000བཀོལ་དགོས། ཞིང་སྨན་གཏོར་སྐབས་བརྗེ་རེས་བྱས་ནས་བཀོལ་དགོས་ལ། སྤྱིར་བཏང་དུ་ཉིན 7~10བར་དུ་འགོག་བཅོས་ཐེངས 1བྱེད་པ་དང་། བསྟུད་མར་སྔོན་འགོག་ཐེངས 2~3ལ་བྱེད་དགོས། (རི་མོ 1–6)

རི་མོ 1–6 དངོས་ལུགས་འགོག་བཅོས། གློག་འདར་རང་བཞིན་གྱི་འབུ་གསོད་གློག་སྒྲོན།

དྲུག་པ། འཚོལ་བསྡུ།

ཀའི་རྩ་བ་གང་ཐུབ་ཀྱིས་སྟ་མོ་ནས་འཚོལ་བསྡུ་བྱས་ཏེ། སྨྱུ་གུ་ལྗང་ཟུགས་སུ་འགྲོ་བར་སྔོན་འགོག་བྱེད་དགོས། འཚོལ་བསྡུ་བྱེད་དུས་ཞོགས་པའི་དུས་ཚོད་བེད་སྤྱོད་དགོས་ཤིང་། སྐབས་འདིར་ཀ་རིགས་ཀྱི་ཆུའི་འདུས་ཚད་ཆེ་བ་དང་གསར་བ་དང་མཉེན་པོ་ཡིན་པས་སོ། ། (རི་མོ 1–7)

རི་མོ 1–7 ཧོང་ཀྭ་འཚོལ་བསྡུ་བྱེད་པ།

ལེའུ་གཉིས་པ། ཞི་ཧྲུའུ་ལུའུ།

དང་པོ། འཚོ་བཅུད་ཀྱི་རིན་ཐང་།

ཞི་ཧྲུའུ་ལུའུ་ནང་དུ་འཚོ་བཅུད་Cདང་ཀྲུན་འབྲུམ་མང་ར་ཆ། ཀུང་ལ་ཕྱུག་གི་རྫུ། ཀ་ལ། ཀཱ་ཤེམ་སྐྱུར། ཀ་པེད་པ་བྲུལ། གསེར་རྫིན་ཕི་རོན་སོགས་ཀྱི་དངོས་རྫུ་འདུས་པས། འཚོ་བཅུད་ཕུན་སུམ་ཚོགས་པ་ཡོད། བ་ཚ་འདུས་ཚད་ཤིན་ཏུ་ཉུང་ཞིང་ཚི་ལུ་ཕལ་ཆེར་མི་འདུས་པ་ཡིན།

གཉིས་པ། ཁོར་ཡུག་གི་ལྟང་བྱ།

1.དྲོད་ཚད། ཞི་ཧྲུའུ་ལུའུ་ནི་དྲོད་གྲང་ལ་འགྲོད་ཤུགས་ཆུང་ཆེན་པོ་ལྡན་པ་ཡིན། སྒོ་ཀུ་འབུས་དུས་ཀྱི་འཕྲོད་འཚམ་དྲོད་ཚད་ནི 25 ~30℃ བར་ཡིན། འཚར་ལོངས་འབྱུང་དུས་ཀྱི་འཕྲོད་འཚམ་དྲོད་ཚད་ནི 18 ~25℃ བར་ཡིན། མེ་ཏོག་བཞད་ཅིང་འབྲས་བུ་སྨིན་དུས་ཀྱི་འཕྲོད་འཚམ་དྲོད་ཚད་ནི 22 ~25℃ ཡིན། 32℃ཡན་ཡིན་དུས་མེ་ཏོག་གི་དབང་པོ་རྒྱུན་ལྡན་མིན་པ་དང་། དྲོད་ཚད 10℃མན་གྱི་ཁོར་ཡུག་ནང་དུ་སྐྱེ་མཚམས་འཛུག་པ་ཡིན།

2.རླན་ཚད། ཞི་ཧྲུའུ་ལུའུ་ཡི་རྩ་ལག་ཤིན་ཏུ་ཆེ་བ་དང་ཆུ་འཛིབ་ནུས་པ་ཆེ་ལ། ཐན་འགོག་རང་བཞིན་ཡང་ཤིན་ཏུ་བཟང་། ལྡང་པ་དོན་དུས་བརླན་གཤེར་ཚོད་འཛིན་འོས་འཚམ་བྱ་དགོས། དེ་མིན་འདབ་མའམ་ལོ་མ་སྐྱེས་དྲགས་པ་རེད། འབྲས་བུ་སྨིན་དུས་ས་རྒྱུར་བརླན་གཤེར་ལྡན་དགོས།

3.འོད་འགྲོ་ཚད། ཞི་ཧྲུའུ་ལུའུ་འོད་ཟེར་ལ་བླང་བྱ་ནན་པོ་མེད་པ་དང་

འོད་ཞན་གྱི་བཟོད་ནུས་ཆེ་བས། རང་བྱུང་ཉི་འོད་འཕྲོ་ཚད་ཆེ་བའི་ཆ་རྐྱེན་འོག་ཚང་མར་མེ་ཏོག་བཞད་ནས་འབྲས་བུ་སྨིན་པ་ཡིན།

4.ས་རྒྱུ་དང་འཚོ་བཅུད། ཞི་ཧྭའུ་ལྭའུ་ནི་ཕྱེ་ས་དང་ས་རྒྱུ་གཤེར་པོ་ཡང་ན་ས་སྨུགས་སོགས་ཀྱི་སྟེང་དུ་ཆ་སྙོམ་སྙོམས་སྐྱེ་ཐུབ་པ་ཡིན། འོན་ཀྱང་ས་རིམ་ཟབ་མོ་དང་སྐྱེ་ལྡན་རྫས་བཅུད་འདུས་ཚད་ཆེ་བ་བཅས་ཀྱི་ས་རྒྱུ་གཤེར་པོའི་སྟེང་དུ་འདེབས་འཛུགས་ཐོན་ཚད་མཐོན་པོ་འབྱུང་སླ་བ་ཡིན།

གསུམ་པ། འདེབས་འཛུགས་ཀྱི་བཀོད་སྒྲིག

1.ཉི་འོད་ཧྲོད་ཁང་། སྟོན་དུས་སུ་ཕྱིར་བཏང་དུ་ཟླ 8པའི་ཟླ་སྟོད་དུ་འདེབས་འཛུགས་བྱེད་དགོས། འདེབས་གསོ་དུས་ཡུན་ནི་ཉིན 30 ~35བར་ཡིན་ལ། ཟླ 10~12ནང་དུ་ཚོང་རར་བཀྲམ་ཆོག དགུན་སྐྱིལ་སོག་ཤུག་ནི་ཟླ 9པའི་ཟླ་སྨད་དང་ཟླ 10པའི་ཟླ་དཀྱིལ་བར་ལ་འདེབས་འཛུགས་བྱེད་དགོས། འདེབས་གསོ་དུས་ཡུན་ནི་ཉིན 40ཡས་མས་ཡིན། དཔྱིད་མགོའི་སོག་ཤུལ་ནི་ཟླ 2པའི་ཟླ་སྟོད་དུ་འདེབས་འཛུགས་བྱེད་ཅིང་། འདེབས་གསོ་དུས་ཡུན་ཉིན 50 ཡས་མས་ཡིན།

2.འཁྱག་ཁེབས་མེད་པའི་དཔྱིད་སོག ཟླ 4པའི་ཟླ་སྨད་དང་ཟླ 5པའི་ཟླ་སྟོད་ལ་འདེབས་འཛུགས་བྱེད་པ་དང་། འདེབས་འཛུགས་བྱས་རྗེས་སད་སྲུང་དང་གྲང་ངར་གྱི་གནོད་འཚེ་ཐེབས་པར་དོ་སྣང་བྱ་དགོས།

བཞི་པ། ས་བོན་གདམ་ག

ཞི་ཧྭའུ་ལྭའུ་ལ་ཏྲུང་ཡུས་དང་ཅིན་ཧྭའུ་ལྭའུ 3ཅན། ཅིན་ཡུན་དང་པོ་དང་ཅིན་ཡུན་གཉིས་པ། ཁྲུན་ཡུས། པའེ་ཡུས། ཨའེ་ལེ་ཁི། ལེགས་བཅོས་ཆན་ཧྲིག་སོགས་རིགས་སྣ་དུ་མ་ཡོད་དོ། །

ལྔ་པ། འདེབས་གསོའི་དོ་དམ་ལག་རྩལ།

(གཅིག) སྨུག་གསོ་སོན་འདེབས།

1.ས་བོན་གཙང་སེལ་ཐག་གཅོད། དྲོད་ཚད་55℃ཡོད་པའི་ཆུ་དྲོན་མོའི་ནང་དུ་དུས་ཚོད་སྐར་མ 15ལ་སྦངས་རྗེས། དྲོད་ཚད་20 ~30℃ཡོད་པའི་ཆུ་དྲོན་མོས་དུས་ཚོད 4ལ་སྦངས་ནས། སོན་འབྲུ་ཐོག་གི་བེ་སྣབས་བཀྲུ་བཤལ་གཙང་མ་བྱས་རྗེས་བསིལ་སྐམ་བྱེད་དགོས། དེའི་འཕྲོར། རས་གཙང་མ་ཞིག་གིས་བཏུམ་ནས། དྲོད་ཚད་25~30℃ཡི་ཁོར་ཡུག་གི་ཆ་རྐྱེན་འོག་ཏུ་བཞག་ནས་མྱུག་སྐྱུལ་བྱེད་དགོས། མྱུ་གུའི་རིང་ཐུང་ཧ་འོ་སྨི 2~4 ཡིན་པའི་སྐབས་སུ་སྙོ་འདེབས་བྱས་ཆོག

2.སྙོ་འདེབས། སོན་འདེབས་བྱེད་དུས་ཐད་ཀར་དྲོད་ཁང་ནང་གི་སྙོ་ཁྲི་སྟེང་དུ་སྙོ་འདེབས་བྱས་ཆོག་ལ། འཚོ་བཅུད་ལྷུང་བཟེད་དང་ཁུང་བུ 50ཡོད་པའི་ཁུང་སེར་ནང་དུ་བཏབ་ཀྱང་ཆོག དྲོད་ཁང་ནང་གི་སྙོ་ཁྲིའི་བར་ཐག་ནི་ལི་སྨི 10 × ལི་སྨི 10ཅན་ནམ་ཡང་ན་ལི་སྨི 12×ལི་སྨི 12ཅན་གྱི་གྲུ་བཞིའི་དབྱིབས་གཟུགས་ཀྱི་དཀྱིལ་དབུས་ལ་ས་བོན་གཅིག་རེ་བཞག་རྗེས། དེའི་སྟེང་དུ་འཚོ་བཅུད་ས་རྒྱུ་ལི་སྨི 2གཏོར་ནས་སྟེང་ལ་འགྲིག་ཤོག་འགེབས་དགོས། ས་ཞིང་མུའུ་རེ་སྟེང་གི་ས་བོན་སྤྱོད་ཚད་ནི་ཁེ 250~350ཡིན།

(གཉིས)ཙ་སྤོས་རྒྱག་པ།

མྱུ་གུ་མ་བཙུགས་པའི་གོང་གི་ཉིན 2~3བར་དུ་མྱུ་གུའི་རྩང་བར་ཆུ་བཏང་ན། མྱུ་གུ་འབུས་པ་དང་མྱུ་གུ་བཀར་འཛུག་བྱེད་པར་ཕན་ནུས་ཆེན་པོ་ལྡན་པ་ཡིན། ཙ་སྤོས་རྒྱག་པའི་སྐབས་སུ། ས་བོན་མི་འདྲ་བའི་འཚར་སྐྱེའི་ཁྱད་གཤིས་ལ་གཞིགས་ནས། རྒྱུན་སྲོལ་ས་བོན་གྱི་བར་ཐག་ནི་ཆེ་ན་ལི་སྨི8 0དང་ཆུང་ན་བར་ཐག་ལི་སྨི 60འཛོམ་པ་ཡིན། སྡོང་རྐང་གི་བར་མཚམས་ལ་ལི་སྨི5 0བཞག་ནས་སྐྱི་ཐོག་ཕྲེང་གཉིས་ཟུར་གསུམ་གྱི་དབྱིབས་གཟུགས་སྟེང་དུ་ཨེ་ཁུང་རྒྱག་དགོས། དེའི་འཕྲོར། མྱུ་གུ་ས་བསྲེས་ཅན་དེ་ཉིད་ཁུང་བུའི་ནང་དུ་འཛོག་དགོས་པར་མ་

ཟད། ཙ་སྔོས་ཀྲུག་ཁྱུང་མཐའ་འཁོར་གྱི་ཤུན་པ་སྲབ་མོ་ལེགས་པར་བསྟན་ནས་རྡང་མའི་ས་ཞུར་ནས་ཆུ་གཏོང་བ་ཡིན། (རི་མོ 2–1)

རི་མོ 2–1 ཞི་ཧུའུ་ལུའུ་འཁྲིག་སྒོག་འཐུམ་འགེབས་འདེབས་གསོ།

(གསུམ) ཞིང་ཁའི་བདག་གཉེར།

1.ཆུ་ལུད་དོ་དམ། ཙ་སྔོས་ཀྲུག་པའི་ཆུའི་གནས་ཚུལ་ལ་གཞིགས་ནས་སྨྱུ་གུ་ལ་ཆུ་གཏོར་ཚད་ཐག་གཅོད་པ་དང་། གལ་ཏེ་ཙ་སྔོས་ཀྲུག་དུས་ཆུ་འདང་ངེས་ཤིག་ཡོད་ན་སྨྱུ་གུ་ལ་ཆུ་མ་བཏང་ནའང་ཆོག ཀའི་ཙ་བ་ཆེ་རུ་ཕྱིན་པའི་སྐབས་སུ་ལུད་འཇོག་པ་དང་ཆུ་གཏོར་དགོས། ས་ཞིང་མུའུ་རེ་ལ་ལིན་སྐྱུར་ཨེན་གཉིས་པ་སྤྱི་ཀྲ 20རེ་གཏོར་དགོས།

ཀའི་ཙ་བ་སྤ་མོ་ནས་བསྐུ་ལེན་བྱ་དགོས། དེ་མིན་ཐེངས་གཉིས་པའི་འཚར་སྐྱེ་ལ་གནོད་སྐྱོན་བཟོ་ངེས་ཡིན། ཐེངས་གཉིས་པའི་ཀ་ཆེ་རུ་ཕྱིན་པའི་སྐབས་སུ་ལུད་རྫས་ཀྱང་དེའི་རྗེས་མཐུད་ནས་ཐེངས་གཉིས་པ་འཇོག་དགོས་ལ། ལིན་སྐྱུར་ཨེན་གཉིས་པ་སྤྱི་ཀྲ 20བཞག་ཀྱང་ཆོག འཚར་སྐྱེ་དུས་སྐབས་སུ་ལུད་རྫས་ཐེངས 4~5ལ་འཇོག་དགོས་པར་མ་ཟད། ད་དུང་ཙ་ལུད་ཀྱི་རྒྱུ་ཁ་གསབ་བྱས་ཏེ། འབྲས་བུ་ཐོགས་ཚད་ལ་སྐུལ་འདེད་དང་ནད་འགོག་རང་བཞིན་ཇེ་མཐོར་གཏོང་དགོས།

2.དྲོད་རླན་དོ་དམ། ཙ་སྔོས་བཀྲབ་རྗེས་དྲོད་ཚད་མཐོན་པོ་དང་རླན་ཚད་མཐོན་པོ་རྒྱུན་འཁྱོངས་བྱེད་དགོས། སྤྱིར་བཏང་དུ་རླུང་རྒྱུག་པར་མི་བྱེད་པའམ་

ཡང་ན་རླུང་ཞུང་རྒྱུག་བྱེད་དུ་འཇུག་དགོས། ཉིན་དཀར་གྱི་དྲོད་ཚད 25~30℃ བར་དུ་རྒྱུན་འཁྱོངས་བྱེད་ཅིང་། མཚན་མོའི་དྲོད་ཚད 25~30℃རྒྱུན་སྲུང་བྱེད་དགོས། སྨྱུ་གུ་བཙུགས་རྗེས་རླུང་རྒྱུག་པར་བྱས་ནས་འོས་འཚམ་སྒྲོས་དྲོད་ཚད་མར་འབབ་ཏུ་བཙུག་ཆོག ཉིན་མོའི་དྲོད་ཚད 20 ~25℃ བར་ཡིན་དགོས་ཤིང་། མཚན་མོའི་དྲོད་ཚད་ཆེས་དམའ་ན 8~10℃བར་རྒྱུན་འཁྱོངས་བྱེད་ཐུབ་དགོས།

ཀུའི་ཙ་བ་ཆེ་རུ་ཕྱིན་མགོ་རྩོམ་དུས་སུ། འོས་འཚམ་སྒྲོས་དྲོད་ཚད་རྗེ་མཐོར་བཏང་ནས་ཀུའི་ཙ་བའི་འཚར་སྐྱེ་ལ་སྐུལ་འདེད་གཏོང་དགོས་ཤིང་། ཉིན་མོ་དྲོད་ཚད་ནི 22 ~25℃ བར་དང་། མཚན་མོའི་དྲོད་ཚད་ནི་ཆེས་དམའ་ན 11~13℃བར་ཡིན་དགོས། ཕྱི་རོལ་གྱི་དྲོད་ཚད 12℃ཡན་གཏན་འཇགས་ཡིན་པའི་སྐབས་སུ་མཚན་མོར་དྲོད་ཁང་ནང་ལ་རླུང་རྒྱུག་ཏུ་འཇུག་དགོས།

ཆུ་འདྲེན་པའམ་གཏོར་བའི་སྐབས་སུ་ས་རྒྱུ་རླན་གཤེར་རྒྱུན་འཁྱོངས་བྱེད་དགོས་ཤིང་། མཁའ་རླུང་གི་རླན་ཚད་ཚད་ལས་བརྒལ་བར་སྔོན་འགོག་བྱེད་དགོས།

3.དྲོད་ཁང་འདེབས་གསོ། ཞི་ཧུའུ་ལུའུ་ལ་མེས་ཟེའུ་འབྲུ་ཕོ་མོ་སྦེབ་སྦྱོར་བྱེད་པ་དང་། དེའི་བྱེད་སྟངས་ནི་སྤ་དྲོ་ཆུ་ཚོད 9 ~10 སྐེང་དུ་ཉིན་དེར་བཞད་པའི་ཕོ་རིགས་མེ་ཏོག་བཅད་ལེན་བྱས་ནས་ཟེ་སྒྲོ་མེད་པར་བཟོ་དགོས། མོ་རིགས་མེ་ཏོག་གི་ཟེ་མགོའི་ངོས་སུ་ཡང་མོས་བསྐུས་པ་དང་། ཡང་ན། སྐུལ་རྫས་སྤྱད་དེ་མེ་ཏོག་དང་སྨིན་འབྲས་ཟགས་ལྷུང་དུ་མི་འགྲོ་བར་སྔོན་འགོག་བྱེད་དགོས། སྤྱིར་བཏང་དུ 2, 4 –Dསྤྱད་ནས་ཞོགས་པའི་ཆུ་ཚོད 8~10སྐེང་དུ། མོ་རིགས་མེ་ཏོག་གི་ཟེ་མགོར་བསྐུས་པ་ལས། སྔོང་རྐང་ལོ་འདབ་ཐོག་ལ་བྱུག་མི་རུང་། གལ་ཏེ་སྦེབ་སྦྲིག་བྱས་ཡོད་པའི་གཤེར་ཁུ་ནང་དུ 0.1%ཡན་དང 50%སའོ་ཁེ་ལིང་རླན་

ཏུང་ཕྱི་རྫས་ཁ་སྐོན་བྱས་ན། ནུས་ལྡན་སྨན་སྣ་སྲུར་འབུ་ནད་རིམས་འབྱུང་བར་འགོག་བཅོས་བྱེད་ཐུབ།

4.སྔོང་རྐང་ལེགས་སྒྲིག ཕྱེད་འཁྲིལ་རང་བཞིན་གྱི་ས་བོན་ཡིན་ན། ཀྱུ་དང་པོ་ཐོན་འབབ་བྱུང་རྗེས་དུས་ཐོག་ཏུ་དཔྱང་འཁྲིལ་བྱེད་དགོས་པར་མ་ཟད། གཞོགས་འཁྲིལ་བཙུར་འདོར་བྱེད་དགོས། དཔྱང་འཁྲིལ་བྱེད་ཐབས་ནི་རྟོང་ཀྱུ་དང་གཅིག་མཚུངས་ཡིན། དཔེར་ན། གཞོགས་འཁྲིལ་དུ་ཀྱུ་གསར་བ་འབྱུང་དུས་སྡོང་རྩེའི་མཆེ་བ་མེད་པར་བཟོས་ནས་ལོ་མ 2~3 སོར་འཇོག་བྱས་ཆོག དུས་མཚུངས་སུ་སེར་པོར་གྱུར་པའི་ལོ་མ་རྣམས་ཀྱང་མེད་པར་བཟོ་དགོས། (རི་མོ2–2)

རི་མོ 2–2 ཞི་ཧུའུ་ལུའུ་དཔྱང་འཁྲིལ།

(བཞི)ནད་འབུ་གཙོ་བོའི་གནོད་སྐྱོན་འགོག་བཅོས།

ཞི་ཧུའུ་ལུའུ་ཡི་ནད་འབུའི་གནོད་སྐྱོན་གཙོ་བོ་ནི་ས་ནད་དང་ཕྱི་དཀར་ཐོན་ནད། སྲུར་འབུའི་ནད་དང་ནད་དུག་སོགས་ཡིན།

1.ཞིང་ལས་འགོག་བཅོས། རིམས་འགོག་ས་བོན་འདེམས་སྤྱོད་བྱེད་དུས། ཀྱུ་མིན་ལོ་ཏོག་དང་རེས་འདེབས་དུས་ཡུན་ལོ་གཉིས་ཀྱི་ཡན་འགོར་དགོས། རྣང་མའི་ས་ཞུར་འདེབས་གསོ་བྱེད་པའི་སྐབས་སུ། འགྲིག་ཤོག་འགེབས་གསོ་དང་འགྲིག་འོག་ཆུ་འདྲེན་སོགས་ཀྱི་བྱ་ཐབས་བཀོལ་སྤྱོད་བྱེད་དགོས། ཞིང་ཁའི་བདག་གཉེར་བྱེད་ཚུལ་ལ་ཤུགས་སྣོན་བྱས་ཏེ་ལྷུང་རྒྱུག་ཏུ་འཛུག་པ་དང་དྲོད་ཚད་རྗེ་དམའ་རུ

བཏང་ནས། དུས་ཐོག་ཏུ་ནད་ཕྱུང་མ་ཐག་པའི་མེ་ཏོག་དང་འདབ་མ། འབྲས་བུ་སོགས་འཐོག་དགོས། སྐྱེད་སྲིང་ལེགས་པའི་ལྡང་བུ་གསོ་བ་དང་། ཟས་སྦྱོར་ལུད་རྒྱུག་ལག་རྩལ་སྤྱད་དེ་ནད་འགོག་གི་ནུས་པ་ཇེ་མཐོར་གཏོང་དགོས།

2.ཟས་འགྱུར་འགོག་བཅོས།

(1)ས་ནད། ནད་ལྡང་མ་ཐག་པའི་དུས་སུ 70%ཐྭ་ཅི་ཐའོ་པའོ་ཅིན་རླན་ཐུང་ཕྱེ་ཟས་པའི་ཡེ 800ནང་དུ 80%ཐྱི་མའི་ཐུང་པའི་ཡེ 500 + མཉམ་བསྲེས་གཤེར་ཁུ་ནང་དུ་ཚོལ་སྐྱི་གསར་བ་པའི་ཡེ 800བསྣན་ནས་སྤྱོད་དགོས། ཡང་ན། 70%ཏའེ་སེན་སྣན་ཞིན་རླན་ཐུང་ཕྱེ་ཟས་པའི་ཡེ 400 +ཚོལ་སྐྱི་གསར་བ་པའི་ཡེ 800གཤེར་གཏོར་བྱེད་དགོས།

(2)ཕྱེ་དཀར་ཐོན་ནད། ནད་ལྡང་མ་ཐག་པའི་དུས་སུ 5%པའི་ཐུན་ཆེན་ཐལ་རྒྱལ་སྨན་ཟས་དང་། ཡང་ན། 5%ཐྭ་ཐུའི་ནུའུ་ཐལ་རྒྱལ་སྨན་ཟས་སྤྱོད་དགོས། ས་ཞིང་མུའུ་རེར་ཁེ 1000ཡི་སྨན་ཕྱེ་གཏོར་བ་དང་། ཡང་ན། ཞིང་འགོག 120སྨན་ཆུ་པའི་ཡེ 200དང 15% ཐྱིན་ཞིག་ཉིན་རླན་ཐུང་ཕྱེ་ཟས་པའི་ཡེ 1500གཤེར་གཏོར་བྱས་ཆོག(རི་མོ 2–3)

རི་མོ 2–3 ཞི་ཐུའུ་ལུའུ་ཕྱེ་དཀར་ཐོན་ནད།

(3)སུར་འབུ་ནད། ནད་ལྡང་མ་ཐག་པའི་དུས་སུ 2%བཪོ་ཡའི་སྲིན་རྒྱུའི··· སྨན་ཆུ་པའི་ཡི 100སྦྱོད་པ་དང་། 50%ཀྲི་མའི་ལི་ཕྲན་ཏུང་ཕྱེ་རྫས་པའི་ཡི 100 དང་། 50%ཡི་ཞི་ཅིན་ཧྲི་ལི་ཕྲན་ཏུང་ཕྱེ་རྫས་པའི་ཡི 1000སྦྱོད་དགོས། ཡང་ན 75%པེ་ཅིན་ཆིན་ཕྲན་ཏུང་ཕྱེ་རྫས་པའི་ཡི 600གཤེར་གཏོར་བྱེད་དགོས།

(4) ནད་དུག་ནད། ནད་ལྡང་དུས་འགོར 20%ནད་དུག Aཕྲན་ཏུང་ཕྱེ་རྫས་པའི་ཡི 500སྦྱོད་པ་དང་། ཡང་ན 1.5ཅི་ཤིང་ནད་ལིང་སྲིས་མ་པའི་ཡི 1000སྦྱོད་དགོས། ཡང་ན་དུག་འགོག་སྨན་རྫས་ཨང 1ཅན་པའི་ཡི 300ཉིན 10རེར་ཐེངས 1རེར་གཏོར་བ་དང་། བསྟུད་མར་ཐེངས 2~3ལ་གཏོར་དགོས། ཆེས་གཙོ་བོ་ནི་སྐྱེ་དངོས་གནོད་འབུ་མེད་པར་བཟོས་ནས། འབྱུར་ནད་འགོ་ཁུངས་ནས་གཅོད་དགོས་པ་དེའོ། །

ཞི་ཧྲུའུ་ལུའུ་ཡི་འབུའི་གནོད་འཚེ་གཙོ་བོ་ནི་ཀྭ་སྐྱོན་གནོད་འབུ་དང་། ཕྱེ་དཀར་ཤིག སྲང་ནག་སོགས་ཡོད། དེའི་འགོག་བཅོས་བྱེད་ཐབས་ནི་ཧོང་ཀྭའི·· གནོད་འབུ་འགོག་བཅོས་བྱེད་ཐབས་ལ་ཟུར་ལྟ་བྱས་ཆོག

ལེའུ་གསུམ་པ། ཀྲི་མ་ཀྲུ།

དང་པོ། འཚོ་བཅུད་ཀྱི་རིན་ཐང་།

ཀྲི་མ་ཀྲུ་ལ་ངག་རྒྱུན་དུ་ཞི་ཧྲོང་ཧྲི་དང་། ཕྱི་སླིང་ཧྲི་ཅི་ཡང་ཟེར། ཀྲི་མ་ཀྲུ་ནི་སྔོ་ཚལ་ཞིག་ཡིན་པའི་ཆ་ནས། འཚོ་བཅུད་རིག་པའི་མཁས་པས་ཚོད་འཇལ་གཏན་ཁེལ་བྱས་པར་གཞིགས་ན། དེའི་ནང་དུ་ཕུན་སུམ་ཚོགས་པའི་འཚོ་བཅུད་སྣ་ཚོགས་དང་མི་ལུས་ལ་མཁོ་བའི་འཚོ་བཅུད་སྣ་ཚོགས་ཏེ། དཔེར་ན་གྲུང་ལ་ཕུག་གི་ཉིང་རྩི་དང་འཚོ་བཅུད་Cདང་འཚོ་བཅུད་Bསོགས་འདུས་ཡོད་ཅིང་། ལྷག་པར་དུ་ཤིང་ཏོག་དང་སྔོ་ཚལ་གཞན་པ་ལས་སྤྱར་བས་མང་བར་མ་ཟད་མི་ལུས་བདེ་ཐང་ལ་ཕན་པ་ཡོད་པའི་མ་ཀྲུའི་དམར་རྒྱུའི་རིགས་འདུས་ཡོད། ཀྲི་མ་ཀྲུའི་ནང་དུ་ཕུན་སུམ་ཚོགས་པའི་འཚོ་བཅུད་Aཡི་ཞུ་སྦྱོར་སྔ་མ་འདུས་ཤིང་། མིའི་ལུས་ཀྱི་འཇུ་བྱེད་དབང་པོའི་ནུས་པར་བརྟེན་ནས། འཚོ་བཅུད་Aབསྒྱུ་ལེན་བྱེད་ཐུབ་པ་ཡིན་པས། ཉུས་རྐང་གི་འཚར་སྐྱེ་ལ་སྐུལ་འདེད་རང་བཞིན་གྱི་ནུས་པ་ཐོན་པར་མ་ཟད། སྨུར་ནད་དང་མིག་སྐམ་ནད། མཚན་ལོང་པགས་སོགས་ཀྱང་འགོག་བཅོས་བྱེད་ཐུབ་པ་ཡིན།

གཉིས་པ། ཐོར་ཡུག་གི་ལྡང་བྱ།

ཀྲི་མ་ཀྲུའི་འབྱུང་ཁུངས་ནི་ཨ་མེ་རི་ཁའི་གླིང་ཆེན་ཡིན་ལ། ཐོག་མའི་ཐོན་ཡུལ་གྱི་གནམ་གཤིས་ཀྱི་ཤུགས་རྐྱེན་ཐེབས་པའི་དབང་གིས། ལྷན་སར་ཆགས

ཤིང་དྲོད་དང་འོད་ལ་དགའ་བ། ཚ་བ་ཆེན་པོར་འཛིགས་པ་སོགས་ཀྱི་གོམས་གཤིས་འདི་ཉིད་གྲུབ་པ་ཡིན། དེར་བརྟེན། མཚོ་སྔོན་ས་ཁུལ་དུ་དབྱར་སྟོན་དུས་ཚིགས་ཀྱི་དྲོད་ཚད་ཅུང་མཐོ་བ་དང་། འོད་ཟེར་ཚད་འདང་ངེས་ཀྱི་སྣོད་བཅུད་ཁོར་ཡུག་འོག་ཏུ། ཀྲོ་མ་ཀྲུ་འཚར་ལོངས་འབྱུང་བར་འོས་ཤིང་འཚམ་པར་མ་ཟད། ཐོན་ཚད་ཀྱང་མཐོན་པོ་ཡོད་པ་རེད།

(གཅིག) དྲོད་ཚད།

ཀྲོ་མ་ཀྲུ་ནི་དྲོད་དགའ་རང་བཞིན་གྱི་མ་ཀྲུའི་སིལ་རིགས་སྔོ་ཚལ་ཞིག་ཡིན་པ་དང་། ཟླ་བའི་ཆ་སྙོམས་དྲོད་ཚད 20 ~25℃ཡི་ཁོར་ཡུག་འོག་ཏུ་འཚར་སྐྱེ་འབྱུང་བར་ཕན་ཞིང་། དྲོད་ཚད་འོས་འཚམ་ཁྱབ་ཁོངས་ནི 10~35℃ཡིན། ཀྲོ་མ་ཀྲུ་ཡི་འཚར་སྐྱེ་ལ་ཆེས་འཚམ་པའི་དྲོད་ཚད་ནི་ཉིན་མོར 20 ~28℃དང་། མཚན་མོར15~18℃ཡིན། དྲོད་ཚད་མར་ལྷུང་ནས10℃ལ་བབས་པའི་སྐབས་སུ་འཚར་སྐྱེ་དལ་བ་དང་། 5℃ཡི་སྐབས་སུ་ཡར་སྐྱེ་མཚམས་འཇོག་པ་ཡིན། གནམ་གཤིས་ཇེ་མཐོར་སོང་ནས 33℃ཐོན་པའི་སྐབས་སུ་ཀྲོ་མ་ཀྲུའི་འཚར་སྐྱེ་ལ་གནོད་པ་འབྱུང་བ་དང་། 40℃སླེབ་སྐབས་ཡར་སྐྱེ་མཚམས་འཇོག་པ་ཡིན། 45℃ཟིན་ནས་དྲོད་ཚད་མཐོ་བའི་གནོད་འཚེ་འབྱུང་སྲིད་པའོ། །

ཀྲོ་མ་ཀྲུའི་འཚར་སྐྱེ་དུས་རིམ་སོ་སོར་འཚམ་པའི་དྲོད་ཚད་ཀྱི་རེ་བ་མི་འདྲ་བ་ཡིན་ལ། ས་བོན་སྨྱུ་གུ་འདུས་དུས་ཀྱི་ཆེས་འཚམ་པའི་དྲོད་ཚད་ནི 25~30℃ དང་། དྲོད་ཚད 12℃ལས་དམའ་བ་དང་ཡང་ན 40℃ལས་མཐོ་བའི་སྐབས་སུ་སྨྱུ་གུ་འདུས་དཀའ་བ་ཡིན། ལྗང་སྨྱུག་སྐབས་ཀྱི་ཆེས་འཚམ་པའི་དྲོད་ཚད་ནི་ཉིན་མོར 20~25℃དང་། མཚན་མོར 10~15℃ཡིན། ཀྲོ་མ་ཀྲུར་མེ་ཏོག་བཞད་པའི་སྐབས་སུ་དྲོད་ཚད་ཀྱི་འགྱུར་ལྡོག་ལ་ཚོར་སྣང་ཆེན་པོ་ཡོད་དེ། མེ་ཏོག་ཐིའུ་དུས་སྐབས་ཀྱི་ཉིན་མོའི་དྲོད་ཚད 15℃ཡན་ཟིན་དགོས་པ་དང་། ཆེས་འཚམ་

པའི་དྲོད་ཚད་ནི་ཉིན་མོར་20~30℃དང་། མཚན་མོར་15~20℃ཡོད་དགོས། ཀྲོ་མ་ཀྲུའི་འབྲས་བུ་སྨིན་དུས་ཀྱི་ཆེས་འཚམ་པའི་དྲོད་ཚད་ནི་ཉིན་མོར་24~26℃དང་། མཚན་མོར་12~17℃ཡིན། སྨིན་གས་འབྲས་བུའི་ཚོས་འགོས་པའི་དུས་སྐབས་ཀྱི་ཆེས་འཚམ་པའི་དྲོད་ཚད་ནི་20~25℃ཡིན། ཀྲོ་མ་ཀྲུའི་འཚར་སྐྱེ་དུས་རིམ་ནང་དུ་ཉིན་མཚན་བར་གྱི་དྲོད་ཚད་ལ་ཁྱད་པར་ཅུང་ཟད་ཡོད་དགོས་ཤིང་། ལྷག་པར་དུ་འབྲས་བུ་སྨིན་པའི་དུས་སྐབས་སུ་མངོན་གསལ་དོད་པོ་ཐོན་ཡོད་པ་རེད། ཀྲོ་མ་ཀྲུའི་སྡོང་རྐང་ནི་ཉིན་མོའི་འོད་སྦྱོར་ནུས་པ་ལ་བརྟེན་ནས་འཚོ་བཅུད་བཟོ་བ་དང་། མཚན་མོའི་དྲོད་ཚད་འོས་འཚམ་སྨོས་ཏེ་དམའ་རུ་བཏང་ན། འཚོ་བཅུད་སྐྱེལ་འདྲེན་དང་གསོག་འཇོག་ལ་ཕན་པར་མ་ཟད། རྩ་བ་དང་གཞུང་རྟ། ལོ་མ་དང་འབྲས་བུའི་འཚར་སྐྱེ་ལ་སྐུལ་འདེད་གཏོང་བར་ནུས་པ་ཆེན་པོ་ལྡན་པས། ཐོན་ཚད་དང་གཤིས་རྒྱུད་ཇེ་བཟང་ཇེ་ལེགས་སུ་གཏོང་ཐུབ་པ་ཡིན།

(གཉིས) འོད་འཕྲོ་ཚད།

ཀྲོ་མ་ཀྲུའི་འོད་འཕྲོ་དུས་ཡུན་ལ་བླང་བྱ་ནན་མོ་མེད་པས་འོད་ཟེར་འོས་འཚམ་འཕྲོས་པ་ཙམ་གྱི་ཆོག་པའི་རྩི་ཤིང་ཞིག་ཡིན། འོན་ཀྱང་འོད་ཟེར་ཅུང་ཆེ་ན་ལེགས་པ་ཡིན། འོད་ཟེར་འཕྲོ་ཚད་མ་འདང་ན། སྡོང་རྐང་གི་ལོ་མ་སྐྱེས་དྲགས་པ་དང་འཚོ་བཅུད་ཞན་པ། མེ་ཏོག་བཞད་པའི་གྲངས་འབོར་ཇེ་ཉུང་དུ་འགྲོ་བ། ལོ་མ་དང་ཤིང་ཏོག་ལྷུང་ཚད་ཚབས་ཆེན་དུ་འགྱུར་བ་ཡིན། དེར་བརྟེན། ཀྲོ་མ་ཀྲུའི་འདེབས་གསོའི་བརྒྱུད་རིམ་ཁྲོད་དུ། སྡོང་རྐང་སྟེང་གི་འོད་འཕྲོའི་ཤུགས་རྐྱེན་ལ་དོ་སྣང་བྱེད་དགོས།

(གསུམ) རླན་ཚད།

ཀྲོ་མ་ཀྲུའི་ཡལ་ག་དང་ལོ་འདབ་རྒྱས་ཤིང་རླངས་པ་འཕྱུར་ཚད་ཀྱང་ཅུང་

ཆེ་བ་ཡིན། གྲོ་མ་གྲུའི་འཚར་སྐྱེ་དུས་རིམ་ནང་དུ་ས་གཤིས་ཀྱི་རླན་ཚད་ལ་རེ་བ་ཅུང་མཐོ་བ་དང་ (བསྡོམས་བཅས་རླན་ཚད་ 65%~80%) རླན་ཚད་ཅུང་དམའ་བ(བསྡོམས་བཅས་རླན་ཚད་ 45%~65%)གཉིས་ཡོད། གྲོ་མ་གྲུའི་སྐྱེ་འཚར་དུས་སྐབས་སོ་སོའི་རླན་ཚད་ལའང་བླང་བྱ་མི་འདྲ་བ་དུ་མ་ཡོད་དེ། སྨུ་གུ་འབུས་པའི་དུས་ཚོད་ལ་ངེས་པར་དུས་བོན་ལ་ཆུ་འཇེབ་སྲོས་གང་ལེགས་བྱེད་དུ་འཇུག་དགོས་པས། ས་རྒྱུའི་རླན་ཚད་ 80%ཡས་མས་ཟིན་དགོས། ལྗང་སྨྱུག་དུས་སྐབས་སུ་སྨྱུ་གུ་ཅུང་ཆུང་བ་དང་། རྩ་ལག་ཀྱང་ཆུང་བའི་དབང་གིས་ས་རྒྱུའི་རླན་ཚད་དུས་དང་རྣམ་པ་ཀུན་ཏུ་ཅུང་མཐོ་བ་རྒྱུན་འཁྱོངས་བྱ་དགོས་ཤིང་། སྲིར་བཏང་དུས་རྒྱུའི་བསྡོམས་བཅས་ཀྱི་རླན་ཚད་ནི་ 60% ~70%ཡིན་ན་བཟང་། འབྲས་བུ་སྨིན་པའི་དུས་སྐབས་སུ་སྟོང་ཀང་གི་སྐྱེ་སྟོབས་རྒྱས་ནས་ཆུའི་དགོས་མཁོ་མངོན་གསལ་གྱིས་ཇེ་མང་དུ་འགྲོ་བ་ཡིན་པས། སྤྱིར་བཏང་དུས་རྒྱུའི་བསྡོམས་བཅས་ཀྱི་རླན་ཚད་85% ~90%དང་། མཁའ་རླུང་གི་བསྡོམས་བཅས་རླན་ཚད་45% ~65% ཡིན། འབྲས་བུ་སྨིན་པའི་དུས་སྐབས་སུ་ཤིང་འབྲས་ཀྱི་འཚར་སྐྱེ་མྱུར་ཚད་མགྱོགས་པ་སྟེ། སྟོང་ཀང་གི་རླངས་པ་འཕུར་ཚད་མཐོ་བའི་དབང་གིས་ས་རྒྱུའི་རླན་ཚད་སྲུང་འཛིན་བྱ་དགོས་ཤིང་། ས་རྒྱུ་ལ་བརླན་གཤེར་མཁོ་འདོན་འོས་འཚམ་མ་བྱས་པས་འབྲས་བུའི་འཚར་སྐྱེ་ཇེ་ཞན་དུ་འགྱུར་བར་སྔོན་འགོག་བྱེད་དགོས།

(བཞི)ས་རྒྱུའི་འཚོ་བཅུད།

གྲོ་མ་གྲུ་ནི་ས་ཞིང་ལ་འཐྲོད་ཤུགས་ཆེ་བས། སྐྱེ་ལྡན་རྫས་བཅུད་འདུས་པ་དང་ས་རིམ་ཟབ་ཅིང་ཆུ་འབུད་ས་རྒྱུ་གཤིན་པོ་བཟང་པོ་ཡིན་ན་གྲོ་མ་གྲུའི་འཚར་སྐྱེ་ལ་ཕན་པ་ཆེན་པོ་ཡོད། གྲོ་མ་གྲུའི་ཚྭ་ཐུབ་ནུས་པ་ལེགས་པར་མ་ཟད། ས་རྒྱུའི་དབུགས་རྒྱུ་རང་བཞིན་གྱི་བླང་བྱ་ཅུང་མཐོ་བ་ཡིན། ས་རྒྱུའི་དབུགས་རྒྱུ་རང་བཞིན་མཐོ་བའི་སྐབས་སུ་སྟོང་ཀང་གི་འཚར་སྐྱེ་བཟང་བ་དང་། ས་རྒྱུའི་གསོ་རླུང་འདུས་

ཚད་2%ལས་དམའ་བའི་སྐབས་སུ་སྔོང་རྐང་བསྐམས་ནས་ཤི་འགྲོ་བ་རེད།

ཀྲོ་མ་ཀྲུ་འདེབས་གསོའི་བརྒྱུད་རིམ་ཁྲོད་དུ་དེ་ཉིད་ཀྱི་འཚར་སྐྱེ་དུས་ཡུན་རིང་བའི་རྒྱུ་མཚན་གྱིས། འཚོ་བཅུད་འདང་ངེས་ཞིག་མཁོ་སྤྲོད་ཡོང་བར་འགན་ལེན་བྱས་ན་ད་གཟོད་ཐོན་ཚད་ཇེ་ལེགས་སུ་འགྲོ་བ་ཡིན། འདེབས་གསོའི་དུས་འཁོར་ས་ཞིང་མུའུ་རེའི་སྟེང་དུ་རུལ་བསྲལ་ལངས་པའི་སྐྱེ་ལྡན་ལུད་རྫས་སྤྱི་ཀྲུ 4 000~5 000དང་། ལེན་བཀལ་སྐྱུར་ཀལ་སྤྱི་ཀྲུ 15གཏོར་དགོས། ཀྲོ་མ་ཀྲུ་ནི་རྫས་འགྱུར་ཙྭ་ལ་ཆགས་པའི་ལོ་ཏོག་ཅིག་ཡིན་ཞིང་། རྒྱུ་རྐྱེན་གསུམ་འདུས་ལུད་རྫས་ནང་གི་མཁོ་ཚད་ཆེ་ཤོས་ཡིན། དེའི་འཁྲོར། ཏན་དང་ལེན་ཆེས་ཤུང་ཤོས་ཞིག་ཡོད་པས་ཆོག དེའི་ཏན་ལེན་ཙྭའི་བསྡུར་ཚད་ནི 1:0.46:1.32ཡིན།

སྙིང་ལུད་བཞག་ན་སྔོང་རྐང་ལ་མཁོ་བའི་འཚོ་བཅུད་མྱུར་དུ་ཁ་སྐོང་བྱེད་ཐུབ་པ་དང་དེའི་འཚར་སྐྱེ་ལ་སྐུལ་མ་བྱེད་པའི་ནུས་པ་ཐོན་ཐུབ་པ་རེད། སྙེ་མ་དང་པོར་ཡོངས་ཁྱབ་ཏུ་མེ་ཏོག་བཞད་ནས་འབྲས་བུ་ཆགས་པའི་སྐབས་སུ། སྙིང་ལུད་ཐེངས་དང་པོ་བཞག་ནས་ཨན་ལྡན་མུ་སྐྱུར་སྤྱི་ཀྲུ 10~15གཏོར་དགོས། ཉིན 20རྗེས་སུ་སྙེ་མ་དང་པོའི་སྨིན་འབྲས་ཆེ་རུ་ཕྱིན་པ་ཡིན། སྙེ་མ་གཉིས་པ་གཅིག་རྗེས་གཉིས་མཐུད་དང་འབྲས་བུ་ཆགས་པའི་སྐབས་སུ། སྙིང་ལུད་ཐེངས་གཉིས་པ་བཞག་སྟེ་ཨན་ལྡན་མུ་སྐྱུར་སྤྱི་ཀྲུ 15 ~20གཏོར་ནས་སྙེ་མ་དང་པོའི་འབྲས་བུ་མྱུར་དུ་ཡར་སྐྱེ་བྱེད་དུ་འཇུག་པ་དང་། སྙེ་མ་གཉིས་པའི་སྨིན་འབྲས་ཆེ་རུ་གཏོང་དགོས། སྙེ་མ་གསུམ་པའི་འབྲས་བུ་ཆགས་པའི་སྐབས་སུ། སྙིང་ལུད་ཐེངས་གསུམ་པ་བཞག་ནས་ཨན་ལྡན་མུ་སྐྱུར་སྤྱི་ཀྲུ 15~20གཏོར་དགོས། སྙེ་མ་དང་པོ་དང་གཉིས་པའི་འབྲས་བུ་མང་ཆེ་ཤོས་བསྡུ་ལེན་བྱས་ཚར་རྗེས། སྙེ་མ་གསུམ་པའི་འབྲས་བུ་སྨིན་ཡུན་ཡང་སླེབས་པ་དང་། སྙིང་ལུད་ཐེངས་བཞི་པ་བཞག་ནས

ཨན་ལྷན་ཨུ་སྐུར་སྤྱི་ཀྲ 10 གཏོར་དགོས། སྐྱེང་ལུད་ནི་འདྲེན་ཆུ་དང་མཉམ་དུ་གཏོར་དགོས། ཐེངས་དང་པོར་སྐྱེང་ལུད་འཛོག་དུས་འོས་འཚམ་གྱིས་ཐེ་སྐྱུར་བྱ་རྒྱུ་དང་། ལྷུ་གུ་བཙུགས་རྗེས་འཕྲལ་མར་ཨན་ལྷན་ཨུ་སྐུར་སྤྱི་ཀྲ 10 གཏོར་དགོས། སྐྱེང་ལུད་ཐེངས་གཉིས་པ་དང་ཐེངས་གསུམ་པའི་སྐབས་སུ་ཨན་ལྷན་ཨུ་སྐུར་སྤྱི་ཀྲ 15 གཏོར་བ་ལས་གཞན། ཀྲ་ལིན་སྐུར་ཨེན་གཉིས་སྤྱི་ཀྲ 10དང་དེ་བཞིན་སོན་ཙྭ་སྤྱི་ཀྲ 10གཏོར་དགོས། ཐེངས་བཞི་པའི་སྐབས་སུ། ཨན་ལྷན་ཨུ་སྐུར་སྤྱི་ཀྲ 10གསབ་གཏོར་བྱེད་དགོས། ལུད་གཏོར་སྤྱི་འགོར་ནི། སྐྱེ་ལྡན་ལུད་སྤྱི་ཀྲ 2 500དང་ཨན་ལྷན་ཨུ་སྐུར་སྤྱི་ཀྲ 50 ལིན་སྐུར་ཨེན་གཉིས་སྤྱི་ཀྲ 35 དང་ལིག་སོན་ཙྭ་སྤྱི་ཀྲ 30 ཁ་གསབ་བྱེད་པའི་ལིན་དང་ཙྭ་སོགས་ནི་ས་ཞིང་གི་ནུས་ལྡན་ལིན་དང་ཙྭ་འདུས་ཚད་མི་འདྲ་བའི་དུས་སུ་གཏོར་བ་ཡིན། ལུད་རྫས་སྤྱོད་ཚད་ནི་བྱེ་བྲག་གི་གནས་ཚུལ་དངོས་ལ་གཞིགས་ནས་ཚད་རན་ལེགས་སྒྲིག་བྱ་དགོས།

གསུམ་པ། འདེབས་འཛུགས་ཀྱི་བཀོད་སྒྲིག

ཀྲོ་མ་ཀྲུའི་འཚར་སྐྱེ་དུས་ཚིགས་ཐུང་རིང་བ་ཡིན་པས། དེའི་སྟུད་ལེན་དུས་ཡུན་གྱིས་འདེབས་འཛུགས་མྱུག་གསོ་དུས་ཚོད་གཏན་ཁེལ་བྱེད་པ་ཡིན། དེ་བས། འདེབས་འཛུགས་བཀོད་སྒྲིག་ལུགས་མཐུན་བྱ་དགོས། འདེབས་འཛུགས་བྱེད་པའི་སྐབས་སུ་སོག་གཉིས་བསྟུད་འདེབས་མི་བྱེད་པར། མ་ཀྲུའི་ཕོའོ་རིགས་ལོ་ཏོག་འདེབས་གསོ་ཐུང་ཙམ་བཞག་རྗེས་ཕྱིར་ཀྲོ་མ་ཀྲུ་འདེབས་འཛུགས་བྱེད་དགོས། དཔྱིད་སོག་ནི་ཟླ 10བའི་ཟླ་དཀྱིལ་ལ་སྔོ་འདེབས་དང་། ཟླ 12པའི་ཟླ་དཀྱིལ་ལ་རྩ་སྤོས་རྒྱག་དགོས། དགུན་སྦྲོལ་རིང་བའི་དུས་ཚིགས་སུ་ཟླ 8པའི་ཟླ་དཀྱིལ་དུ་འདེབས་འཛུགས་བྱེད་པ་དང་། ཟླ 9བའི་ཟླ་དཀྱིལ་དུ་རྩ་སྤོས་རྒྱག་དགོས་ཤིང་། ཟླ 12པའི་ཟླ་དཀྱིལ་དུ་སྟུད་ལེན་བྱས་ཆོག དབྱར་སྟོན་དུས་ཚིགས་ཀྱི་སོག་

ཞུལ་ནི་ཟླ་1པའི་ཟླ་མཇུག་ལ་སྔོ་འདེབས་བྱེད་པ་དང་། ཟླ་4པའི་ཟླ་དཀྱིལ་ལ་རྩ་སྒྱོས་རྒྱག་དགོས། ཟླ་7པའི་ཟླ་སྟོད་དུ་སྡུད་ལེན་བྱས་ཆོག སྟོན་ཟླ་ནར་འགྱངས་བྱེད་ན་ཟླ་6པའི་ཟླ་དཀྱིལ་ལ་སྔོ་འདེབས་དང་། ཟླ་7པའི་ཟླ་མཇུག་ལ་རྩ་སྒྱོས་རྒྱག་དགོས། ཟླ་9པའི་ཟླ་དཀྱིལ་ལ་སྡུད་ལེན་བྱས་ཆོག

བཞི་པ། ས་བོན་གདམ་ག

མའོ་ཧྲིན 802 བར་སྨིན་དང་ཕྱི་སྨིན་གྱི་སོན་རིགས་ཤིག་གམ། ཚད་མེད་སྐྱེ་རིགས་ཤིག་ཡིན། འབྲས་བུ་རྐྱང་མའི་ལྗིད་ཚད་ཕལ་ཆེར་ཁེ 200ཡོད། དམར་སྐྱའི་མདོག་ཏུ་མངོན་ལ། སྨིན་གས་འབྲས་བུ་འཇམ་ཤ་རྡོད་པ་དང་མཐོང་སྣང་མཛེས་པ། ལྕི་ཆུང་བ། ནང་བཙུད་མང་བ། གས་དཀའ་བ། རྒྱ་ཁྲུས་བཟང་བ། ཚོང་ཟོག་རང་བཞིན་ཡག་པ། འབྲས་བུ་ཆགས་པའི་ནུས་པ་མཐོ་བ། ཐོན་འབབ་མཐོ་བའི་ཁྱད་ཆོས་ཡོད། མུའུ་རེའི་ཐོན་ཚད་སྤྱི་རྒྱ 4 000~5 000ཡོད། འོན་ཀྱང་འདི་ཉིད་ཀྱི་ཞུན་ལྷགས་སྲབ་མོ་ཡིན་པས་གསོག་འཇོག་བྱེད་དུས་སྟབས་བདེ་མིན་ནོ། །

མཉམ་ལས 903 ཐོ་སྨིན་གྱི་སོན་རིགས་དང་། ཚད་ཡོད་སྐྱེ་རིགས་ཤིག་ཡིན། འབྲས་བུ་རྐྱང་མའི་ལྗིད་ཚད་ཕལ་ཆེར་ཁེ 350ཡོད། སིལ་དམར་ཆེན་པོ་ཡིན། ཟླུམ་རིལ་དབྱིབས་ཆེན་དང་འདྲ་བར། ཆེ་ཞིང་གྲལ་དག་ལ་འབྲས་བུའི་ཀ་མཐུག་པ་དང་། ཞུན་པགས་ལ་མཉེན་ཆ་ཡོད་པ། འཇམ་འདྲེད་ལྡན་པ། འབྲས་བུ་གས་དཀའ་བ། གསོག་འཇོག་བྱེད་དུས་སྟབས་བདེ་བ། ཐོ་བ་དང་སྦྱོང་རྒྱུ་བཟང་བ། ཚོང་ཟོག་རང་བཞིན་ཏ་ཙང་ཆེན་པོ་ལྡན་པ། འཕྲོད་མཐུན་ནུས་པ་ལྡན་པ། ཚ་དྲོད་བཟོད་པ། ཐན་སྐམ་བཟོད་པ། ནད་དུག་སྔོན་འགོག་བྱེད་ཐུབ་པ་ཡིན། མུའུ་རེའི་ཐོན་ཚད་སྤྱི་རྒྱ 5 000ཡན་ཟིན་གྱིན་ཡོད།

པའེ་ལེ། ཚད་མེད་སྐྱེ་རིགས་ཤིག་དང་། ཐོ་སྨིན་གྱི་སོན་རིགས་ཡིན།

འབྲས་བུ་རྒྱང་མའི་ལྗིད་ཚད་ཕལ་ཆེར་ཁེ180~200ཡོད། ཐོན་འབབ་རང་བཞིན་བཟང་ཞིང་། སྨིན་དགུན་དང་དཔྱིད་ཀའི་དུས་སུ་ཧྲོད་ཁང་ནང་དུ་འདེབས་གསོ་བྱས་ན་ཤིན་ཏུ་བཟང་། འབྲས་བུ་ནི་ལེབ་ཟླུམ་གྱི་དབྱིབས་སུ་གྲུབ་པ། སིལ་དམར་ཆེན་པོ་ཡིན། ཟས་བཅུད་ཞིམ། གས་རིས་མེད་པ་དང་། སྦོ་ཤུན་མེད་པ། འབྲས་བུ་ཆེ་འབྲིང་གི་གྲས་ཡིན། རྒྱུ་སྤུས་བཟང་ལ་གསོག་འཇོག་སྐབས་བདེ་བས། ཕྱིར་འདྲེན་བྱས་ན་འོས་ཤིང་འཚམ། མེ་ཏོག་གི་ལོ་མའི་ནད་དུག་དང་སྦོ་ཚལ་རྙིད་ནད། ལོ་མ་རྣམ་ནད་སོགས་སྔོན་འགོག་བྱེད་ཐུབ།

ཆན་ཞི་རིགས་གྲས། ཚད་མེད་སྐྱེ་རིགས་ཤིག་ཡིན་པ་དང་སྐྱེ་སྟོབས་རྒྱས་པ། འབྲས་བུ་ཆགས་པའི་ཚད་གྲངས་མཐོ་བ། མེ་ཏོག་གི་བང་རིམ་རེར་སྨིན་གས་འབྲས་བུ 30ཡས་མས་ཐོགས་པ་དང་། ཤིང་འབྲས་ཕལ་ཆར་ཟླུམ་སྒོར་གྱི་དབྱིབས་སུ་གྲུབ་པར་མ་ཟད་དབྱིབས་སྙོམ་ཡང་ཡིན། འབྲས་བུ་རྒྱང་མའི་ལྗིད་ཚད་ཁེ 20ཡིན། གས་འབྲས་ཉུང་བ་དང་། ཞོག་ཁོག་ཕྱི་རིམས་དང་ལོ་མ་རྣམ་ནད་སོགས་སྔོན་འགོག་བྱེད་ཐུབ་ཅིང་། གསོག་འཇོག་བྱས་ན་སྐབས་བདེ་ཡིན།

ཁྲ་ལའོ་སའོ། ཀྲོ་མ་ཀྲུ“ཁྲ་ལའོ་སའོ”ནི་ཧོ་ལན་རྒྱལ་ཁབ་ཀྱི་ཧི་ག་ལའོ་ཐུག་ས་བོན་ཀུང་སི་ཡིས་འདེབས་གསོ་བྱས་པ་རེད། ཧྲོད་ཁང་གི་ཆེད་སྤྱོད་ཀྲོ་མ་ཀྲུའི་རིགས་སྣའི་ཁོངས་སུ་གྲུབ་པའི་ཁྲ་ལའོ་སའོ་ནི། རང་རྒྱལ་གྱི་ཧྲོད་ཁང་གི་ཀྲོ་མ་ཀྲུའི་ས་མེད་འདེབས་གསོ་ས་བོན་དང་པོ་ཡིན་པའི་ཆ་ནས། ཚོད་ལྟ་དང་ཞིབ་བསྡུར་བྱས་པའི་མཇུག་འབྲས་ནི། ཐོན་ཚད་མཐོ་བ་དང་སྤུས་ཚད་ལེགས་པ། གཉན་འགོག་རང་བཞིན་ཆེ་བ། འཕྲོད་མཐུན་རང་བཞིན་རྒྱ་ཆེ་བ། ས་བོན་གྱི་སྤུས་ཚད་ཡག་པ་སོགས་ཀྱི་ཁྱད་ཆོས་འབུར་དུ་ཐོན་ཡོད། མུའུ་རེ་དཔྱིད་སོག་ཐོན་ཚད་སྤྱི་རྒྱ 9 000དང་། སྨིན་སོག་ཐོན་ཚད་སྤྱི་རྒྱ 5 000ཡིན། ཤིང་ཏོག་འདིའི་མདོག་དམར་པོ་དང་། ལེབ་ཟླུམ་གྱི་དབྱིབས་སུ་གྲུབ་པ། ཡ་མ་གཟུགས

སུ་གྱུར་པའི་འབྲས་བུ་ཞུང་བ་དང་། ཚོང་ཟོག་ཏུ་འགྱུར་ཚད 95%ཡན་ཟིན་གྱིན་ཡོད། ས་བོན་འདིའི་རིགས་ལ་རྗོ་ཐའི་ལོ་མའི་ནད་དུག་འགོག་པའི་ནུས་པ་ལྡན་པར་མ་ཟད། ད་དུང་ལོ་མ་རྣམ་ནད་དང་། ཁྲ་སེར་རྙིད་ནད། སྦོ་ཚལ་རྙིད་ནད་སོགས་འགོག་པའི་ནུས་པའང་ལྡན་པ་ཡིན། གཞན་ད་དུང་དྲོད་ཚད་དམའ་མོ་ཐུབ་པ་དང་ཚ་བ་བཟོད་པ་སོགས་ཀྱི་ཁྱད་ཆོས་ཡོད།

ལྔ་པ། འདེབས་གསོའི་ངོ་དམ་ལག་རྩལ།

(གཅིག) སོན་འདེབས་དང་ལྷང་གསོ།

ཀྲོ་མ་ཀྲུ་མ་བཏབ་གོང་ཆུ་དྲོན་མོས་སོན་སྦང་བྱས་ནས་སྔ་དུས་འགོས་ནད་དང་སྨུག་པོའི་ནད། ལོ་མ་རྣམ་ནད་སོགས་ཀྱི་གནོད་འཚེ་འབྱུང་བར་སྔོན་འགོག་བྱེད་དགོས། ཟུ་ཞྭོས་རྒྱག་པའི་སྨུག་ཚད་ལ་གཞིགས་ནས། མུའུ་རེའི་སོན་འགྲོ་གྲངས་ཚད་ནི་ཁེ 20~30ཡིན། སོན་འདེབས་བྱེད་པའི་དུས་སྐབས་སུ་ཕུར་འདེབས་དང་རོལ་འདེབས་བྱེད་སྟངས་གང་རུང་སྤྱད་ཆོག ས་བོན་བཏབ་རྗེས་མྱུར་དུ་སྟེང་ལ་ས་ཞིབ་མོ་འགེབས་དགོས་ཤིང་། དེའི་མཐུག་ཚད་ནི་ལི་སྨི 0.8 ~1.0ཡིན་དགོས།

ས་བོན་བཏབ་རྗེས་སྤྱིར་བཏང་ཉིན3~4འགོར་རྗེས་མྱུ་གུ་འབུས་པ་ཡིན། ལྷང་པ་དོན་དུས་ཀྱི་བྱེད་ལས་གཙོ་བོ་ནི་དྲོད་ཚད་དང་ཉི་འོད་འཕྲོ་ཚད་ལ་དོ་དམ་བྱ་རྒྱུ་དེ་ཡིན། ས་བོན་བཏབ་རྗེས་ནས་སྐྱེ་རྟེན་ལོ་མ་ཡོངས་སུ་འགྲེམས་པའི་བར་སྐབས་ཀྱི་ཉིན་མོའི་དྲོད་ཚད་ནི 25 ~28℃བར་དུ་ཚོད་འཛིན་བྱེད་དགོས། དགོང་མོའི་དྲོད་ཚད 15~18℃ཡིན་དགོས། མྱུ་གུ་འབུས་པ་ནས་ལྷང་པ་གསེད་པའི་སྔོན་ལ་ཉིན་མོའི་དྲོད་ཚད 20~25℃དང་། དགོང་མོ་དྲོད་ཚད 10~15℃བར་དུ་ཚོད་འཛིན་བྱས་ཏེ། མྱུ་གུའི་ལོ་མ་སྐྱེས་དྲགས་པར་སྔོན་འགོག་བྱེད་དགོས། ལྷང་པ་མ་གསེད་སྔོན་གྱི་ཉིན 4 ~5བར་དུ་མྱུ་སྦྱང་བྱས་ཏེ། སྦྱོས་བཙུགས་བྱས་

རྗེས་ཀྱི་གསོན་ཚད་ཇེ་མཐོ་རུ་གཏོང་བ་དང་། སྒོ་ཀུ་འཛོགས་རྒྱུར་སྐྱུལ་འདེད་གཏོང་དགོས། དུས་མཚུངས་སུ། ཉི་འོད་འཕྲོ་བའི་ཆ་རྐྱེན་ཇེ་ལེགས་སུ་བཏང་ནས། དྲོད་སྲུང་ཡོ་བྱད་རྣམས་སྟ་བཤུད་དགོང་འགེབས་བྱེད་དགོས།

(གཉིས) རྩ་སྦྱོས་རྒྱག་པ།

རྩ་སྦྱོས་རྒྱག་པའི་སྟུག་ཚད་ནི་རིགས་གྲས་དང་འདེགས་སྒྲོམ་སོགས་ཀྱི་གནས་ཚུལ་ལ་གཞིགས་ནས་གཏན་ཁེལ་བྱེད་དགོས། རྩ་སྦྱོས་རྒྱག་སྐབས་སྒོ་ཀུ་ས་འོག་ཏུ་བཙུགས་ཚད་མང་དྲགས་པའམ་ཡང་ན་ཉུང་དྲགས་མི་རུང་བ་དང་། སྒོ་ཀུ་བཏབ་པའི་རྗེས་སུ་དུས་ཐོག་ཏུ་ཆུ་དྲངས་ནས་སྒོ་ཀུའི་འཚར་སྐྱེ་ལ་སྐྱུལ་འདེད་བྱེད་དགོས། སྒོ་ཀུ་འབུས་པའི་དུས་སྐབས་སུ་དྲོད་ཁང་གི་སྒོ་ཟླུམ་ནས་དྲོད་ཚད་ཇེ་མཐོར་གཏོང་བ་དང་། དྲོད་ཚད་མཐོ་བ་དང་ཐན་ཚད་མཐོ་བའི་ཆ་རྐྱེན་འོག་ཏུ་སྒོ་ཀུ་འབུས་པར་སྐྱུལ་འདེད་གཏོང་དགོས། དྲོད་ཚད་30℃ བརྒལ་དུས་དྲོད་ཚད་ཇེ་དམའ་རུ་གཏོང་དགོས་པ་ཡིན།

(གསུམ) ཞིང་ཁའི་བདག་གཉེར།

ཀྲོ་མ་ཀྲུ་ཡི་འཚར་སྐྱེ་དུས་རིམ་ཁྲོད་ཀྱི་འོད་ཟེར་མཐོ་གལ་ཆུང་ཆེ་བས། འོད་ཟེར་ཁ་གསབ་དང་དྲོད་ཚད་འཕར་བར་དོ་སྣང་བྱ་དགོས།

ཀྲོ་མ་ཀྲུ་གསོན་ཐུབ་པ་བྱུང་ན་ཡུར་མ་རྒྱག་པ་དང་། ཆུ་གཏོང་བ། ལུད་གསོས་བརྒྱབ་ནས་རྩ་བ་དང་ལོ་འདབ་འཚར་སྐྱེ་འབྱུང་བར་སྐྱུལ་འདེད་གཏོང་དགོས། རྩ་ལག་འཕྲེད་ཕྱོགས་ལ་སྐྱེ་འཚར་བྱུང་ཚད་མགྱོགས་པ་དང་། ཡུར་མ་ཡུར་དུས་གཏིང་ཐུང་ན་བཟང་། སྒོ་ཀུར་སེ་ཏོག་བཞད་ཅིང་འབྲས་བུ་སྨིན་པའི་སྔོན་ལ་ཡུར་མ་ཡུར་བ་བྱེད་ལས་གཙོ་བོར་འཛིན་པ་དང་། གཏིང་རིམ་ལ་འོས་འཚམ་སྒོས་ཡུར་མ་ཡུར་དགོས། སྒོ་ཀུ་བཙུགས་རྗེས་ཉིན་དཀར་གྱི་དྲོད་ཚད་20 ~25℃དང་། མཚན་མོའི་དྲོད་ཚད་13 ~17℃བར་དུ་ཚོད་འཛིན་བྱེད་

དགོས། (རི་མོ 3–1)

རི་མོ 3–1 སྒོ་མ་གྲུར་ཆུ་ཐིགས་འདྲེན་པ།

(བཞི) ཡལ་བཞུར་རྒྱག་པ།

སྡོང་རྐང་གི་མཐོ་ཚད་ལི་སྨི 26སླེབ་སྐབས་སུ་སྒྲོམ་གཞི་འཛུགས་དགོས་ཤིང་། སྒྲོམ་གཞི་ནི་སྤྱིར་བཏང་དུ་རྒྱའི་ཡི་གེ“མི”དབྱིབས་སུ་གྲུབ་པ་ཡིན། ཇོད་ཁང་གི་སྒྲོམ་གཞི་ནི་ཇོད་ཁང་ནང་གི་ལྕགས་སྐུད་བཀོལ་སྤྱོད་བྱས་ཏེ་དམ་པོར་འཛིན་ཐགས་བྱེད་དགོས། སྡོང་རྐང་ཇེ་རིང་དུ་སོང་བ་དང་བསྟུན་ནས། ལི་སྨི 16 ~20བར་ནས་བཅིངས་འཁྲིལ་ཐེངས་གཅིག་རེ་བྱེད་དགོས(རི་མོ3–2དང་རི་མོ 3–3)

རི་མོ 3–2སྒོ་མ་གྲུ་དཔྱང་འཁྲིལ།

རི་མོ 3–3 སྒོ་མ་གྲུ་བཀྱིག་འཁྲིལ།

ཐོན་སྐྱེད་ཁྲོད་དུ་རྒྱུན་སྤྱོད་ཆེ་བ་ནི་དབྱུག་སྡོང་རྐྱང་མའི་སྟེང་དུ་ཡལ་བཞུར་རྒྱག་པ་སྟེ། དེ་ནི་སྡོང་གཞུང་སོར་འཛོག་བྱས་ནས་གཞན་པའི་ཡལ་ག་གཅོད་འཐོག་བྱེད་པ་ཡིན། ཉེ་བའི་ལོ་ཤས་རིང་ལ་སྲུང་སྐྱོབ་ནང་ཁོངས་སུ་ཚོད་མཐོའི་ཡལ་ག་ཇེ་དམའ་རུ་བཏང་ནས། ཀྲོ་མ་ཀྲུ་སྔ་སྨིན་ཐོན་ལེགས་ཡོང་བ་མངོན་འགྱུར་སྐུལ་འདེད་བྱེད་ཆེད། ད་དུང་ལོ་མ་བཞག་ནས་ཡལ་བཞུར་རྒྱག་པའི་བྱེད་ཐབས་དང་དེ་བཞིན་བསྡུད་མར་བཙུད་འདོན་ཡལ་བཞུར་རྒྱག་པའི་བྱེད་ཐབས་སོགས་བཀོལ་སྤྱོད་བྱེད་བཞིན་ཡོད། སྡོང་པོའི་ལོ་མ་བཞག་ནས་ཡལ་བཞུར་རྒྱག་པའི་བྱེད་ཐབས་ནི་སྡོང་གཞུང་ནས་སྙེ་འབྲས 4བཞག་ནས་བཙུད་འདོན་བྱེད་པ་ཡིན། མེ་ཏོག་བང་རིམ་དང་པོའི་འོག་རིམ་གྱི་ཡལ་ག་སྐྱེས་ནས་ལེ་སྨི 6ལོན་པའི་སྐབས་སུ་ལོ་མ་བཞག་ནས་བཙུད་འདོན་པ་ཡིན། བསྡུད་མར་བཙུད་འདོན་ཡལ་བཞུར་རྒྱག་པའི་བྱེད་ཐབས་ནི་སྡོང་གཞུང་ནས་སྙེ་འབྲས 4 བཞག་ནས་བཙུད་འདོན་བྱེད་པ་ཡིན། ཡལ་ག་གཙོ་བོའི་མེ་ཏོག་བང་རིམ་དང་པོའི་འོག་རིམ་ནས་རྩེབས་ཡལ 2~3འཛོག་པ་དང་། རྩེབས་ཡལ་རེར་སྙེ་འབྲས 2 རེ་སྨིན་རྗེས་འཚར་སྐྱེ་མཚམས་འཛོག་པ་ཡིན་ལ། ཀྲོ་མ་ཀྲུའི་སྡོང་རྐང་རེ་རེའི་སྟེང་དུ་སྙེ་འབྲས 4~6སྨིན་པ་ཡིན། སྡོང་རྐང་སྐྱེས་སྟོབས་རྒྱས་པའི་སྐབས་སུ་སྡོང་པོ་ལོ་མའི་སྐྱེ་འཚར་རྒྱས་དྲགས་ཚེ། གཞུང་རྐང་སྟེང་གི་ལོ་མ་སེར་པོ་བཅད་ནས། རླུང་རྒྱུག་བྱས་ན་སྙེ་འབྲས་སྨིན་པར་ཕན་ཐོགས་ཆེན་པོ་ཡོད་པ་ཡིན། སྔ་སྨིན་འདེབས་གསོའི་བྱས་པའི་ཀྲོ་མ་ཀྲུ་བཏབ་པ་འཚུབ་ཙིང་སྡུག་པོར་གྱུར་པའི་སྐབས་སུ། འོག་རིམ་གྱི་འབྲས་བུ་སྔ་སྨིན་ཡོང་བར་སྐུལ་འདེད་གཏོང་ཆེད་སྔ་མོ་ནས་ཡལ་གཅོད་བྱེད་དགོས། སྤྱིར་བཏང་དུ་སྙེ་མའི་མེ་ཏོག་གི་འབྲས་བུ་ཐེངས 3~4སྨིན་རྗེས་ཡལ་གཅོད་བྱེད་པ་ཡིན། (རི་མོ 3–4)

རི་མོ 3–4 ཀྲོ་མ་ཀྲུར་ཡལ་བཞུར་རྒྱག་པ།

(ལྔ) མེ་ཏོག་དང་འབྲས་བུ་སྲུང་སྐྱོང་བྱེད་པ།

མཚན་མོའི་དྲོད་ཚད 15℃ལས་དམའ་བ་དང་ཉིན་མོ་དྲོད་ཚད 30℃ ལས་མཐོ་བའི་སྐབས་སུ། མེ་ཏོག་དང་འབྲས་བུ་སར་ལྷུང་སླ་བ་ཡིན། སྤྱིར་བཏང་དུ 2.4 –Dདང་ཐྲན་ཆའི་ལིན་སྦྱོད་རུང་། སྨན་ཆུ་མེ་ཏོག་གི་ཕུ་བ་ཐོག་ཏུ་བྱུགས་པ་ཡིན་ཡང་། སྨན་རྫས་གཞུང་རྟའི་ལོ་མ་དང་ཡལ་ག་ཐོན་སར་འབྱུར་མི་རུང་། དེ་མིན་སྨན་རྫས་ཀྱི་གནོད་འཚེ་བཟོ་ངེས་ཡིན།

ཀྲོ་མ་ཀྲུའི་འདེབས་གསོའི་བརྒྱུད་རིམ་ཁྲོད་དུ། ཆུ་ལུད་དོ་དམ་གྱི་སྐབས་སུ་སྔེ་གཉིས་ཕྲ་བ་དང་དཀྱིལ་གཞུང་ཆེ་བའི་རྩ་དོན་རྒྱུན་འཛིན་དགོས། རྩ་སྤྲོས་བརྒྱབ་རྗེས་ཐན་སྐྱོན་ཚུང་ཆེ་བ་ཡིན་ན། ལུད་རྫས་བཞག་ནས་སྦྱུ་གུ་འབུས་པར་སྐུལ་འདེད་བྱེད་དགོས། མེ་ཏོག་བཞད་ཅིང་འབྲས་བུ་སྨིན་པའི་རྗེར་སོན་དུས། རུལ་བསྒལ་ལངས་པའི་མི་དང་ཕྱུགས་ཟོག་གི་ལུད་རྫས་དང་ནུས་པ་སྦྱར་ཐོན་གྱི་ལིན་རྡོའི་ནྲ་ལུད་འཛུགས་དགོས། དུས་མཐུག་ཏུ་འོས་འཚམ་གྱིས་ཞིང་ལུད་ཅམ་གཏོར་ནས་སྐམ་ཤི་རུ་འགྲོ་བར་སྔོན་འགོག་བྱས་ནས་དུས་མཐུག་གི་ཐོན་ཚད་ཇེ་མང་དུ་གཏོང་དགོས། སྤྱིར་བཏང་རྩ་སྤྲོས་བརྒྱབ་པའི་རྗེས་སུ་ལུད་རྫས་ཐེངས 4~5ལ་གཏོར་འཛུག་བྱས་ན། སྡོང་རྐང་གི་སྐྱེ་འཚར་ལ་དགོས་མཁོ་ཆེ་བའི་

ལུད་རྫས་ཀྱི་རེ་འདོད་སྐོང་ཐུབ། མེ་ཏོག་བཞད་ཅིང་འབྲས་བུ་སྨིན་པའི་ཁོང་རོལ་ཏུ། ཏན་ལུད་ཀྱི་གཏོར་འཛུགས་ལ་ཚོད་འཛིན་བྱེད་འོས། དེ་ལྟར་མ་བྱས་ན། ལྗང་སྨྱུག་གི་ལོ་མ་སྐྱེས་དྲགས་པ་དང་། སྡོག་འགོག་ནུས་པ་ཉམས་ཞན་དུ་འགྱུར་བ་ཡིན་པས། མེ་ཏོག་དང་འབྲས་བུ་སར་ལྷུང་སླ་བ་ཡིན། ལུད་རྒྱག་པའམ་ལུད་རྫས་གཏོར་དུས་ཡལ་འདབ་རྨས་སྐྱོན་མི་བཟོ་བར། དུག་སྨིན་དང་ནད་རིམས་འགོ་བའི་གོ་སྐབས་ཇེ་ཉུང་དུ་གཏོང་བ་དང་། ནད་འབུའི་གནོད་འཚེ་སྔོན་འགོག་བྱེད་དགོས། ཆ་རྐྱེན་འཛོམས་པའི་ཞིང་ལས་དུད་ཁྱིམ་གྱིས་སྡོང་རྐང་གི་རྩ་བ་ལས་གཞན་པའི་ཞིང་ས་ཡོངས་ཁྱབ་ལ་ལུད་རྫས་ཁ་གསབ་བྱས་ཏེ། ས་རྒྱུ་ཇེ་བཟང་ཇེ་ལེགས་སུ་གཏོང་དགོས།

དྲུག་པ། ནད་འབུའི་གནོད་པ་འགོག་བཅོས།

(གཅིག) ཞོག་ཁོག་ཕྱི་རིམས།

ལོ་མ་དང་སྡོང་རྐང་། སྨིན་འབྲས་སོགས་ལ་གནོད་པ་ཡིན། ལོ་མའི་རྩེ་མོ་དང་ལོ་མའི་མཐའ་ནས་མགོ་བཙུགས་ཏེ་བྱུང་བ་དང་། ནད་ཐིག་གི་དབྱིབས་གཟུགས་ཚད་ལྡན་མ་ཡིན་པར་འཁོར་མཐའ་མངོན་གསལ་མེད། ཐོག་མར་ལྗང་ནག་དང་ཆུ་སྙིགས་ཀྱི་དབྱིབས་སུ་གྲུབ་ཅིང་། དེའི་འཕྲོར་ཁམ་མདོག་ཏུ་འགྱུར་བ་ཡིན། ནད་ཐིག་ཇེ་ཆེར་སོང་ནས་ལོ་མ་རྡིལ་བོ་དང་ཡང་ན་ལོ་འདབ་ཀྱི་ཕྱེད་ཀར་ཁྱབ་པ་ཡིན། བརླན་གཤེར་ཆེ་བའི་སྐབས་སུ། ནད་ཅན་དང་ནད་མེད་གཉིས་ཀའི་འབྲེལ་མཚམས་ནི་ཁམ་ནག་གམ་སྨུག་ནག་ཡིན། སྙིང་དབྱིབས་དང་འདྲ་བའི་འཁོར་ལོ་མའི་ཁྲ་རིས་ལྡན་ཞིང་། (ཐུམ་རྡུལ་སྡོད་དང་གདོན་ཁྲིའི་ཐུམ་སྡོད)སྐམ་ཤས་ཆེ་བའི་དུས་སུ། ནད་ཅད་ལོ་འདབ་མགྱོགས་མྱུར་ངང་སྐམ་པ་དང་། གཞུང་རྟ་དང་འབྲས་རྐང་སྟེང་དུ་ནད་ཐིག་ཁམ་ནག་མངོན་ཞིང་ཙུང་ཙམ་ཞོམ་རྗེབ་ཀྱི་དབྱིབས་སུ་གྲུབ་ལ། མཐའ་ཁྱུལ་མངོན་གསལ་དོད་པོ་ཐོན་གྱི

མེད། འབྲས་བུའི་ནད་ཐེག་གི་དབྱིབས་གཟུགས་ཚུལ་ལྡན་མིན། ཁམ་མདོག་དང་སྨུག་ནག་ཏུ་མངོན། སྲིན་རིས་ཀྱི་དབྱིབས་སུ་གྱུར་ནས་ཕྱི་ཕྱོགས་སུ་རྒྱ་བསྐྱེད་བྱེད་པ་ཡིན། བརྟན་གཤེར་ཆེ་བའི་སྐབས་སུ། ནད་ཐེག་སྟེང་དུ་ཐར་ཐོར་གྱི་སུར་དབྱིབས་སུ་གྱུར་པའི་དངོས་པོ་དཀར་པོ་ཞིག་སྐྱེ་བ་ཡིན། ནད་ཅན་སྨིན་འབྲས་ནི་སྲ་ཞིང་མཁྲེགས་ལ། ཐེག་ངོས་རྩུབ་ཤས་ཆེ་ཞིང་འཛམ་པོ་མིན་པར་མངོན། ཀྲོ་མ་ཀྲུའི་ཞོག་ཁོག་ཕྱི་རིམས་སྔོན་འགོག་བྱེད་དུས་རིམས་འགོག་ས་བོན་འདེམ་སྒྱུར་བྱས་ཆོག་པ་དང་། མ་ཀྲུའི་ཁོའོ་རིགས་ལོ་ཏོག་མ་ཡིན་པའི་རིགས་དང་རེས་འདེབས་བྱས་ནས། ནད་མེད་ཅིང་ལྡང་གསོ་སྐྱེད་སྲིང་བྱས་ཏེ་ཞིང་ནང་གི་རླན་ཚད་དུས་ཐོག་ཏུ་ཇེ་དམའ་རུ་གཏོང་དགོས། ནད་ལྡང་མ་ཐག་པའི་དུས་སུ། འདྲེན་ཆུ་འོས་འཚམ་སྣོམས་ཚོད་འཛིན་བྱས་ཐོག རླུང་རྒྱུག་ཏུ་འཇུག་པ་དང་མཁའ་རླུང་གི་བརླན་ཚད་ཇེ་དམའ་རུ་གཏོང་དགོས། 75%སྲིན་ཆིང་རླན་ཟུང་ཕྱེ་རྫས་པའི་ཡི 700དང 25%ཀ་བད་ལིང་རླན་ཟུང་ཕྱེ་རྫས་པའི་ཡི 600 50%ཟངས་རླན་ཟུང་ཕྱེ་རྫས་པའི་ཡི 700གཏོར་འགྲེམ་བྱེད་པ་དང་། ཉིན 5 ~7བར་དུ་གཏོར་འགྲེམ་ཐེངས 1བྱེད་ཅིང་། སྐབས་རེར་གཏོར་འགྲེམ་ཐེངས 2~3བྱེད་པ་ཡིན།

(གཉིས) སྔ་དུས་རིམས་ནད།

ལོ་འདབ་ལ་གནོད་པ་ཡིན། ནད་ཐེག་ཟླུམ་དབྱིབས་ཡིན་པ་དང་། སྒོར་དབྱིབས་དང་ཀུན་ནས་མཚུངས། ཁམ་ནག་གམ་སྨུག་ནག་ཡིན། སྙིང་དབྱིབས་དང་འདྲ་བའི་འཁོར་ལོ་མའི་ཁྲ་རིས་ལྡན་ཞིང་། ཚབས་ཆེ་བའི་སྐབས་སུ་ལོ་མ་སྐམ་འགྲོ་བ་རེད། སྡོང་རྐང་གི་ཡལ་ག་སྐྱེས་སའི་ཁ་དབྲག་གི་གནས་སུ་མངོན་པ་མང་ལ་ཁམ་མདོག་ཡིན། གཟེ་དབྱིབས་དང་འཛོང་དབྱིབས་སུ་གྱུར་ལ་ཀོང་བོའི་ཚུལ་དུ་གནས། ནད་ལྡང་བ་ཚབས་ཆེ་བའི་དུས་སུ། ཡལ་ག་ཆག་ཆད་འབྱུང་བ

ཡིན། སྨིན་འབྲས་སྟེང་གི་ནད་རིམས་ནི་མང་ཆེ་བ་གཞུང་རྐང་གི་ཉེ་འགྲམ་དང་གས་སྲུབས་ཡོད་པའི་གནས་སུ་བྱུང་བ་ཡིན། ནད་ཐིག་ཟླུམ་དབྱིབས་ཡིན་པ་དང་། སྒོར་དབྱིབས་དང་ཀུན་ནས་མཚུངས། ཁམ་ནག་གམ་སྨུག་ནག་ཡིན། སྙིང་དབྱིབས་དང་འདྲ་བའི་འཁོར་ལོ་མའི་ཁྲ་རིས་ལྡན་ཞིང་། ནད་ཐིག་གི་ངོས་སུ་སུར་དབྱིབས་སུ་གྲུབ་པའི་དངོས་པོ་ནག་པོ་ཞིག་མངོན་པ་ཡིན། སྐྱེ་དངོས་ཀྱི་སྟེང་དུ་ནད་ལྡང་རྗེས། ནད་སྟོང་ལྡེ་གནས་ཀྱི་སྦྱུ་གུ་སྐྱོན་ཅན་དེ་ཉིད་འཐོག་པའམ་གཅོད་དགོས། 50%ཐྱི་མའི་ལེ་བརླན་གཤེར་རང་བཞིན་གྱི་ཕྱེ་རྡུལ་པའི་ཡི 2 000དང་། 50%ཡའི་ཅིན་ཉིད་བརླན་གཤེར་རང་བཞིན་གྱི་སྨན་ཕྱེ་པའི་ཡི 1 000 ~1 500དང་། 56%མའི་ཅིན་གྱི་པའི་ཅིན་ཆེན་གོད་ཁའོ་པའི་ཡི 600 (6%མའི་ཅིན་གྱི་དང 50%པའི་ཅིན་ཆེན) 65%ཁྲིང་མའི་བའི་བརླན་གཤེར་རང་བཞིན་གྱི་སྨན་ཕྱེ་པའི་ཡི 1 000~1500སོགས་གཏོར་དགོས།

(གསུམ) སྔོ་སྐམ་ནད་རིམས།

མང་ཆེ་བ་ནི་ཀྲོ་མ་གྲུར་མེ་ཏོག་བཞད་པའི་དུས་སྐབས་སུ་བྱུང་བའི་ནད་རིམས་ཤིག་ཡིན། ནད་སྟོང་གི་ལོ་འདབ་མདོག་སྐྱ་བོར་འགྱུར་བ་དང་། རྙབ་རྙིབ་དབྱིབས་སུ་གྲུབ་པ་ཡིན། མང་ཆེ་བ་སྟོང་རྩེའི་ལོ་འདབ་སྟེང་ནས་མགོ་བཙུགས་ཏེ་བྱུང་བ་ཡིན། ཉིན་གུང་གི་སྐྱ་རྗེས་སུ་ཧ་ཅང་མངོན་གསལ་དོད་པོ་ཡིན་ཞིང་། ས་རུབ་པ་ནས་ནམ་ལངས་པའི་དུས་སྐབས་སུ། ལོ་འདབ་ནི་སླར་གསོས་ནས་རྒྱུན་ལྡན་བཞིན་དུ་འགྱུར་བ་ཡིན། ཉིན་འགའ་འགོར་རྗེས་རྙབ་རྙིབ་རྗེ་དྲག་ཏུ་འགྱུར་བ་དང་། གོང་ནས་འོག་ཏུ་ཁྱབ་པ་ཡིན། མཇུག་མཐར། ལོ་འདབ་སླར་ཡང་རྒྱུན་ལྡན་གྱི་ལོ་མ་ཇི་བཞིན་གསོས་མི་ཐུབ་པར་ཤིང་སྡོང་ཡོངས་ཤི་བ་རེད། ནད་ལྡང་ནས་སྡོང་རྐང་ཤི་བའི་བར་སྐབས་ཀྱི་དུས་ཡུན་ནི་སྤྱིར་བཏང་དུ་ཉིན3~5ཡིན་ལ། གལ་ཏེ་ཆར་པ་ཆེན་པོ་བབས་ནས་བརླན་གཤེར་གྱི་

བཟུང་ཆོ། ཉིན 7 ~10ལ་ནར་འགྱངས་བྱེད་པ་ཡིན། གཞན་ཡང་། ནད་སྟོང་གི་བར་དང་སྨད་རིམ་གྱི་པགས་རིམ་རྫིབ་ཤས་ཆེ་ཞིང་། རྒྱུན་དུ་རིང་ཐུང་མི་འདྲ་བའི་མཛེར་དབྱིབས་འབུར་ཐོན་དང་ངེས་མེད་རྩ་བ་སྐྱེ་བ་ཡིན། སྐབས་འགར་ནད་སྟོང་སྟེང་དུ་སྦུམ་སྦྲངས་པ་ལྟ་བུའི་དབྱིབས་དང་ཁམ་མདོག་མདོན་པར་མ་ཟད་ཚུལ་ལྡན་མིན་པའི་ཁྲ་ཇོག་འབྱུང་། ནད་སྟོང་གི་ཕྲ་ཕུང་ཚུན་ནར་ཁམ་མདོག་ཏུ་འགྱུར་བ་སྟེ། དཔེར་ན། ནད་སྟོང་འཕྲེད་བཅད་ངོས་ལ་ཞིབ་བཤེར་བྱས་ཏེ་བ་ཙོར་གཙོན་ཙུང་ཟད་བྱེད་དུས། བེ་སྣབས་དཀར་པོ(སྲིན་རྣག) བཞུར་དུས་ནད་སྟོང་གི་རྩ་བ་རྒྱུན་ལྡན་དུ་འགྱུར་བ་ཡིན། སྟོང་རྐང་སྟེང་དུ་ནད་ལྡང་རྗེས། 72%སུ་ཟེའི་སྐྱུར་ལེན་མེ་སུའུ་ཞུ་བའི་རང་བཞིན་གྱི་སྨན་བྱེ་བའི་ཡེ 4 000 དང་ཡང་ན་ཀྲི་མེ་སུའུ་གསར་བ་པའི་ཡེ 4 000སྟོང་རྐང་གི་རྩ་བར་དྲངས་དགོས། ཉིན 8~10བར་ནས་སྨན་ཆུ་ཐེངས 1ལ་འདྲེན་པ་དང་། བསྡུད་མར་ཐེངས 2~3ལ་དྲངས་དགོས། སྨན་རྫས་ཀྱིས་འགོག་བཅོས་བྱེད་པའི་ཆབས་ཅིག་ཏུ། འོས་འཚམ་སྐོམ་ལོ་འདབ་སྟེང་དུ་ལུད་རྫས་ཁ་ཤས་གཏོར་ནས། ཀྲོ་མ་ཀྲུའི་སྣར་ཡང་སྐྱེ་ཐུབ་པར་སྐྱུལ་འདེད་གཏོང་དགོས། ཏན་ལུད་ཞུང་གཏོར་བྱས་ཐོག སྐྱེ་ལྡན་ལུད་དང་ལེན་ཙླ་ལུད་མང་གཏོར་བྱས་ནས། སྟོང་རྐང་གི་ནད་འགོག་ནུས་པ་ཇེ་ཆེར་གཏོང་དགོས།

(བཞི) སྐྱེ་དངོས་གནོད་འབུ།

མང་ཆེ་བ་དབྱར་ཁར་འབྱུང་ཞིང་། དེའང་མང་ཆེ་བས་ལོ་མ་གསར་བ་སྟེང་གི་ཁུ་བ་ཁྱུ་ཚོགས་སྐོམ་བརྗེགས་འཛིབ་བྱེད། སྨི་ལོ་ཟགས་ཐོན་བྱས་ཏེ་ལོ་མ་འཁྱུམ་ཞིང་སྒྲིལ་པར་བྱེད་པ་དང་། འཚར་སྐྱེ་མཚམས་འཇོག་པར་མ་ཟད་དུག་ནད་ཀྱང་ཁྱབ་སྤེལ་བྱེད་པ་ཡིན། སྐམ་ཤས་ཆེ་བ་དང་ཆར་ཆུ་ཉུང་ན་སྐྱེ་དངོས་གནོད་འབུ་མི་འབྱུང་བར་ཕན་པ་ཡོད། དུས་ཐོག་ཏུ་ལྦུམ་བུར་ཡུར་མ་ཡུར་ནས

འབུ་ཁུངས་རྗེ་ཞུང་དུ་གཏོང་དགོས། དུས་མཚུངས་སུ་འབུ་གསོད་བྱེད་ཀྱི་བྱང་བུ་སེར་པོ་དཔྱང་ནས་གནོད་འབུ་བསྡུ་གསོད་བྱེད་དགོས། སྨན་རྫས་འགོག་བཅོས་བྱེད་པའི་དུས་སུ། 40%ཤིག་གོ་རྒྱགས་ཅན་གྱི་སྦྲིས་མ་པའི་ཡ 1 000~1 500 འདེམ་སྦྱོད་བྱས་ཆོག ཡང་ན། 50%ཁྲིང་ཡ་བའི་བརྟན་གཤེར་རང་བཞིན་གྱི་ཕྱེ་སྨན་པའི་ཡ 2 000གཏོར་འགྲེམ་བྱེད་དགོས།

(ལྔ) ཕྱེ་དཀར་ཤིག

འབུ་ཏུ་གྲུར་པ་དང་འབུ་ཕྲུག་གིས་ཁྱུ་ཚོགས་བྱས་ནས་གནོད་པ་བྱེད་པར་མ་ཟད། སྦྲང་རྩི་འཕོར་ཆེན་ཟགས་ཐོན་བྱེད། ཚབས་ཆེན་ཡིན་དུས་ལོ་འདབ་དང་སྨིན་འབྲས་སྦྲགས་བཅོག་བཟོས་པའི་ཁར། སུར་བཅོག་ཀྱང་བཟོ་བ་ཡིན།

1.ཞིང་ལས་འགོག་བཅོས། འབུ་མེད་སྦྱུ་གུ་གསོ་སྐྱོང་བྱེད་པ། སྨྱུག་གསོ་མ་བྱས་གོང་ལ་རྡོད་ཁང་ནང་དུ་ཚ་དྲོད་ཐག་པར་བྱས་ཏེ་གནོད་འབུའི་ལྷག་རོ་མེད་པར་བཟོ་དགོས་པ་དང་། ལྷུམ་བུ་དང་སྡོང་པོ་ཆག་རོ་གཙང་སེལ་བྱེད་དགོས། རྡོད་ཁང་གི་རླུང་འགྲོ་སྒོའུ་ཁུང་སྟེང་དུ་འབུ་འགོག་དྲ་བ་ལས་སྟོན་བྱས་ནས་ནད་འབུ་ཕྱི་ནས་ཡོང་བར་སྔོན་འགོག་བྱེད་དགོས། རབ་ཡིན་ན་བསྲེས་འདེབས་མ་བྱས་ན་བཟང་བ་དང་། ལྷག་པར་དུ་རྟོང་ཀྭ་དང་། ཞི་ཧུན་ཧྲི། ཚལ་སྲན་དང་མཉམ་དུ་བསྲེས་འདེབས་བྱེད་མི་རུང་། ཐོན་སྐྱེད་འདེབས་ཞུལ་ལེགས་སྒྲིག་བྱེད་པའང་ནུས་ལྡན་གྱི་བྱེད་ཐབས་ཤིག་ཡིན་ལ། འདེབས་ཞུལ་དང་པོར་ཆེན་ཚལ་དང་སུར་སྟོན་སོགས་ཕྱེ་དཀར་ཤིག་གི་གནོད་པ་ཞུང་བའི་སྟོ་ཚལ་བཀོད་སྒྲིག་བྱེད་དགོས། འདེབས་ཞུལ་གཉིས་པར་རྟོང་ཀྭ་དང་ཀྲུ་མ་ཀྲུ་འདེབས་པ་ཡིན། ལོ་འདབ་རྙིང་བ་འཐོག་གཙོད་བྱས་ཐོག་མེར་སྲེག་དགོས། འབུ་སྲིན་ཆགས་པ་རྣམས་ནི་སྟོང་ཀང་གི་ལོ་འདབ་འོག་རིམ་ལ་ཁྱབ་ཡོད་པས། སློ་ཡུས་མ་ཀྲུའི་སིལ་རིགས

ལ་ཡལ་བཞུར་རྒྱུག་པའི་སྐབས་སུ་འོས་འཚམ་སྙོམས་ལོ་འདབ་རྙིང་པ་རྣམས་འཐོག་གཙོད་བྱེད་དགོས། དེ་དག་ས་འོག་གཏིང་ཟབ་སར་འཇུག་པའམ་ཡང་ན་མེར་བསྲེགས་ནས་རིགས་ཕྱིའི་གྲངས་འབོར་ཇེ་ཉུང་དུ་གཏོང་དགོས།

2. དངོས་ལུགས་འགོག་བཅོས། ཕྱི་དཀར་ཤིག་འབུ་ནི་ཁ་དོག་སེར་པོ་ལ་ཆགས་ཤིང་ཞེན་པས། ལྗོད་ཁང་གི་ནང་དུ་གནོད་འབུ་གསོད་བྱེད་ཀྱི་པང་ལེབ་སེར་པོ་དཔྱང་ནས་གནོད་འབུ་བསྡུ་གསོད་བྱས་ན་ཕན་འབྲས་མངོན་གསལ་དོད་པོ་ཡོད་པ་རེད། (མུའུ་རེའི་སྟེང་དུ་པང་ལེབ 32~34) འབུ་གསོད་པང་ལེབ་སེར་པོ་ནི་བར་གསེང་དང་སྡོང་རྐང་གི་མཐོ་ཚད་དང་མཉམ་པའི་ས་གནས་སུ་འཛུགས་པ་ཡིན།

3.སྨན་རྫས་འགོག་བཅོས། རྒྱབ་ཏུ་འཁུར་ཚོག་པའི་དུ་འཐོན་འཕྲུལ་ཆས་དང 3MF–3རྒྱབ་ཁུར་འཛུགས་སྐྱོང་མཁོ་མང་འཕྲུལ་ཆས་སྤྱད་ནས། 1%ཞུག་ཆེན་ཙའོ་ཀྲི་དང་ཡང་ན 2.5%མའོ་ཙའོ་ཀྲིའི་སྐུམ་ཕྱེ་དུམ་བུ་སྨུག་འགྱུར་བྱས་ནས་ལྷེ་སྨི 0.5~5 ཡི་སྨུག་ཐིགས་སུ་སྒྱུར་ཏེ། མཁའ་རླུང་ནང་དུ་དཔྱང་གཡེང་བྱས་ནས་གནོད་འབུ་གསོད་པ་ཡིན། ཡང་ན། 25%ཙོན་ལིན་མཚོང(ཕའོ་རྀ་ལིན)བརླན་གཤེར་རང་བཞིན་གྱི་ཕྱེ་སྨན་དང་ལིན་ཕུན་ཙའོ་ཀྲི(སྐར་མ་གནམ་རྒྱལ)བསྲེས་ནས་གཏོར་འགྲེམ་ཐེངས 2བྱེད་དགོས། ཡང་ན 2.5%ཞུག་ཆེན་ཙའོ་ཀྲི་དང 20%ཆེན་མའོ་ཙའོ་ཀྲིའི་སྦྲིས་མ་པའི་ཡ 2 000བར་ཚོད་ཉིན6~7ལ་ཐེངས 1རེར་གཏོར་འགྲེམ་དང་། བསྡུད་མར་གཏོར་གྲངས་ཐེངས 3ཡིན། ཡང་ན་ཐཱ་ཇི་ཁེ་མན་འབུ(མའེ་མན་སྨུན)བརླན་གཤེར་ཕྱེ་སྨན་པའི་ཡ 1 500 དང 25% སན་ཀྲུལ་ཁིལ་ཆེན་ཏུས་ཀྲི(དྲག་རྩལ)གཤེར་སྦྲིས་པའི་ཡ3 000དེ་བཞིན་ལིན་ཕུན་ཏུས་ཀྲི 0.8~2.0ཁི/མུའུ་སྤྱོད་དགོས། སྨན་བརྟེན་ནས་ཉིན 1འགོར་རྗེས། སྡོན་འགོག་ཕན་འབྲས 99.0%ཡན་ཟིན་གྱིན་ཡོད།

(དྲུག) སྦྲང་ནག་ཁྲ་བོ།

སྟོང་ཁང་གི་ལྷག་རོ་དུས་ཐོག་ཏུ་གཙང་སེལ་བྱས་ཏེ་འབུ་ཁྱུངས་ཀྱི…………གྲངས་འཕོར་རྗེ་ཉུང་དུ་གཏོང་བ་དང་། སྐྱུར་རྩིའི་གཤེར་ཁུ་སྦྱད་དེ་གནོད་འབུ…བསླུ་གསོད་བྱས་ཆོག ཞིང་ནང་དུ་འབུ་སྨུག་ལྡང་བ་ཤེས་དུས། 0.9%ཨ་ཞེར་སྦྱིན་རྒྱུ་ཐྲིམས་མ་པའི་ལེ 3 000དང་ཡང་ན 15%ཏ་མན་ཞིང་ཐྲིམས་མ་པའི་ལེ 2 500~3 500སྦྱིད་ནས་འགོག་བཅོས་བྱེད་དགོས་སོ། །

བདུན་པ། འཚོལ་བསྡུ།

ཁྲ་མ་ཀྲུ་ནི་སྨིན་གས་འབྲས་བུ་ཐོན་རྫས་ཡིན་པའི་སྔོ་ཚལ་ཞིག་ཡིན། ཤིང་འབྲས་སྨིན་པའི་དུས་རིམ་ནི། ལྗང་སྨིན་དུས་སྐབས་དང་མདོག་འགྱུར་དུས་སྐབས། སྨིན་གས་དུས་སྐབས། ཡོངས་སྨིན་དུས་སྐབས་བཅས་རིམ་པ 4ཡོད། འབྲས་སྨིན་དུས་སྐབས་གང་གི་སྐབས་སུ་འཚོལ་བསྡུ་བྱེད་དུས། སྐྱེལ་འདྲེན་གྱི་ཆ་རྐྱེན་ལ་གཞིགས་ནས་ཐག་གཅོད་བྱེད་དགོས། འབྲས་བུ་ཡོངས་སུ་སྨིན་པའམ་དམར་པོ་མཉེན་འགྱུར་གྱི་སྐབས་སུ་ཚ་ལུ་མར་ཀ་རའི་བཅུད་མཐོ་ཤོས་ཡིན་པས། ཚྭང་བཟོ་ལས་སྟོན་དང་སོན་འཛོག་གི་ཐོག་བསྡུ་བྱེད་པའི་དུས་སྐབས་ཡིན། (རི་མོ 3–5)

རི་མོ 3–5 ཁྲ་མ་ཀྲུ་འཚོལ་བསྡུ་བྱེད་པ།

ལེའུ་བཞི་པ། སུར་པན།

དང་པོ། འཚོ་བཅུད་ཀྱི་རིན་ཐང་།

སུར་པན་གྱི་འབྲས་བུའི་ཤུན་པགས་ནང་དུ་སུར་པན་གྱི་རྒྱུ་ཡོད་པས། ཡི་ག་ཛེ་ལེགས་སུ་གཏོང་ཐུབ་པར་མ་ཟད། སྙིང་ནད་ལ་སོགས་པའི་གཙོང་ནད་འབྱུང་བའི་ཉེན་ཁ་ཇེ་དམའ་རུ་གཏོང་ཐུབ། ཕོ་སྐྲུར་ཟགས་ཐོན་ཚོད་འགོག་བྱེད་ཅིང་། བུལ་གཉིས་ཀྱི་འབྱར་ཁུའི་ཟགས་ཐོན་ལ་ཟུག་གཟེར་སློང་བས། ཕོ་བ་རུལ་འགྱུར་ནད་རིམས་སྔོན་འགོག་དང་གསོ་བཅོས་བྱེད་པར་ཕན་པ་ཡོད། སུར་པན་ཁྲོད་ཀྱི་འཚོ་བཅུད C ཡི་འདུས་ཚད་ནི་སྟོ་ཚལ་ཁྲོད་དུ་ཨང་དང་པོར་སླེབས་ཡོད་ཅིང་། དེའི་འཁོར་ད་དུང་འཚོ་བཅུད B དང་ཀྲུང་ལ་ཕུག་རྫུ། དེ་བཞིན་ལྕགས་དང་ཀལ་སོགས་གཏེར་རྫུའི་གཞི་རྫུ་འདུས་ཚད་ཀྱང་ཅུང་མཐོ་བ་རེད། ཀྲུང་ལུགས་གསོ་རིག་གི་ལྟ་བ་ལྟར་ན། ཚ་གཉིས་ཕྱིར་འགྲེམ། ཚ་བ་གྲོལ་བ། སྟོ་བ་མ་འཇུ་བར་ཡི་ག་འཕྱེད་པ། ཡི་ག་ཕྱེ་བ། གྲང་ངར་ཕྱིར་འགྲེམ་དང་བརླན་གཤེར་སེལ་བ་སོགས་ཀྱི་ནུས་པ་མི་དམན་པ་ལྡན། སྐྲ་རྨེན་འཕེལ་ནད་དང་མཁལ་ཚད། དལ་གཉིས་ཕོ་རྒྱུའི་ན་ཚ། གཞང་འབྲུམ། མཆིན་ཚད་གཙོང་ནད་སོགས་བྱུང་ཡོད་པའི་ནད་པའི་སུར་པན་བཟའ་མི་རུང་།

གཉིས་པ། ཁོར་ཡུག་གི་ལྷང་བྱ།

སུར་པན་ནི་ཏྲོད་ལ་ཆགས་ཤིང་ཐན་པ་ཐེག་ཐུབ་པ། ཞོད་སྐྱིན་ལ་སྐྲག་

པ། འོད་ལ་དགའ་ཞིང་འོད་ཞན་བཟོད་ཐུབ་པའི་སྔོ་ཚལ་ཞིག་ཡིན། ཐོན་སྐྱེད་ལག་ལེན་ཁྲོད་དུ་ངེས་པར་དུ་སྲུར་པན་ལ་ཤུགས་རྐྱེན་ཐེབས་སྲིད་པའི་རྒྱུ་རྐྱེན་སྣ་ཚོགས་ལ་ཕྱོགས་བསྡུས་སྙོམས་བསམ་གཞིགས་བྱས་ཏེ། སྲུར་པན་གྱི་འཚར་སྐྱེ་ཁོར་ཡུག་ལ་ཆ་རྐྱེན་བཟང་པོ་ཞིག་སྒྲུབ་དགོས།

(གཅིག) དྲོད་ཚད།

སྲུར་པན་ནི་དྲོད་ལ་དགའ་ཞིང་ཆགས་པའི་སྔོ་ཚལ་ཞིག་ཡིན། ས་བོན་གྱི་སྨྱུ་གུ་འབུས་པར་འཕྲོད་པའི་དྲོད་ཚད་ནི 25~30℃ཡིན། དྲོད་ཚད 35℃ལས་མཐོ་བའམ 10℃ལས་དམའ་བའི་དུས་སུ་སྨྱུ་གུ་འབུས་པར་གནོད་པ་ཡོད་པར་མ་ཟད་སྨྱུ་གུ་འབུས་མི་ཐུབ་པ་ཡིན། སྨྱུ་གུ་འབུས་དུས་ཀྱི་ཉིན་མོའི་དྲོད་ཚད 30℃ཡིན་པའི་སྐབས་སུ། སྨྱུ་གུའི་འབུས་ཡུན་དང་སྨྱུ་གུའི་འཚར་སྐྱེ་ཇེ་མགྱོགས་སུ་གཏོང་བ་ཡིན། དགོང་མོའི་ཆེས་དམའ་བའི་དྲོད་ཚད 15~20℃རྒྱུན་སྲུང་ཡིན་པའི་སྐབས་སུ། སྨྱུ་གུའི་ལོ་མ་སྐྱེས་དྲགས་པའི་གནོད་པ་འགོག་བཅོས་བྱེད་ཐུབ། སྲུར་པན་འཚར་སྐྱེ་ཡོང་དུས་ཀྱི་འཕྲོད་འཚམ་དྲོད་ཚད་ནི་ཉིན་མོར 20~30℃དང་། དགོང་མོ16~20℃ཡིན། དྲོད་ཚད 15℃ལས་དམའ་བའི་སྐབས་སུ་སྡོང་རྐང་འཚར་སྐྱེ་འམ་འཚར་ལོངས་ལ་འགོག་ཤུགས་ཐེབས་ཤིང་། དྲོད་ཚད 5℃ལས་དམའ་བའི་སྐབས་སུ་སྡོང་རྐང་ལ་གྲང་སྐྱོན་ཐོག་སླ་བས་འཆི་བར་འགྱུར། ཟེའུ་འབྲུ་སེབ་སྦྱོར་དང་འབྲུ་རྡོག་ཆགས་པའི་དུས་སུ་དྲོད་ཚད 20~25℃ཡིན་ན་སྲུར་པན་གྱི་འཚར་སྐྱེ་ལ་འཚམ་ཞིང་འཕྲོད་པ་དང་། དྲོད་ཚད 10℃ལས་དམའ་བའི་དུས་སུ་ཟེའུ་འབྲུར་སེབ་སྦྱོར་བྱེད་དཀའ་བར་མ་ཟད། མེ་ཏོག་དང་སྨིན་འབྲས་སར་ལྷུང་སླ་བ་ཡིན། དྲོད་ཚད 35℃ལས་མཐོ་བའི་སྐབས་སུ་མེ་ཏོག་སར་ལྷུང་བ་དང་སྨིན་འབྲས་སྐམ་ཉེད་དུ་འགྲོ་བ་ཡིན། འབྲས་བུར་སྐྱེ་འཕེལ་ཡོང་དུས་དང་མདོག་བསྒྱུར་བའི་སྐབས་སུ། དྲོད་ཚད 25℃ཡན་ཟིན་

དགོས།

(གཉིས) འོད་འཕྲོ་ཚད།

སུར་པན་ནི་འོད་ཟེར་ལ་འཕྲོད་ཤུགས་ཆེ་བ་དང་། ཉི་མའི་འོད་ཟེར་འདང་ངེས་ཤིག་མཁོ་འདོན་བྱེད་དགོས་པའི་དུས་མཚུངས་སུ་འོད་འཕྲོ་དུས་ཡུན་ལ་ཚོར་བ་སྐྱེན་པོ་མིན། འོན་ཀྱང་སྔོ་ཚལ་གཞན་དག་དང་བསྡུར་ན་འོད་ཞན་བཟོད་ཐུབ་པ་ཡིན། མྱུ་གུ་ཐོག་མར་འབུས་དུས་ཉི་ཟེར་ཆེན་པོ་ཕོག་མི་ནུས་ཤིང་ལྗང་མྱུག་འཚར་སྐྱེའི་དུས་སུ་ཐུང་ལེགས་པའི་ཉི་འོད་འཕྲོ་ཆེ་བའི་ཆ་རྐྱེན་ལྡན་དགོས། ཉི་འོད་འཕྲོ་ཆེ་བའི་ཆ་རྐྱེན་ཚང་བ་ནི་ལྗང་མྱུག་གསོ་འདེབས་བྱེད་པའི་དགོས་ངེས་ཀྱི་སྣང་བྱ་ཡིན། འོད་ཟེར་འདང་ངེས་ཆེན་ལྗང་མྱུག་གི་ཚོགས་པར་ཐུང་བ་དང་། གཞུང་རྟ་སྦོམ་ཞིང་ཆེ་ལ་ལོ་མའི་ཇམས་མཐུག་པ། ཁ་དོག་ལྗང་མདོག་ཏུ་གྱུར་པ། རྩ་བ་རྒྱས་པ། གཉན་འགོག་རང་བཞིན་ཆེ་བ། ནད་རིམས་འབྱུང་དཀའ་བ་བཅས་ཀྱི་ཁྱད་ཆོས་ལྡན། སྡོང་རྐང་གྲུབ་པའི་དུས་སུ། འོད་ཕོག་ཚད་འདང་ངེས་ཤིག་ཡོད་ན། སུར་པན་གྱི་ལོ་འདབ་རྒྱས་པ་དང་། རྐང་ཡུ་སྦོམ་ཞིང་ཆེ་ལ་ལོ་འདབ་ཆེ་བ། ལོ་མ་མཐུག་པ། མེ་ཏོག་བཞད་གྲངས་དང་འབྲས་བུ་སྨིན་གྲངས་མང་བ། སྨིན་འབྲས་ཀྱི་འཚར་སྐྱེ་ལེགས་པ། ཐོན་ཚད་འཕེལ་བ་སོགས་ལ་སྐུལ་འདེད་རང་བཞིན་གྱི་ནུས་པ་ཐོན་ཐུབ། མེ་ཏོག་བཞད་པ་དང་འབྲས་བུ་སྨིན་པའི་དུས་སུ་འདང་ངེས་ཆེ་བའི་འོད་ཟེར་ཞིག་ཡོད་ན། མེ་ཏོག་འཚར་སྐྱེ་འབྱུང་བར་ཕན་ཞིང་། དེ་ལྟར་མ་བྱས་ན་མེ་ཏོག་སར་ཟགས་པར་མ་ཟད་ཤིང་ཏོག་གི་འབྲས་བུའང་སར་ཟགས་ངེས་ཡིན།

(གསུམ) རླན་ཚད།

སུར་པན་གྱིས་ཐན་སྐམ་མི་ཐུབ་ལ་ཞོད་སྐྱོན་ཡང་བཟོད་མི་ཐུབ། རྩ་ལག་ཕྲ་ཞིང་འཛིབ་ལེན་ནུས་པ་ཞན་པའི་དབང་གིས། ས་རྒྱུ་ངེས་པར་དུ་བརྟན

གཉེར་སོབ་སོབ་ཡིན་དགོས་ཤིང་། ས་གཤིན་གྱི་བརྫོས་བཅས་རང་བཞིན་གྱི་ཆུ་འདུས་ཚད 80%ཡས་མས་ཡིན་དགོས། མཁའ་རླུང་གི་བརྫོས་བཅས་ཀྱི་རླན་ཚད 70%~80%ཡིན་པའི་སྐབས་སུ། སྲུར་པད་ཀྱི་འཚར་སྐྱེ་ལ་ཕན་པ་ཆེན་པོ་ཡོད། གལ་ཏེ་ས་རྒྱུའི་རླན་ཚད་མཐོ་དྲགས་ན་རྩ་ལག་གི་འཚར་སྐྱེ་ལ་ཤུགས་རྐྱེན་འབྱུང་བར་མ་ཟད། མཁའ་རླུང་གི་རླན་ཚད་མཐོ་དྲགས་ན་ཟེའུ་འབྲུ་སྡེབ་སྦྱོར་ལ་གནོད་པ་དང་གཞན་པའི་ནད་རིམས་ཀྱང་འདྲེན་པ་ཡིན། སྲུར་པད་ཀྱི་འཚར་སྐྱེ་དུས་རིམ་སོ་སོའི་ཆུའི་མཁོ་ཚད་མི་འདྲ་སྟེ། ས་བོན་གྱི་སྨྱུ་གུ་འབུས་དུས་ཆུ་མང་དུ་འཛིབ་ན་ད་གཟོད་གཞི་ནས་རྒྱུན་ལྡན་ལྟར་སྨྱུ་གུ་འབུས་པ་དང་། སྤྱིར་བཏང་དུ་ས་བོན་དུས་ཚོད 6~8ལ་སྦངས་ནས་སྨྱུ་གུ་འབུས་སུ་འཇུག་དགོས། སྲུར་པད་ཀྱི་སྨྱུ་གུའི་ཆུ་གསོག་གྲངས་འཕོར་ཙུང་ཙུང་བ་དང་། ས་རྒྱུའི་རླན་ཚད་ཆེ་དྲགས་ན་རྩ་ལག་དང་སྡོང་རྐང་གི་འཚར་སྐྱེ་ལ་གནོད་པ་ཆེ་ལ། གནོད་འགོག་རང་བཞིན་ཞན་པ་ཡིན། རྩ་སྦྱོར་བརྒྱབ་པའི་རྗེས་སུ། སྲུར་པད་ཀྱི་འཚར་སྐྱེ་སྨྱུར་ཚད་ཇེ་མགྱོགས་སུ་སོང་བ་དང་བསྟུན་ནས་ཆུ་གསོག་པའི་གྲངས་འཕོར་ཡང་རིམ་བཞིན་ཡར་འཕར་བ་ཡིན་པས། འཚར་སྐྱེའི་དགོས་མཁོ་དང་བསྟུན་ནས་ཆུ་འདྲེན་དགོས། འོན་ཀྱང་ཆུ་འདྲེན་ཚད་ལ་འོས་འཚམ་གྱིས་ཚོད་འཛིན་བྱས་ནས་རྩ་ལག་གི་འཚར་སྐྱེ་ལ་སྐུལ་འདེད་གཏོང་བ་ཡིན། དུས་མཚུངས་སུ་སྡོང་རྐང་གི་ལོ་མ་སྐྱེས་དྲགས་པའི་གནས་ཚུལ་ལ་ཚོད་འཛིན་བྱེད་དགོས། མེ་ཏོག་ཐོག་མར་བཞད་པའི་སྐབས་སུ་ཆུ་མང་འདྲེན་བྱས་ཏེ་མེ་ཏོག་བཞད་པ་དང་ཡལ་ལག་རྒྱས་པའི་དགོས་མཁོ་སྐོང་དགོས། འབྲས་བུ་སྨིན་པའི་དུས་སྐབས་ཀྱི་ཆུའི་དགོས་མཁོ་སྔར་བས་ཆེ་ལ། དེ་མིན་འབྲས་བུ་ཆེར་སྐྱོས་ཀྱི་དུས་ཡུན་ལ་དལ་འགོར་ཡོད་པ་དང་། སྨིན་འབྲས་ལ་གཉེར་སྐྱུམ་འབྱུང་བ། ཆོས་མདངས་མི་ཡག་པ། དབྱིབས་གཟུགས་མི་ལེགས་པ་སོགས་ཀྱི་གནས་ཚུལ་ཡང་བྱུང་བ་ཡིན། འོན

ཀྱང་ཆུ་མཁོ་འདོན་བྱས་ཚད་མང་དྲགས་ན་ཡང་། མེ་ཏོག་དང་འབྲས་བུ་སར་ཟགས་པ་དང་སྨིན་འབྲས་ཉུལ་བ་ཡིན། དེར་བརྟེན། སྲུར་པན་འདེབས་གསོའི་དུས་སྐབས་མི་འདྲ་བར་གཞིགས་ནས་འོས་འཚམ་གྱིས་ཆུའི་མཁོ་སྤྲོད་ཚད་དང་རན་པ་ཞིག་བྱེད་དགོས་ལ། ཆུ་གཏོང་བ་དང་ཆུ་འདོན་པའང་སྟབས་བདེ་ཡིན་དགོས།

(བཞི) ས་རྒྱུའི་འཚོ་བཅུད།

སྲུར་པན་ནི་ས་ཞིང་ལ་བླང་བྱ་ནན་པོ་མེད་པ་དང་། སྤྱིར་བཏང་གི་བྱེ་ས་དང་ས་སྨུག་སོགས་ཀྱི་སྟེང་དུ་འདེབས་འཛུགས་བྱས་ཀྱང་ཆོག་མོད། ཆུ་ལུད་གཉིས་ཀ་འཛོམས་ཤིང་ས་གཤིན་སོབ་སོབ་ཡིན་པ། ཆུ་འབུད་ལེགས་པའི་བྱེ་ས་ཡིན་ན་རབ་ཡིན། ས་རྒྱུ་གཤིན་པོ་ཡིན་ན་སྨུ་གུ་འབུས་སླ་བ་དང་འཚར་སྐྱེ་མྱུར་བ་ཡིན། སྲུར་པན་གྱི་ཏན་ལིན་ཐྭ་བསྐྱུ་ལིན་འཕོར་ཆེན་བྱེད་པ་ལས་གཞན་དུ་དུང་ཀལ་དང་མེག་ལྷུགས། ལྷུགས་སོགས་ཚད་ཉུང་གཞི་རྒྱུ་རྫས་མང་བསྐྱུ་ལིན་བྱེད་པ་ཡིན། སྲུར་པན་འཚར་སྐྱེའི་བརྒྱུད་རིམ་ཁྲོད་དུ། ཏན་མཁོ་ཚད་མང་ཤོས་ཡིན་ལ། དེ་འཕྲོར་ཐྭ་དང་ལིན་ནི་ཉུང་ཤོས་ཡིན། ཏན་ལུད་ཉུང་ན་སྡོང་རྐང་གི་གཟུགས་ཆུང་བ་དང་ལོ་མ་ཆུང་ཞིང་། ཡལ་ག་ཇེ་ཉུང་དུ་འགྲོ་བར་མ་ཟད། འབྲས་བུའང་ཤིན་ཏུ་ཕྲ་བ་རེད། ལིན་ལུད་ཀྱིས་སྲུར་པན་གྱི་རྩ་ལག་འཚར་སྐྱེ་ལ་སྐུལ་འདེད་གཏོང་བ་ཡིན། ཐྭ་ལུད་ཀྱིས་སྲུར་པན་གྱི་གཞུང་རྐང་གསོན་ཤུགས་དང་འབྲས་བུ་ཆེ་རུ་འཕེལ་བར་སྐུལ་འདེད་བྱེད་པ་ཡིན། སྲུར་པན་གྱི་སྨུ་གུ་འབུས་པའི་དུས་སུ་ལུད་རྫས་ཀྱི་དགོས་མཁོ་ཅུང་ཟད་ཉུང་བ་དང་། འོས་འཚམ་གྱིས་ཏན་ལུད་མང་ཙམ་གཏོར་བས་ཆོག ཨིན་ཀྱང་འཚོ་བཅུད་ཀྱི་དགོས་མཁོ་དོ་སྙོམ་གྱི་པར་བྱས་ནས་ལུད་རྒྱག་དགོས། དེ་ལྟར་མ་བྱས་ན་མེ་ཏོག་གི་ཟེའུ་འབྲུ་ཁ་འབྱེད་པར་འགོག་ཤུགས་ཐེབས་ཤིང་། མེ་ཏོག་བཞད་ཡུན་ཕྱིར་འགྱངས་དང་། མེ་ཏོག

བཞད་གྲངས་ཉུང་འཕྲིར་འགྲོ་བ་ཡིན། མེ་ཏོག་བཞད་མ་ཐག་པའི་དུས་སུ་ཞིན་ཙྭའི་ལུད་རྫས་མང་ཙམ་གཏོར་ན། རྩ་ལག་འཚར་སྐྱེ་ཡོང་བར་སྐྱུལ་འདེད་དང་ནད་འགོག་གི་ནུས་པ་མཐོ་རུ་གཏོང་ཐུབ། གཞན་ཡང་། སུར་པན་འཚར་སྐྱེའི་དུས་མཇུག་དང་འབྲས་བུ་བཏུས་རྗེས་དགོས་མཁོར་དམིགས་ཏེ་ལུད་རྫས་ཐེངས 1གཏོར་དགོས། ཆུ་འདྲེན་པ་དང་ཟུང་འབྲེལ་གྱིས་སྟེང་ལུད་བཞག་ཆོག (ཏན:ཞིན:ཙྭ =2:1:2) འབྲས་བུ་སྨིན་པ་དང་བསྡུ་ལེན་བྱས་རྗེས། 0.3%ཞིན་སྦྱར་ཆིང་གཉིས་ཙྭ་དང་ཡང་ན 1%ཀའོ་ཞིན་སྦྱར་ཀལ་གཏོར་དགོས། ཉིན 7~10བར་ནས་ཐེངས 1ལ་གཏོར་ཞིང་། བསྡུད་མར་ཐེངས 2~23ལ་གཏོར་ན་སྨིན་འབྲས་ཀྱི་ལྷིད་ཚད་རྒྱང་མ་དང་གཤིས་སྤུས་ཇེ་མཐོར་གཏོང་བ་ཡིན།

གསུམ་པ། འདེབས་འཛུགས་ཀྱི་བཀོད་སྒྲིག

སུར་པན་གྱི་དགུན་སོག་ནི་སྤྱིར་བཏང་དུ་ཟླ 8པར་སོན་འདེབས་དང་ལྟང་བུ་གསོ་བ་ཡིན། ཟླ 10བར་རྩ་སྦྱོས་རྒྱག་པ་དང་ཟླ 12ནང་དུ་བསྡུ་ལེན་བྱས་ཏེ། ཟླ 3པར་བསྡུ་ལེན་གྱི་མཇུག་སྒྲིལ་དགོས། དགུན་དཔྱིད་ཀྱི་སོག་ཤུག་ནི་ཟླ 10པར་སོན་འདེབས་དང་ལྟང་བུ་གསོ་བ་ཡིན། ཟླ 2པར་རྩ་སྦྱོས་རྒྱག་པ་དང་ཟླ 3ནང་དུ་བསྡུ་ལེན་བྱས་ཏེ། ཟླ 6པར་བསྡུ་ལེན་མཇུག་སྒྲིལ་དགོས། དགུན་སྟོན་གྱི་སོག་ཤུལ་ནི་ཟླ 7པར་སོན་འདེབས་དང་ལྟང་བུ་གསོ་བ་ཡིན། ཟླ 9བར་རྩ་སྦྱོས་རྒྱག་པ་དང་ཟླ 10ནང་དུ་བསྡུ་ལེན་བྱས་ཏེ། ཟླ 1པར་བསྡུ་ལེན་གྱི་མཇུག་སྒྲིལ་དགོས།

བཞི་པ། ས་བོན་གདམ་ག

ལུང་སུར་པན 6 ཐེ་སྨིན་གྱི་རིགས་སུ་གཏོགས་པའི་སྔོ་ཚལ་ཞིག་ཡིན། སྐྱེ་སྟོབས་ཀྱི་མགྱོགས་མྱུར་འབྲིང་ཙམ་ཡིན་ལ། སྡོང་ཁང་གཅིག་གི་སྟེང་དུ་སྨིན་པའི་འབྲས་བུའི་གྲངས་ཀ་ནི 32.3ཡིན། འབྲས་བུའི་དབྱིབས་གཟུགས་ནི་ལུག

གི་རྣ་ཅོ་དང་ཀུན་ནས་མཚུངས། སྨིན་འབྲས་གཅིག་གི་ལྗིད་ཚད་ནི་ཁེ 35 ~40 བར་ཡིན་ཞིང་། རིང་ཐུང་ལ་ལི་སྨི 22ཡོད། ཤུན་པགས་ལྗང་ཁུ་ཡིན་པ་དང་། འབྲས་བུའི་ཕྱི་ངོས་གཉེར་ཞིང་སྐྱུམ་པ། ཁ་ཙུང་ཙམ་ཚ་ལ་རྒྱུ་སྲུས་ལེགས་པ་ཡིན། ཏྲོད་ཚད་དམའ་མོ་ཐུབ་ཅིང་རིམས་ནད་བཟོད་ཐུབ། ལུང་སུར་པན་གྱི་ཆ་སྙོམ་མུའུ་རེའི་ཐོན་ཚད་སྤྱི་ཀྲེ 4 000ཡིན།

པན་ཐན N86 སྔ་སྨིན་གྱི་རིགས་སུ་གཏོགས་པའི་སྔོ་ཚལ་ཞིག་ཡིན། སྨིན་འབྲས་ཆེ་ཞིང་སྦོམ་ལ། དབྱིབས་གཟུགས་ནི་ལུག་གི་རྣ་ཅོ་དང་མཚུངས། སྨིན་འབྲས་ཀྱི་རིང་ཐུང་ལ་ལི་སྨི 28~36ཡོད། ཁ་དོག་ལྗང་སྐྱ་འོད་མདངས་བཀྲ་བ། འབྲས་བུ་མང་ཆེ་བར་སྙིང་ཁོག་གསུམ་ཡོད། དྲང་གཟུགས་ལས་ཡ་མ་གཟུགས་ཅན་མེད། མགོ་ཕྲག་ནས་གས་རིས་མེད་པ་དང་། ཁ་ཚ་ཚད་འཚམ་ཞིང་འཕྲོད་པས་ལས་སྔོན་དང་སོས་བཟའ་བྱས་ཆོག ཐའོ་ཏན་དུག་ནད་དང་འགོས་ནད་སྔོན་འགོག་བྱེད་ཐུབ།

གྲོ་ཚང་སུར་པན་རིང་པོ། བར་སྨིན་གྱི་རིགས་སུ་གཏོགས་པའི་སྔོ་ཚལ་ཞིག་ཡིན། གཡག་རྣའི་དབྱིབས་སུ་གྲུབ། འབྲས་བུ་རིང་ཐུང་ལ་ལི་སྨི 24ཡོད། ཕྱི་ངོས་ལུང་ཤུར་དང་འདྲ་བར་གཉེར་ཞིང་འཁྱུམ་པ། འབྲས་བུ་ལྗང་མདོག་དང་ཚོས་མགོ་དམར་ནག་ཡིན། ཟ་ཚོག་ཉིང་བཙུད་ཕྲ་ཞིང་མཐུག རྒྱུ་སྲུས་ལེགས། ཁ་ཚ་ཚད་འཚམ་པ་སོགས་ཀྱི་ཁྱད་ཆོས་ཡོད། སྨིན་འབྲས་རྐྱང་མའི་ལྗིད་ཚད་ཁེ 150ཡོད། སྨིན་འབྲས་རྐྱང་མ་ཆེ་ཤོས་ཀྱི་ལྗིད་ཚད་ཁེ 350ཡོད། སྡོང་རྐང་གི་མཐོ་ཚད་ལི་སྨི 90ཡིན་ལ་སྐྱེ་སྟོབས་འབྲིང་ཙམ་ཡིན། མུའུ་རེའི་ཐོན་ཚད་སྤྱི་ཀྲེ 4 000 ~4 500ཡིན། ནད་དུག་དང་ས་ནད་འགོག་ཐུབ། གྲང་ངར་འགོག་པ་དང་ཚ་བ་ཐུབ། གསོག་འཇོག་བཟོད་པའོ། །

ཡ་རྫིའི་སུར་པན། ཚད་མེད་སྐྱེ་རིགས་ཤིག་ཡིན། སྡོང་རྐང་གི་མཐོ་ཚད

ལ་ལི་སྨི 70~100ཡོད། སྡོང་རྐང་རྒྱང་མའི་སྨིན་འབྲས་ཀྱི་གྲངས་ཚད 30~40ཡོད། སྨིན་འབྲས་ཀྱི་རིང་ཐུང་ལ་ལི་སྨི 20~25ཡོད། འབྲས་བུའི་རྩེ་མོ་མར་གུག་ཡོད་པ་དང་། ཁ་དོག་ལྗང་ནག་ཡིན་ལ་དུང་དཀར་གྱི་དབྱིབས་སུ་གྲུབ། ལྷེབ་རྩེས་ཡོད། སྨིན་ལེགས་འབྲས་བུའི་ཁ་དོག་དམར་རྒྱང་ཡིན། དུག་འགོག་རང་བཞིན་ལེགས་ཤིང་བསྟུད་མར་འབྲས་བུ་སྨིན་པའི་རང་བཞིན་བཟང་། མུའུ་རེའི་ཐོན་ཚད་སྤྱི་རྒྱ 1 300ཡན་ཟིན་གྱི་ཡོད།

ཀན་སུར་གཉིས་པ། བར་སྐྱ་སྨིན་གྱི་རིགས་སུ་གཏོགས་པའི་སྔོ་ཚལ་ཞིག་ཡིན། སྐྱེ་སྟོབས་རྒྱས། སྨིན་འབྲས་ལུག་གི་རྭ་ཅོའི་དབྱིབས་སུ་གྲུབ། ལྗང་མདོག་ཡིན། ཕྱི་ངོས་ལྷེབ་གཉེར་ཅན། ཁ་ཚ་པོ། རྒྱ་སྐྱུས་བཟང་། ཚོང་ཟོག་རང་བཞིན་ཏ་ཅང་བཟང་། སྨིན་འབྲས་ཀྱི་རིང་ཐུང་ལ་ལི་སྨི 30~40ཡོད། སྨིན་འབྲས་རྒྱང་མའི་ལྗིད་ཚད་ཀྱིས་ཁེ 40ཡས་མས་ཟིན་གྱི་ཡོད། ནད་དུག་འགོག་ཅིང་ཐུབ། འོད་ཞན་དང་དྲོད་ཚད་དམའ་བའང་བཟོད་ཐུབ། མུའུ་རེའི་ཐོན་ཚད་སྤྱི་རྒྱ 4 500ཡས་མས་ཡིན། ཡངས་ས་དང་དྲོད་ཁང་ཆེན་མོ། ཉི་འོད་དྲོད་ཁང་སོགས་ཀྱི་ནང་དུ་འདེབས་གསོ་བྱས་ན་འཚམ།

ཧྲང་སུར་ཨང་རྟགས 8 བར་སྐྱ་སྨིན་གྱི་རིགས་སུ་གཏོགས་པའི་སྔོ་ཚལ་ཞིག་ཡིན། སྡོང་གཟུགས་ཕྱེད་ཀ་ཚགས་དམ་ཞིང་། སྡོང་རྐང་གི་མཐོ་ཚད་ལ་ལི་སྨི 90ཡོད། སྨིན་འབྲས་ལུག་གི་རྭ་ཅོའི་དབྱིབས་དང་འདྲ། སྨིན་འབྲས་ཀྱི་རིང་ཐུང་ལ་ལི་སྨི 28~35ཡོད། སྨིན་འབྲས་རྒྱང་མའི་ལྗིད་ཚད་ལ་ཁེ 65~80ཡོད། ཕྱི་ངོས་ལྷེབ་གཉེར་ཆེ། སྨིན་འབྲས་དམར་པོའི་ཁ་དོག་ལྗང་སེར་དང་། དམར་པོའི་འབྲས་བུ་དམར་སྨུག་ཡིན། རོ་ཚ་བ། དྲོད་དམའ་དང་འོད་ཞན་བཟོད། རིམས་ནད་དང་ཕྱེ་དཀར་ཐོན་ནད། དུག་ནད་སོགས་འགོག་པ་ཡིན།

ལྔ་པ། འདེབས་གསོའི་དོ་དམ་ལག་རྩལ།

(གཅིག) སོན་འདེབས་དང་ལྡང་གསོ།

ལོ 2~3ནང་ཚུན་དུ་མ་གྱུའི་སིལ་རིགས་སྔོ་ཚལ་འདེབས་འཛུགས་བྱས་མ་མྱོང་བའི་ཞིང་ས་བདམས་ནས་མྱུག་གསོ་ཉལ་ཁྲི་བྱེད་པ་དང་། བཙུད་ཕོར་དང་ཁྱུང་སྙེར་བཀོལ་སྤྱོད་བྱས་ཏེ་མྱུག་གསོ་བྱེད་དགོས། ལྡང་གསོའི་ས་ཞིང་ནི་རྡུལ་བརླལ་ལངས་ཡོད་པའི་སྐྱེ་ལྡན་ལུད་རྫས་དང་ལོ 2~3ནང་ཚུན་དུ་མ་གྱུའི་སིལ་རིགས་སྔོ་ཚལ་འདེབས་འཛུགས་བྱས་མ་མྱོང་བའི་ཞིང་ས་སྦྱོར་བཟོ་བྱས་ནས། 1:2~3གྱི་བསྡུར་ཚད་ལྟར་མཉམ་བསྲེས་དེ་སྙོམ་བྱེད་དགོས། ཡང་ན་ཆོང་ཟོག་མྱུག་གསོ་རྨང་རྫས་བཀོལ་དགོས། སུར་པན་གྱི་ས་བོན་ཆུ་དྲོན་མོའི་ནང་དུ་སོན་སྦང་དུག་སེལ་བྱས་ཏེ། གནོད་འབུ་འབྱུང་བར་སྔོན་འགོག་བྱེད་དགོས། དེའི་འཕྲོར་ས་བོན་གཙང་དག་བྱས་རྗེས་དྲོད་ཚད 25~30℃ཅན་གྱི་ཁོར་ཡུག་ནང་དུ་བཞག་ནས་མྱུ་གུ་འབུས་པར་སྐྱུལ་མ་བྱེད་དགོས། 70%ས་བོན་གྱི་དཀར་མདངས་ངོམ་པའི་རྗེས་སུ་དུས་ཐོག་ཏུ་སྨོ་འདེབས་བྱེད་དགོས།

སྨོ་འདེབས་མ་བྱས་གོང་ལ། ཁྱུང་སྙེར་ལྡང་གསོའི་ས་ཞིང་གི་སྟེང་དུ་ཆུ་གྱི་ནོམ་པ་ཞིག་ལྷུག་དགོས། ཆ་འོག་རིམ་ལ་ཐིམ་རྗེས་མྱུག་གསོ་ས་རྫུལ་རིམ་པ་གཅིག་ཁྱུང་སྙེར་གྱི་ཕྱི་ངོས་ལ་གཏོར་དགོས་ཤིང་། དེའི་འཕྲོར་ས་བོན་རྣམས་ཁྱུང་བུའམ་བུ་གའི་ནང་དུ་བཏབ་ནས་དེའི་སྟེང་དུ་མཐུག་ཚད་ལི་སྨི0.8~1.0ཡོད་པའི་མྱུག་གསོ་ས་རྫུལ་གཏོར་དགོས།

མྱུ་གུ་མ་འབུས་གོང་གི་དྲོད་ཚད་ནི 25~30℃བར་ནས་ཚོད་འཛིན་བྱེད་འོས་ལ། དྲོད་ཚད་དང་རླན་ཚད་གཉིས་ཀ་བརྟན་སྲུང་ཡིན་དགོས། 70%ས་བོན་གྱི་མྱུ་གུ་འབུས་རྗེས་འགེབས་བྱེད་ཀྱི་དངོས་པོ་བཤུ་དགོས། མྱུ་གུ་འབུས་པ་ནས་སྙེ་མ་དང་པོའི་ལོ་མ་ཐོན་པའི་དུས་སྐབས་སུ་དྲོད་ཚད་ཇེ་དམའ་རུ་གཏོང་དགོས······

ཤིང་། ཉིན་མོའི་དྲོད་ཚད 20~25℃དང་། མཚན་མོའི་དྲོད་ཚད 15~18℃ ཡིན་དགོས། འོས་འཚམ་གྱིས་ཉི་ཟེར་འགྲོ་ཚད་ཇེ་མང་དུ་བཏང་ནས་སྨྱུ་གུའི་········ འཚར་སྐྱེ་ལ་གསོན་ཤུགས་རྒྱས་པར་སྐུལ་འདེད་བྱེད་དགོས། (རི་མོ 4–1དང་རི་མོ 4–2)

རི་མོ 4–1 ཤུར་པན་ཁྱུང་སྟེར་སྨྱུག་གསོ།

རི་མོ 4–2 ཤུར་པན་མཐུད་སྦྱོར་ལག་རྩལ།

(གཉིས) རྩ་སྦྱོས་རྒྱག་པ།

སྨྱུ་གུ་སྐྱེས་ནས་ལོ་མའི་ལྷེབ་མ 7~10ཐོན་པའི་དུས་སུ། ཁང་བའི་ནང་གི་ཆེས་དམའ་བའི་དྲོད་ཚད 8℃ཡན་རྒྱུན་འཁྱོངས་བྱས་ཏེ་རྩ་སྦྱོས་རྒྱག་དགོས། རྩ་སྦྱོས་མ་བརྒྱབ་གོང་གི་ཉིན 7~10སྔོན་ལ་འོས་འཚམ་གྱིས་སྨྱུག་འདེམས་བྱས····ནས། ཕྱི་རོལ་ཡུལ་གྱི་ཁོར་ཡུག་ལ་འགྲོད་པའམ་ལོབས་པར་བྱེད་དགོས། རྩ་སྦྱོས་རྒྱག་པའི་རྗེས་སུ་འཕྲལ་མར་ཆུ་གཏོར་བའམ་ཆུ་འདྲེན་དགོས། (རི་མོ 4–3)

རི་མོ4–3 ཤུར་པན་ལ་རྩ་སྦྱོས་རྒྱག་པ།

(གསུམ) ཞིང་ཁའི་བདག་གཉེར།

སུར་པན་འདེབས་གསོ་བྱེད་དུས། དཀར་ནག་སྲེལ་མའི་འགྲིག་ཤོག་ཁེབས་ནས་འདེབས་གསོ་བྱེད་པ་ཡིན། རྩ་སྦྱོར་བརྒྱབ་པའི་རྗེས་སུ་དྲོད་ཚད་མཐོན་པོ་དང་རླན་ཚད་མཐོན་པོའི་ཁོར་ཡུག་དུས་ཚོད་ངེས་ཅན་ཞིག་ལ་རྒྱུན་འཁྱོངས་བྱེད་ཐུབ་ན། སྦུ་གུའི་འཚར་སྐྱེ་ལ་ཕན་པ་ཡོད། གལ་ཏེ་སྦུ་གུའི་འཚར་སྐྱེའི་གནས་ཚུལ་ལེགས་པོ་ཡིན་པའི་སྐབས་སུ། ལྷང་པ་རྩ་ཟབ་སྟོང་རྒྱས་ཡོང་བར་བྱས་ཆོག འོན་ཀྱང་དུས་ཚོད་རིང་དྲགས་མི་རུང་། སྦུ་གུ་འཛུགས་པ་ནས་མེ་ཏོག་བཞད་པའི་སྔོན་ལ་ཆུ་འདྲེན་ཞོར་དུ་བསྲེས་སྦྱོར་ལུད་རྫས་ཀྱང་གཏོར་ན་དེའི་འཚར་སྐྱེའི་གསོན་ཤུགས་ལ་སྐུལ་འདེད་ཀྱི་ནུས་པ་ཐོན་པར་མ་ཟད། མེ་ཏོག་བཞད་བྱེད་པར་ཡང་རྨང་གཞི་འདིང་ཐུབ་པ་ཡིན། མེ་ཏོག་བཞད་ནས་ཐེངས་དང་པོའི་སྨིན་འབྲས་འཐོག་འཐུ་བྱེད་པའི་སྔོན་ལ་སྟེང་ལུད་འཇོག་དགོས། སྟེང་ལུད་གཙོ་བོ་ནི་ཏན་ལིན་ཐཱ་འདྲེས་སྦྱོར་རྫས་ལུད་ཡིན་པ་དང་། དེས་སྟོང་རྐང་གི་ཡལ་ག་རྒྱས་པ་དང་མེ་ཏོག་བཞད་པ། འབྲས་བུ་སྨིན་པ་སོགས་ལ་སྐུལ་འདེད་བྱེད་ཐུབ་པ་ཡིན། འབྲས་བུ་སྨིན་པའི་དུས་སྐབས་ནི་སུར་པན་གྱི་འཚར་སྐྱེ་དུས་རིམ་ཁྲོད་དུ་ལུད་རྫས་ཀྱི་དགོས་མཁོ་ཤིན་ཏུ་ཆེ་བའི་དུས་སྐབས་ཤིག་ཡིན་པས། མུའུ་རེའི་སྟེང་དུ་ཏན་ལིན་ཐཱ་འདྲེས་སྦྱོར་ལུད་རྫས་སྤྱི་ཀྲ 10~15 གཏོར་དགོས་པར་མ་ཟད། བསྲེས་སྦྱོར་བྱས་ཏེ་ཚད་ཞུང་མ་རྒྱུའི་ལུད་རྫས་ཀྱང་འོས་འཚམ་གྱིས་གཏོར་དགོས། སྤྱིར་བཏང་དུ་སྟེང་ལུད་བརྒྱབ་པའི་རྗེས་སུ་དུས་ཐོག་ཏུ་ཆུ་གཏོར་ནས་སུར་པན་གྱིས་ལུད་རྫས་འཇིབ་ལེན་བྱེད་པར་སྐུལ་འདེད་བྱེད་དགོས། འོན་ཀྱང་རང་དཀར་མི་གཏོང་བར་སྦུ་གུ་ཤི་བར་སྔོན་འགོག་བྱེད་དགོས།(རི་མོ 4-4)

རི་མོ 4–4 དཀར་ནག་སྒེལ་མའི་འགྲིག་ཤོག

སྲུང་པན་གྱི་འཚར་སྐྱེ་དུས་སྐྱིད་ལ་ས་རྒྱུ་སྐམ་མཁྲིགས་སུ་འགྱུར་བ་ཡིན་པས། སྐབས་དེར་འོས་འཚམ་གྱིས་ཡུར་མ་ཡུར་བ་རྩྭ་ངན་གཙང་སེལ་བྱས་ནས། རྩ་ལག་གི་འཚར་སྐྱེ་ལ་སྐུལ་འདེད་གཏོང་རྒྱུ་དང་སྐམ་རྒྱུད་དུ་འགྲོ་བར་སྔོན་འགོག་བྱེད་དགོས། ཡུར་མ་ཡུར་བའི་སྐབས་སུ་སྲུང་པན་གྱི་གཞུང་རྐང་དང་རྩ་བར་གནོད་མི་ཉུང་ཞིང་། ཡུར་མ་ཡུར་ཚར་རྗེས། ངེས་པར་དུ་དུས་ཐོག་ཏུ་ཆུ་བླུགས་ནས་སྲུང་པན་གྱི་འཚར་སྐྱེ་ལ་སྐུལ་འདེད་གཏོང་དགོས།

(བཞི) སྡོང་རྐང་ལེགས་སྒྲིག

མེ་ཏོག་ཐོག་མའི་ལྷུ་ཚིགས་ཀྱི་གཞུང་རྐང་གཙོ་བོའི་སྟེང་དུ་ཡལ་ག་གསར་བ་འབུས་པའི་སྐབས་སུ། དུས་ཐོག་ཏུ་འཐོག་གཅོད་བྱེད་དགོས། སྡོང་རྐང་འོག་རིམ་གྱི་ལོ་མ་རྙིང་བ་སེར་མདོག་ཅན་དང་ལོ་མ་སྐྱོན་ཅན་རྣམས་ཀྱང་དུས་ཐོག་ཏུ་གཙང་སེལ་བྱེད་དགོས་ཤིང་། དེ་དག་གཅིག་སྡུད་བྱས་ནས་ས་འོག་གཏིང་རིམ་ལ་འཇུག་པའམ་མེར་སྲེག་དགོས། ཉོད་ཁང་ནང་གི་སྲུང་པན་ལ་ཡལ་ག་བཞི་རྒྱུས་རྗེས་དཔྱང་འདེགས་བྱེད་དགོས་པར་མ་ཟད། ཡལ་ལག་སྐྱོན་ཅན་རྣམས་སེལ་གཙང་བྱེད་དགོས།(རི་མོ 4–5 དང་རི་མོ 4–6)

རི་མོ 4–5 སུར་པན་ཡལ་བཞུར་རྒྱུག་པ།

རི་མོ 4–6 སུར་པན་དཔྱང་འཁྲིལ་བྱེད་པ།

(ལྔ) ནད་འབུའི་གནོད་སྐྱོན་འགོག་བཅོས།

1.ཐོལ་ལོག་ནད་རིམས། སྨར་སྲིན་རང་བཞིན་གནོད་འཚེ་ཡོད་པའི་ནད་རིམས་ཤིག་ཡིན། གཙོ་བོ་ལྡང་པ་དོན་དུས་སམ་སྤྱི་གུ་འབུས་པའི་དུས་སུ་ནད་རིགས་ཐོག་པ་དང་། སྡོང་ རྐང་གི་སྙེད་པ་དང་རྩ་བར་ཆུ་སྙིགས་ལྟུན་ཁྲ་དབྱིབས་གཟུགས་བྱུང་བ་དང་། སྡོང་པོའི་གཞུང་རྐང་བརྒྱུད་ནས་རྒྱ་བསྐྱེད་ལ། རིམ་བཞིན་རྙེད་པའམ་ཁྲུམ་པར་གྱུར་ནས་སྐྱུད་ཕྲའི་དབྱིབས་སུ་གྲུབ་སྟེ་ས་ངོས་ལ་འགྲེལ་བ་ཡིན། ལྡང་བུ་གསོ་ས་ནི་ས་བབ་ཙུང་མཐོ་བ་དང་ཆུ་འབུད་ཐུབ་པའི་གནས་སུ་འཛུགས་དགོས། ལྡང་བུ་གསོ་སའི་འབུ་ཕྲ་བསད་དེ་དུག་སེལ་བྱ་དགོས། སྡོང་རྐང་སྐྱོན་ཅན་ནམ་ནད་རིམས་ཅན་གྱི་སྡོང་རྐང་ཡོད་པ་མཐོང་ན་མྱུར་མོར་གཙང་འཕྱུག་བྱས་ཐོག 4%ཙུན་ཁྲང 123དང 75%པའི་ཅིན་ཚེན། 50%ཧའོ་ཅིན་ལུན་སོགས་སྨན་རྫས་གཏོར་ནས་འགོག་བཅོས་བྱ་དགོས།

2.སུར་པན་གྱི་རིམས་ནད། སྨར་སྲིན་རང་བཞིན་གནོད་འཚེ་ཡོད་པའི་ནད་རིམས་ཤིག་ཡིན། ནད་རིམས་འགོས་པའི་སྤྱི་གུའི་གཞུང་རྐང་གི་རྩ་བར་ཆུས་སྦྲང་བ་ལྷ་བུའི་ཏུལ་རྙེད་ཅན་དུ་འགྱུར་ཞིང་། སྡོང་རྐང་གི་གོང་རིམ་ལ་སླེབས་རྗེས་ས་འགྲེལ་ནས་ཁ་དོག་ལྡང་ནག་ཏུ་གྱུར་ཏེ་མཐར་སྐམ་པའམ་རྙེད་ནས་ཤི་བ་ཡིན། རྩ་སྦྲོས་བརྒྱབ་པའི་རྗེས་སུ་ལོ་མའི་སྟེང་དུ་ནད་ཐོག་ཅིང་།ལྡང་ནག་ཅན་གྱི་

ནད་ཐིག་འབྱུང་བ་དང་ལོ་མ་རུལ་བའམ་རྙིད་པར་གྱུར་ནས་སར་ལྷུང་བ་ཡིན། སྡོང་པོའི་གཞུང་རྐང་སྟེང་དུ་ནད་ཐོག་ན་ཁ་དོག་ལྗང་ནག་མདོན་པའི་ནད་ཐིག་བྱུང་ནས་རྙིད་པར་འགྱུར་བའམ་སར་འགྱེལ་བ་ཡིན། བརླན་གཤེར་ཆེ་བའི་སྐབས་སུ་འབུ་སྦྲ་དཀར་པོ་འབྱུང་། མེ་ཏོག་གི་ཐིའུ་ལ་གནོད་པ་བྱུང་ཚེ་སྨུར་མོར་ཁམ་མདོག་ཏུ་འགྱུར་ནས་སར་བྲུལ་བ་ཡིན། འབྲས་བུ་སྨིན་པའི་དུས་སུ་ནད་ཐོག་པ་ཡིན་ན། མང་ཆེ་བ་སུར་པན་གྱི་འོག་རིམ་མམ་གས་སྲུབས་ནས་འབྱུང་བ་དང་། ཐོག་མར་ཁ་དོག་ལྗང་ནག་མདོན་ཞིང་ཆུས་སྦྲོང་བ་ལྟ་བུའི་ཚད་ལྡན་མ་ཡིན་པའི་དབྱིབས་གཟུགས་གྲུབ་པའི་ནད་ཐིག་འབྱུང་བ་ཡིན། དེའི་འཕྲོར་སྨུར་མོར་སྨིན་འབྲས་ཡོངས་ཀྱི་སྟེང་དུ་ཁྱབ་ཅིང་། ལྗང་སྐྱའི་ཁ་དོག་མདོན་ལ་སྨིན་འབྲས་རུལ་རྙིད་དུ་འགྱུར། སྨིན་འབྲས་ཀྱི་ཆུ་ཤོར་ནས་རྙིད་སྐམ་དུ་གྱུར་ཏེ་ཡལ་གའི་སྟེང་དུ་ཁ་དོག་ཁམ་ནག་མདོན་ནས་ཤི་བ་ཡིན། རིམས་འགོག་ས་བོན་འདེམ་སྒྲུབ་བྱེད་དུས། ས་བོན་དུག་སེལ་བྱེད་པ་དང་རེས་མོས་རྩི་འདེབས་བྱས་ཐོག གཉིང་རྩ་ཉེ་ལྷེ་བྱེད་དགོས། དུས་ཐོག་ཏུ་ཞིང་ནང་གི་ནད་རིམས་ཅན་གྱི་སྡོང་རྐང་གཙང་སེལ་བྱེད་དགོས་པ་དེ་དག་ས་འོག་གི་གཏིང་ཟབ་སར་འཛུག་པའམ་མེས་བསྲེགས་ནས། སུར་པན་ལ་རིམས་ནད་མི་འབྱུང་བར་སྔོན་འགོག་བྱེད་དགོས། འདེབས་གསོ་བྱེད་པའི་བརྒྱུད་རིམ་ཁྲོད་དུ། ཚ་ཚད་ཆེ་བའི་ཁོར་ཡུག་ལ་གཡོལ་ཅི་ཐུབ་བྱ་དགོས། ནད་ལྡང་མ་ཐག་གི་དུས་སུ 25%རའི་ཏའོ་མེ་དང 64%དུག་སེལ་མཚུར། 90%ཡའི་ལིན་ལོས་དང་ཀའོ་མན་སན་ཐྲ། 50%ཐྲ་རྗིང་ཐུན་ནམ 50%ཁྲུ་རྗིང་ལིན་བརླན་གཤེར་རང་བཞིན་གྱི་ཕྱེ་སྨན་སོགས་གཏོར་ཚོག སྨན་རྫས་རྣམས་རེས་མོས་སྤྱོད་དགོས་ཤིང་། ཉིན 5~7བར་ནས་ཐེངས 1རེར་གཏོར་བ་དང་བསྟུད་མར་ཐེངས 2~3ལ་གཏོར་དགོས།

3.ཕྱེ་དཀར་ཐོན་ནད། སྐར་སྲིན་རང་བཞིན་གནོད་འཚེ་ཡོད་པའི་ནད

རིམས་ཤིག་ཡིན། གནོད་འཚེ་གཙོ་བོའི་ལོ་འདབ་སྟེང་དུ་འབྱུང་བ་ཡིན། ཐོག་མའི་དུས་སུ་ལོ་མའི་མདུན་ངོས་དང་རྒྱབ་ངོས་ལ་སྨོར་དབྱིབས་དཀར་པོ་ཕྱེ་དང་འདྲ་བའི་འབུ་ཕྲའི་ཐིག་ལེ་འབྱུང་ཞིང་། རིམ་བཞིན་རྒྱ་ཆེར་འཕེལ་ནས་ཡུགས་གཅིག་ཏུ་འགྱུར་བ་ཡིན། ནད་ལྷང་ནས་དུས་མཇུག་ཏུ་སླེབ་དུས། ཕྱེ་དཀར་གྱིས་ལོ་འདབ་ཧྲིལ་པོ་ཁེབས་པ་དང་། ཕྱིས་སུ་སྐྱ་མདོག་མངོན་པ་ཡིན། རིམས་འགོག་ས་བོན་འདེམ་སྒྲུབ་བྱེད་པ་དང་ས་བོན་ལ་དུག་སེལ་བྱེད་དགོས། འདེབས་འཛུགས་མ་བྱས་གོང་ལ་རྫོད་ཚད་མཐོ་བའི་རྫོད་ཁང་ནང་དུ་ཚ་གདུང་དང་དབུགས་སུབ་ཐེབས་པར་བྱས་ཐོག ནས་འཚམ་གྱིས་ལེན་ཏྭ་ལུད་རྫས་བཞག་ནས་སྟོང་རྐང་གི་འཚར་སྐྱེ་ལ་གསོན་ཤུགས་རྒྱས་པར་སྐྱེལ་འདེད་གཏོང་དགོས། 25%ཡའི་རྫིས་ཛྷུན་དང 30%མས་ཅེན་གྲིའི་སྨན་ཆུ། ཡང་ན 47%ཏྭ་རའི་ཝུན་ཙྭན་ཙུང་ཕྱེ་རྫས་གཏོར་དགོས་ཤིང་། ཉིན 7~10བར་ནས་ཐེངས 1རེར་གཏོར་བ་དང་། བསྟུད་མར་ཐེངས 2 ~3ལ་གཏོར་དགོས། ཚབས་ཆེ་བའི་སྐབས་སུ། 50%ལོས་ཞུག་ཡའི་ཆེན་གཅིན་སྦྱར་ནང་དུ་རྫུལ་གོས་ཚའོ་མཉམ་བསྲེས་བྱས་ཏེ་གཏོར་ཆོག་པར་མ་ཟད། ཡའི་རྫིས་ཛྷུན་དང་རྫིས་ཅེན་གྲི་སྨུག་བཟོ་སྨན་རྫས་བཀོལ་ནས་དུ་བས་བདུག་ཀྱང་ཆོག

4.ཙ་བ་རུལ་ནད། སྨར་སྲིན་རང་བཞིན་གནོད་འཚེ་ཡོད་པའི་ནད་རིམས་ཤིག་ཡིན། སུར་པན་སྟོང་པོའི་གཞུང་སྐེད་དང་ཙ་བ། ཕྲ་ཕུང་ཚུན་ནར་སོགས་ལ་གནོད་འཚེ་ཡོད། ནད་སྟོང་གི་ཡལ་ག་དང་ལོ་མ་སེར་སྐྱིད་དུ་འགྱུར་ལ། སྟོང་རྐང་སྟེང་གི་ཕྲ་ཕུང་ཚུན་ནར་ཁམ་ནག་ཏུ་འགྱུར་བ་ཡིན། བརྣན་གཤེར་ཆེ་བ་དང་ཡང་ན་འཚར་སྐྱེ་དུས་མཇུག་ཏུ་སྟོང་པོའི་གཞུང་སྐེད་དང་ཙ་བ་རྣམས་རུལ་བར་མ་ཟད། སྐབས་འགར་དེའི་ཐོག་ནས་དམར་སྨུག་གི་སྲིན་ཤུལ་དང་འབྱར་དངོས་མངོན། རིམས་འགོག་ས་བོན་འདེམ་སྒྲུབ་བྱེད་པ་དང་འཚར་སྐྱེ་བཟང

བའི་ལྟང་བུ་འདེབས་གསོ་བྱེད་དགོས། སྲན་རིགས་དང་སྙེ་མ་ཅན་གྱི་ལོ་ཏོག་ལ་རེས་མོས་འདེབས་པ་ཡིན། ཞིང་བར་གྱི་བསགས་ཆུ་སོགས་ཕྱིར་བཏོན་ནས་གནོད་པ་ཡོང་བར་སྔོན་འགོག་བྱེད་དགོས། 50%ཙྭ་ཛེ་ལིག་ཅིན་ལིན་ནམ་ལིག་ཏོང་ཞོན་སྦྲིས་མ། 50%ཀན་ཛྷི་ལིན་ཧྲན་ཐུང་ཕྱེ་རྫས་དང་། 50%སྦྲིན་གསོད་ཕང་ཆུར་ཞུ་རང་བཞིན་སྨན་ཕྱེ། 50%ཁའོ་ཅིན་ལིང་ཧྲན་ཐུང་ཕྱེ་རྫས། 50%ཁའེ་ལིང་ཧྲན་ཐུང་ཕྱེ་རྫས་ཡང་ན 50%ཙྭ་ཛེ་ཐའོ་པའོ་ཅིན་ཧྲན་ཐུང་ཕྱེ་རྫས་གཏོར་དགོས་ཤིང་། ཉིན 10ཡས་མས་སུ་ཐེངས 1ལ་སྨན་གཏོར་བ་དང་། བསྟུད་མར་ཐེངས 2~3ལ་གཏོར་དགོས། སྨིན་འབྲས་མ་འཐུ་གོང་གི་ཉིན་གསུམ་གྱི་སྔོན་ལ་སྨན་གཏོར་མཚམས་འཇོག

5.སྐྱི་དངོས་གནོད་འབུ། ཇོད་ཁང་ནང་དུ་དངུལ་མདོག་གི་འགྲིག་ཤོག་ཁེབས་གཡོལ་བྱས་ཏེ་སྐྱི་དངོས་གནོད་འབུ་ཕྱིར་སྐྲོད་བྱེད་དགོས་པ་དང་། ཡང་ན། གནོད་འབུ་གསོད་བྱེད་ཀྱི་པང་ལེབ་སེར་པོ་སྡོང་ཀང་སྐྱེ་སའི་ལི་སྨི 20ཙུན་ལ་བཀལ་ནས་གནོད་འབུ་བསླུ་གསོད་བྱེད་དགོས། འགོག་སེལ་བྱེད་ཐབས་གཞན་དག་ནི་ཀྲོ་མ་ཀྲུ་ལ་ཐུར་ལྟ་བྱས་ཏེ་འགོག་བཅོས་བྱས་ཆོག

6.སོ་མའི་སྡོང་གི་མདོན་མེད་སྦྲང་ནག དུས་ཐོག་ཏུ་སྡོང་ཀང་གི་ཉུལ་རྙེད་ཅན་གཙང་སེལ་བྱས་ནས་འབུ་ཁྱུངས་ཀྱི་གྲངས་འཕོར་ཇེ་ཉུང་དུ་གཏོང་དགོས། སྐྱུར་རྩིའི་རིགས་སྦྱུད་ནས་འབུ་སྦྲང་བསླུ་གསོད་བྱས་ཆོག ཞིང་ནང་དུ་འབུ་ཕྲུག་ལྡང་བ་ཤེས་རྗེས། 90%ཨ་ཕེར་སྦྲིན་རྒྱུ་སྦྲིས་མ་པའི་ཡེ 3 000དང 15%ཁ་མན་ལིང་སྦྲིས་མ་པའི་ཡེ 2 500~3 000སྦྱུད་དེ་འགོག་སེལ་བྱས་ཆོག

དྲུག་པ། འཚོལ་བསྡུ།

སུར་པན་འཚོལ་བསྡུའི་ཚད་གཞི་ནི། འབྲས་བུའི་ཕྱི་ངོས་ནས་ལྟེབ་གཉེར་ཉུང་བ། ཤུན་པགས་ཀྱི་མདོག་ཟབ་པ། འཇམ་ཞིང་འོད་འཚེར་བ་སོགས

ཡིན། འབྲུ་བའི་དུས་ཚོད་ནི་སྤྱི་རྟོ་དང་དགོང་མོ་ཡིན། ཉིན་དགུང་གི་དུས་སུ·········བརྙན་གཟེར་རླངས་འགྱུར་བྱེད་པ་ཡིན་པའི་དབང་གིས་སྨིན་འབྲས་སར་ལྷུང་སླ་བའོ། །

ལེའུ་ལྔ་པ། སྐྱེར་བདང་གི་ཆུར་ཚལ།

དང་པོ། འཚོ་བཅུད་ཀྱི་རིན་ཐང་།

ཆུར་ཚལ་གྱི་མིང་གཞན་ལ་མེ་ཏོག་པད་ཁ་དང་ཕྱི་ལུགས་ཀྱི་མེ་ཚལ་དཀར་པོ། སྤྲོ་སོ་མེ་ཏོག་ཀན་ལན་ཡང་ཟེར། རྒྱ་གྲམ་མེ་ཏོག་གི་པད་ཁ་དང་ལོ་གཅིག་ལ་སྐྱེས་པའི་རྩི་ཤིང་གི་ཁོངས་སུ་གཏོགས། ཆུར་ཚལ་ནང་དུ་འཚོ་བཅུད་ཀྱི་རྒྱུ་ཕྲན་སུམ་ཚོགས་པ་འདུས་ཡོད་པ་དང་། དབྱང་འགྱུར་འགོག་པ་དང་གཉན་ཁ་འགོག་པ། དུག་སེལ་བ་སོགས་ཀྱི་ནུས་པ་ཐོན་ཐུབ། ལྷག་པར་དུ་སྙིང་རིན་ཡོད་པ་ཞིག་ནི། དེའི་ནང་དུ་ལིག་ཏའི་རྒྱུན་འབྲུམ་ཀམ་གྱི་རྩི་ཤིང་རྫས་འགྱུར་དངོས་རྫས་ཁྱད་པར་ཅན་ཞིག་འདུས་པས། མི་ལུས་སྟེང་གི་དུག་སེལ་བྱེད་ཀྱི་རྩབས་རིགས་ཀྱང་སྐུལ་བྱེད་ཐུབ། ཆུར་ཚལ་ད་དུང་འཚོ་བཅུད C ཡི་ཡོང་ཁུངས་བཟང་པོ་ཞིག་ཡིན་ལ། དེའི་ནང་གི་རྩི་འདུས་ཚད་ཀྱང་ཤིན་ཏུ་མཐོ་བ་དང་། དབྱང་འགྱུར་འགོག་པར་ཕན་ཐོགས་ཡོད་པ་རེད། དུས་མཚུངས་སུ། ཆུར་ཚལ་གྱི་ནུས་ཚད་ཧ་ཅང་དམའ་ཡང་། བཟའ་བཅའི་ཚི་སྣ་ཤིན་ཏུ་མཐོ་བས་དངོས་ཐོག་བདེན་འཚོལ་གྱི་བདེ་ཐང་ཟས་རིགས་ཡིན། གནའ་རབས་ཀྱི་ནུབ་ཕྱོགས་རྒྱལ་ཁབ་ཀྱི་མི་རྣམས་ཀྱིས་ཀོ་པི་ནི་ལྷས་བྱིན་གྱིས་རླབས་པའི་སྨན་མཆོག་ལ་ངོས་འཛིན་བྱེད་པ་དང་དབུལ་པོའི་སྨན་པ་ཡིན་ཟེར་བའི་བཤད་རྒྱུན་ཡང་ཡོད། འདིར་འཛེམ་དགོས་པའི་མི་ཚོགས་ནི། གཅིན་ལམ་རྡེའུ་ནད་ཅན་རྣམས་ཀྱིས་གཟབ་གཟབ་བྱ

དགོས།

གཉིས་པ། ཁོར་ཡུག་ལྟང་བྱ།

(གཅིག) དྲོད་ཚད།

ཚུར་ཚལ་ནི་གྲང་བཟོད་ཕྱེད་ཀ་རང་བཞིན་གྱི་སྔོ་ཚལ་ཞིག་ཡིན། བསིལ་གྲང་གི་གནམ་གཤིས་ལ་འཕྲོད། འོན་ཀྱང་སད་ཀྱིས་བཅོམ་ན་བཟོད་མི་ཐུབ་པ་ཡིན། དྲོད་ཚད་དམའ་དྲགས་པའི་སྐབས་སུ་སྦོ་གཟུགས་མེ་ཏོག་གྲུབ་མི་ཐུབ་པ་དང་། དྲོད་ཚད་མཐོ་དྲགས་ན་སྦོ་གཟུགས་མེ་ཏོག་ཐ་ཐོར་དུ་གྱུར་ཏེ་ཚོང་ཟོག་གི་རིན་ཐང་ཤོར་བ་ཡིན། ས་བོན་འབུས་དུས་ཀྱི་ཆེས་འཚམ་པའི་དྲོད་ཚད་ནི 20 ~ 25℃ ཡིན་ལ། འཚོ་བཅུད་འཚར་སྐྱེའི་སྐབས་ཀྱི་ཆེས་འཚམ་པའི་དྲོད་ཚད་8 ~ 24℃ ཡིན། མེ་ཏོག་རླུམ་བུ་སྐྱེ་སྐབས་ཀྱི་ཆེས་འཚམ་པའི་དྲོད་ཚད་ནི 15~18℃ ཡིན། དྲོད་ཚད 8℃ ལས་དམའ་བའི་སྐབས་སུ་མེ་ཏོག་རླུམ་བུའི་འཚར་སྐྱེ་དལ་བ་དང་། དྲོད་ཚད 25℃ ལས་མཐོ་བའི་སྐབས་སུ་སྡོང་རྐང་གི་ལོ་མ་སྐྱེས་དྲགས་པ་དང་། མེ་ཏོག་གི་རླུམ་གཟུགས་ཆུང་བ། སོབ་སོབ་ཡིན་པ། རྒྱུ་སྤུས་ཞན་པར་འགྱུར་བ་ཡིན།

(གཉིས) འོད་འཕྲོ་ཚད།

ཚུར་ཚལ་ནི་དུས་ཡུན་རིང་པོར་ཉི་འོད་ཐོག་དགོས་པའི་ལོ་ཏོག་གི་རིགས་སུ་གཏོགས། འོད་འཕྲོའི་དུས་ཚོད་རིང་ཐུང་གིས་འཚོ་བཅུད་ཀྱི་འཚར་སྐྱེ་ལ་ཤུགས་རྐྱེན་ཆེན་པོ་ཐེབས་མི་སྲིད། འོན་ཀྱང་འཚོ་བཅུད་འཚར་སྐྱེའི་སྐབས་སུ། འོད་འཕྲོའི་དུས་ཚོད་ཐུང་རིང་བ་དང་འོད་ཟེར་ཆེ་ན་འཚར་ལོངས་འབྱུང་བར་ཕན་པ་ཡོད་ལ། ཐོན་ཚད་ཇེ་མཐོར་གཏོང་ཐུབ། སྦོ་གཟུགས་གྲུབ་ཆས་སྟེང་དུ་འོད་དྲག་པོ་འཕྲོ་མི་རུང་ཞིང་། གལ་ཏེ་འོད་ཟེར་དྲག་ཏུ་འཕྲོས་ན་སྦོ་གཟུགས་མེ་ཏོག་གི་ཁ་དོག་འགྱུར་བ་དང་རྒྱུ་སྤུས་ཀྱང་ཇེ་དམའ་རུ་འགྲོ། །

(གསུམ) ཆུན་ཚད།

ཆུར་ཚལ་ནི་བརླན་གཤེར་ཅན་གྱི་ཁོར་ཡུག་ལ་དགའ་བའི་སྔོ་ཚལ་ཞིག་ཡིན། འོན་ཀྱང་ཞེད་སྐྲན་མི་ཐུབ་པ་དང་ཐན་པའང་མི་བཟོད་པས། ཆུ་མཁོ་འདོན་གྱི་སྣང་བྱའམ་རེ་འདོད་ཅུང་མཐོ། འཚར་སྐྱེ་བརྒྱུད་རིམ་གང་གི་སྐབས་སུའང་འདང་ངེས་ཀྱི་ཆུ་བོ་མཁོ་སྤྲོད་བྱེད་དགོས་ཤིང་། ལྷག་པར་དུ་ལྗང་པ་རྩ་ཟབ་སྡོང་རྒྱས་ཡོང་བར་བྱས་པའི་རྗེས་ནས་མེ་ཏོག་ཧླུམ་གཟུགས་གྲུབ་པའི་དུས་སྐབས་སུ་ཆུ་འབོར་ཆེན་འདོན་སྤྲོད་བྱེད་ཐུབ་དགོས། བརླན་གཤེར་མཁོ་སྤྲོད་མི་འདང་བ་དང་གནམ་གཤིས་ཐན་སྐྲན་ཆེ་བའི་སྐབས་སུ། འཚོ་བཅུད་ཀྱི་འཚར་ལོངས་ཆོད་འགོག་དང་། སྐྱེ་འཕེལ་འཚར་སྐྱེ་ཡོང་བར་སྐུལ་འདེད་གཏོང་དགོས།

(བཞི) ས་རྒྱུའི་འཚོ་བཅུད།

ཆུར་ཚལ་གྱི་ས་ཞིང་གི་སྣང་བྱ་ཅུང་མཐོ་ལ། ས་ཞིང་སོབ་སོབ་ཡིན་དགོས་ཤིང་སྐྱེ་ལྡན་རྫས་བཅུད་འདུས་པ། ཆུ་ལུད་གཉིས་ཀ་སྲུང་འཛིན་ནུས་པ་ཅུང་བཟང་བའི་ས་རྒྱུ་གཤིན་པོའམ་ཡང་ན་རྫས་འབྱར་ས་རྒྱུ་གཤིན་པོ་ཡིན་དགོས། ཆུར་ཚལ་གྱི་འཚར་སྐྱེ་བརྒྱུད་རིམ་ཁྲོད་དུ་ཏན་ལུད་གཙོ་བོར་བཟུང་ནས་འཛོག་དགོས་པ་དང་། ཏན་དང་ལིན། ཁ་ལུད་རྣམས་ཕན་ཚུན་གཞོགས་འདེགས་བྱས་ནས་བེད་སྤྱོད་བྱེད་དགོས། གལ་ཏེ་ཏན་ལུད་མི་འདང་བ་བྱུང་ན། སྡོང་རྐང་འཚར་སྐྱེ་འབྱུང་བར་ཤུགས་རྐྱེན་ཐེབས་སྲིད་པར་མ་ཟད། ཐོན་ཚད་ཀྱང་ཇེ་དམའ་རུ་འགྲོ་བ་ཡིན། ལོ་ཏོག་ལ་འདང་ངེས་ཀྱི་ལིན་ལུད་མཁོ་སྤྲོད་ བྱས་ན་མེ་ཏོག་ཧླུམ་གཟུགས་གྲུབ་པར་སྐུལ་འདེད་བྱེད་ཐུབ། ཁ་ལུད་ཆད་པའམ་མི་འདང་བའི་སྐབས་སུ། སྡོང་རྐང་ལ་སྙིང་ནག་ནད་འབྱུང་སླ་བ་ཡིན། སྡོང་རྐང་གི་འཚར་སྐྱེ་བརྒྱུད་རིམ་ནང་དུ་བོན་ལུད་ཆད་པ་ཡིན་ན། ཧླུམ་གཟུགས་མེ་ཏོག་ལ་གས་སྲུབས་འབྱུང་སླ་བ་དང་། ཁྲ་ཐིག་ཁམ་མདོག་འབྱུང་བར་མ་ཟད་ཁ་ཏིག་ཅན་གྱི་གྲོ་བ་

འབྱུང་ངེས་ཡིན། དེར་བརྟེན། འདེབས་གསོ་བྱེད་པའི་ལས་རིམ་ཁྲོད་དུ་གཞི་རྒྱུ་འཕོར་ཆེན་མཁོ་འདོན་བྱེད་པར་འགན་སྲུང་བྱེད་དགོས་ཤིང་། འོས་འཚམ་གྱིས་ཚད་ཞུང་གཞི་རྒྱུ་ཡང་འཕར་སྣོན་བྱེད་དགོས། གལ་ཏེ་འདེབས་གསོ་ས་ཞིང་གི་ས་རྒྱུ་ཞན་ཞིང་ལུད་རྫས་ཀྱི་མཁོ་འདོན་མི་འདང་བ་ཡིན་ན། སྡོང་རྐང་གི་སྐྱེ་སྟོབས་ཞན་པ་དང་མེ་ཏོག་གི་ཟླུམ་གཟུགས་ཆུང་དྲགས་པ་སོགས་ཀྱི་གནས་ཚུལ་འབྱུང་ངོ་། །

གསུམ་པ། འདེབས་འཛུགས་ཀྱི་བཀོད་སྒྲིག

ཆུར་ཚལ་ས་བོན་གྱི་ཁྱད་ཆོས་དང་འཚོལ་བསྡུ་དུས་ཚོད། གནམ་གཤིས་ཀྱི་ཆ་རྐྱེན་སོགས་ལ་གཞིགས་ནས་དུས་སྐབས་འོས་འཚམ་བདམས་ནས་སྐྱོ་འདེབས་བྱེད་དགོས།

བཞི་པ། ས་བོན་གདམ་ག

མ་ཧུའི་ཡ། ཧྲན་ཀྲུང་ཧྲིག་ཀོང་ཞན་གྲིན་ཧྭ་ས་བོན་ཚད་ཡོད་ཀུང་སི། དཔྱིད་དུས་འདེབས་ན། རྩ་སྤྲོས་བརྒྱབ་རྗེས་ཀྱི་ཉིན 70ཡས་མས་ནང་དུ་བསྡུ་འཐོག་བྱས་ཆོག སྟོན་ཁ་དང་དགུན་དུས་སུ་འཚར་སྐྱེའི་དུས་ཡུན་ཇེ་རིང་དུ་བཏང་ནས་ཉིན 80~120ལ་ནར་འགྱངས་བྱེད་དགོས། ལོ་མ་ལྗང་ནག་ཡིན། མེ་ཏོག་སྤོ་ལོ་དཀར་ཞིང་དམ་ལ་ཟླུམ་པོའི་གཟུགས་སུ་གྲུབ་པ། མེ་ཏོག་གི་ཡུ་བ་སྟེང་དུ་ཁྲ་ཁྲའི་ཁ་དོག་མེད་པ། ཚོང་ཟོག་རང་བཞིན་བཟང་། མེ་ཏོག་ཟླུམ་པོའི་ལྟེད་ཚད་སྤྱི་ཀྲ 1~1.5བར་ཡིན།

ཅིན་ཡན 50 རྒྱལ་ཁབ་སྔོ་ཚལ་ལས་གྲྭའི་ལག་རྩལ་ཞིབ་འཇུག་ལྟེ་གནས། སྔ་སྨིན་གྱི་རིགས་སུ་གཏོགས་པའི་སྔོ་ཚལ་ཞིག་ཡིན། རྩ་སྤྲོས་བརྒྱབ་རྗེས་ཀྱི་ཉིན 70ཡས་མས་ནང་དུ་བསྡུ་འཐོག་བྱས་ཆོག སྡོང་རྐང་དྲང་ཞིང་དམ། ལོ་མ་ལྗང་སྐྱ། ལོ་མ་ཁབ་དབྱིབས་ཅན་གྱི་དབྱིབས་སུ་ཆགས་ཡོད། ལོ་འདབ་སྟེང་གི་བྲ

ཆོལ་རྫས་རྒྱུ་རྩུང་ཞུང་བ། ནད་འདབ་འཐམ་འཁྱུད་བྱེད་ཅིང་འཚར་སྐྱེའི་སྐྱེ་སྟོབས་རྒྱས། ཚ་བ་ཐེག་ཐུབ། ནད་རིམས་འགོག མེ་ཏོག་ཀླུམ་ཞིང་དམ་ལ་དཀར་མདངས་བཀྲ་བ་དང་། མཉེན་པོ་ཀླུམ་ཕྱེད་ཀྱི་དབྱིབས་སུ་གྲུབ་པ་ཡིན། ཀླུམ་བུ་ཀྲུང་མའི་ལྗིད་ཚད་སྤྱི་ཀྲ 0.8~1.0བར་ཡིན།

ཅིན་གཡུ། ལི་མདོག་ཆུར་ཚལ་གྱི་རྒྱུད་འདྲེས་དང་པོ། འཚར་ལོངས་སྔ་བ། སྔ་སྨིན་གྱི་རིགས་སུ་གཏོགས་པའི་སྔོ་ཚལ་ཞིག་ཡིན། ཟ་སྤྱོས་བརྒྱབ་རྗེས་ཀྱི་ཉིན 60ཡས་མས་ནང་དུ་བསྡུ་འཐོག་བྱས་ཆོག སྡོང་རྐང་གི་ཕྱེད་ཀ་དྲང་། ལོ་མ་ལྗང་སེར། ལོ་མ་ཁབ་དབྱིབས་ཅན་གྱི་དབྱིབས་སུ་ཆགས་ཡོད། ལོ་འདབ་སྟེང་གི་པྲ་ཆོལ་རྫས་རྒྱུ་རྩུང་མང་བ། འཚར་སྐྱེའི་སྐྱེ་སྟོབས་རྒྱས། ཚ་བ་ཐེག་ཐུབ། ནད་རིམས་འགོག མེ་ཏོག་ཀླུམ་ཞིང་དམ། β –གུང་ལ་ཕུག་གི་བཅུད་འདུས་ཚད་མཐོ་བས་ལི་མདོག་མདངས། ཀླུམ་བུ་ཀྲུང་མའི་ལྗིད་ཚད་སྤྱི་ཀྲ0.8 ~1.0བར་ཡིན།

ཏོ་ལན 83 མིང་གཞན་ལ་མདོ་ལའི་ཁབ་དཀར་པོ་ཟེར། སྔ་སྨིན་གྱི་རིགས་སུ་གཏོགས་པའི་སྔོ་ཚལ་ཞིག་ཡིན། གྲང་བཟོད་ནུས་པ་བཟང་། ནག་ཟལ་ནད་དང་ནག་ཙལ་ནད་འགོག་ཐུབ། སྡོང་རྐང་གི་མཐོ་ཚད་ལ་ལི་སྨི 60ཡོད། སྡོང་གཟུགས་ཕྱོགས་བཞིན་འབྱེད་པ། ལོ་མ་སྔོ་ངའི་རིང་པོའི་དབྱིབས་སུ་གྲུབ། ཁ་དོག་ལྗང་ནག ཕྲ་ཆོལ་ཕྱེ་རྡུལ་འབྲིང་ཙམ། མེ་ཏོག་སྤྱི་ལོ་ཀླུམ་དབྱིབས་ཡིན་པ་དང་། ཀླུམ་ངོས་སྒོར་དབྱིབས་སུ་གྲུབ་ཅིང་དམ་པ། ཀླུམ་བུ་ཀྲུང་མའི་ལྗིད་ཚད་སྤྱི་ཀྲ 800དང་། སྦུའུ་རེའི་ཐོན་ཚད་སྤྱི་ཀྲ 2 000~2 500བར་ཡིན།

ལྔ་པ། འདེབས་གསོའི་ངོ་དམ་ལག་རྩལ།

ཆུར་ཚལ་གྱི་འདེབས་གསོ་བྱེད་སྟངས་ནི་མེ་ཚལ་ལྗང་ཁུ་དང་འདྲ་མཚུངས་ཡིན་ཞིང་། དེའི་ས་བོན་གྱི་ཁྱད་ཆོས་དང་འཚོལ་བསྡུ་དུས་ཚོད། གནམ་

གཉིས་ཀྱི་ཆ་རྐྱེན་སོགས་ལ་གཞིགས་ནས་འདེབས་འཛུགས་དུས་ཚོད་གཏན་ཁེལ་བྱེད་དགོས།

(གཅིག) སོན་འདེབས་དང་ལྡང་གསོ།

ལྡང་བུ་གསོ་ས་བེད་སྤྱོད་བྱས་ཏེ་ལྡང་གསོ་བྱེད་དགོས། སོག་ཤུལ་སྔོན་མར་ཀན་ལན་རིགས་ཀྱི་ལོ་ཏོག་འདེབས་འཛུགས་བྱེད་མི་རུང་། སྨུག་གསོ་ས་ཆ་འདེམ་དུས། ས་གཤིས་གཤིན་པོ་ཡོད་པ་དང་སོབ་སོབ་ཡིན་པ། ཆུ་འབུད་སྟབས་བདེ་ཡིན་པའི་ས་ཞིང་བདམས་ནས་ལྡང་གསོ་བྱེད་དགོས། འཚོ་བཅུད་ས་ཞིང་ནི་མིས་ཐབས་ལ་བརྟེན་ནས་སྦྱོར་སྒྲིག་བྱས་པ་ཡིན་ན་བཟང་། སྤྱིར་བཏང་དུ་ལྕུམ་ཞིང་ནང་གི་ས་དང་སྐྱི་ལྷན་ལུད་རྫས་ལས་གྲུབ་ཅིང་། མཐུག་ཚད་ལི་སྨི 15 ~20ཡིན། ས་བོན་རྨོ་འདེབས་མ་བྱས་པའི་སྔོན་ལ། ལྡང་གསོ་ས་ཞིང་ཁོད་སྙོམ་དང་གཏིང་ཆུ་འདང་ངེས་ཤིག་འདྲེན་དགོས། ས་བོན་འདེབས་དུས་སུ་ཕྱུར་འདེབས་ཀྱི་བྱེད་ཐབས་སྤྱོད་དགོས་ཤིང་། སྨའུ་རེའི་ཚད་གྲངས་ནི་སྤྱི་ཀྲ 0.5ཡིན། ས་བོན་བཏབ་རྗེས་འཁལ་འཐག་མ་ཡིན་པའི་རས་ཆ་དང་ཉི་སྲིབ་དྲ་བ་གཉིས་གས་བཀལ་བ་དང་། ཉིན་རེའི་ས་སྲོད་ཀྱི་དུས་སུ་ཆུ་ཞུང་གཏོར་བྱས་ཏེ་ས་རྒྱུའི་བརླན་གཤེར་འཛིན་པར་བྱེད་དགོས། ས་བོན་བཏབ་ནས་ཉིན 4~5འགོར་རྗེས་ལྡང་སྨུག་ཐོན་པ་དང་། ཉིན་མོའི་དྲོད་ཚད 15~20℃དང་། མཚན་མོའི་དྲོད་ཚད 5℃ཡས་མས་ཡིན་དགོས། སྨུ་གུ་ཚང་མ་འབུས་རྗེས་འཁལ་འཐག་མ་ཡིན་པའི་རས་ཆ་དང་ཉི་སྲིབ་དྲ་བ་བཤུ་ལེན་བྱེད་དགོས་པར་མ་ཟད། རླུང་རྒྱུག་པ་དང་རླན་སེལ་བར་མཉམ་འཛོམ་བྱས་ནས་སྨུ་གུའི་ལོ་མ་སྐྱེས་དྲགས་པར་སྔོན་འགོག་བྱེད་དགོས། སྐྱེ་རྟེན་ལོ་མ་བརྒྱུད་རྗེས་དུས་ཐོག་ཏུ་སྨུ་གུ་མཐུག་སེལ་བྱས་ནས་ཁྲུང་བུ་རེའི་ནང་དུ་སྡོང་རྐང 1ལས་བཞག་འཛོག་བྱས་མི་ཆོག ལྡང་གསོ་ས་ཞིང་གི་སྐམ་བརླན་དོ་སྙོམ་བྱེད་དགོས་མོད། འོན་ཀྱང་ཆུ་ཚོད་འཛིན་བྱེད་མི་རུང་སྟེ། དེ་མིན་སྨུ་གུ་རྙེང་བ

དང་རེངས་སྨུག་འབྱུང་ངེས་ཡིན། སྨུ་གུ་ལ་ལོ་འདབ3~4འབུས་པའི་སྐབས་སུ།གཅིན་རྒྱུ་ཞུང་གཏོར་བྱེད་དགོས། གཞན་ཡང་། དུས་ཐོག་ཏུ་ཡུར་མ་ཡུར་ནས་ནད་དང་འབུ་སྐྱོན་འགོག་སེལ་བྱེད་དགོས།

(གཉིས) རྩ་སྤྲོས་རྒྱག་པ།

སྨུ་གུ་ལ་ལོ་འདབ7~8འབུས་པའི་དུས་སུ་རྩ་སྤྲོས་རྒྱག་དགོས།མ་བརྩུགས་གོང་གི་ཉིན 7~10 སྔོན་ལ་སྨུ་གུ་སྨྲུག་ལེན་དང་གཏིང་ཆུ་འདང་ངེས་ཤིག་བཏང་ནས་སྨུ་གུའི་གསོན་ཚད་རྗེ་མཐོ་རུ་གཏོང་དགོས། དུས་མཚུངས་སུ་རྨང་ལུད་ལེགས་པར་གཏོར་དགོས་ཏེ། རུལ་བསྐལ་སྐྱེ་ལྡན་ལུད་རྫས་སྤྱི་ཀྲ 2 500~5 000དང་ལིན་ལུད་སྤྱི་ཀྲ 20~25གཏོར་དགོས།

ཆུར་ཚལ་ནི་བརྟན་གཤེར་ཆེ་བར་དགའ་ཞིང་ཉོད་སྐྱོན་མི་བཟོད་པའི་སྡོ་ཚལ་ཞིག་ཡིན་པས། ཞང་མིག་མཐོན་པོ་དང་འོབས་རྡོང་ཟབ་མོ་ནང་ནས་འདེབས་གསོ་བྱེད་དགོས་ཤིང་། ཞང་མའི་ཞེང་ལ་སྨི 3ཡོད་སར་ཕྲེང་གྲངས 2འདེབས་འཛུགས་བྱེད་ཅིང་། སྡོང་ཁང་གི་བར་མཚམས་ལི་སྨི 33ཡོད་དགོས། མུའུ་རེའི་སྟེང་དུ་སྡོང་ཁང 2 000~2 300འཛུགས་པ་ཡིན། རྩ་སྤྲོས་རྒྱག་པའི་རྗེས་སུ་འཕྲལ་མར་སྨུ་གུ་ལ་ཆུ་གཏོར་དགོས།

(གསུམ) ཞིང་ཁའི་བདག་གཉེར།

རྩ་སྤྲོས་བརྒྱབ་ནས་ཉིན 3 ~ 4འགོར་རྗེས་ལ་འདྲེན་ཆུ་གཉིས་པ་གཏོང་དགོས་ལ། ས་ཞིང་མུའུ་རེའི་ཐོག་ཏུ་སྟེང་ལུད་གཅིན་རྒྱུ་སྤྱི་ཀྲ 10དང་། ལིན་སྐྱུར་ཨེན་གཉིས་སྤྱི་ཀྲ12~15བཞག་ནས་སྨུ་གུ་གསོན་རྒྱས་འཚར་ལོངས་ལ་སྐུལ་འདེད་གཏོང་དགོས། ཆུ་གཏོང་དུས་སུ་ས་རྒྱུ་དང་གནམ་གཤིས་ཀྱི་གནས་ཚུལ་ལ་གཞིགས་ནས་ཆུ་གཏོང་བ་དང་། ས་རྒྱུའི་བརྟན་གཤེར་འཛིན་པར་བྱེད་དགོས་པར་མ་ཟད། རྐོ་འཛོར་གྱིས་གཏིང་སློག་མི་བྱེད་པར་ཡུར་མ་ཡུར་ནས་རྩྭ་ཡན

སེལ་བ་དང་ས་རྒྱུའི་མཁའ་རླུང་ལེགས་སྒྱུར་བྱས་ན་རྩ་ལག་འཚར་སྐྱེ་ཡོང་བར་སྐུལ་འདེད་དང་སྨྱུ་གུའི་འཚར་སྐྱེ་ལ་ཕན་པ་ཡོད།

ཆུར་ཚལ་གྱི་ལུད་རྫས་དགོས་མཁོ་ཆུང་ཆེ་བ་དང་། ཡུར་མ་ཡུར་བའི་དུས་སྐབས་དང་བསྟུན་ནས་ཚད་དང་རན་པའི་བསྲེས་སྦྱོར་ལུད་རྫས་དང་གཅིན་རྒྱ་གཏོར་ཏེ། མེ་ཏོག་ཟླུམ་བུ་ཇེ་ཆེར་འགྲོ་བར་སྐུལ་འདེད་བྱེད་དགོས། མེ་ཏོག་གི་ཚངས་གཞུང་ཁོག་སྟོང་དུ་མི་འགྱུར་བའི་ཆེད་དུ། མེ་ཏོག་གི་ཐིའུ་མ་མངོན་པའི་ཉིན15~20སྔོན་ལ 16%གཤེར་གཟུགས་པོན་ལུད་པའི་ཡེ 1 000ཐེངས 2~3ལ་གཏོར་ནས་སྙིང་ལུད་འཛོག་དགོས། མེ་ཏོག་གི་ཐིའུ་མངོན་པའི་དུས་འགོར། མེ་ཏོག་ཟླུམ་བུར་སོ་མ་གསར་བ་འབྱུས་པ་ཡིན་པས་ལུད་རྫས་ཐེངས་གཅིག་ལ་འཛོག་དགོས་ཤིང་། སྦུའུ་རེའི་སྟེང་དུ་བསྲེས་སྦྱོར་ལུད་རྫས་སྤྱི་རྒྱ 20འཛོག་དགོས། དེའི་འཕྲོར་ཆུར་ཚལ་གྱི་འཚར་སྐྱེ་གནས་ཚུལ་ལ་དམིགས་ནས་མེ་ཏོག་གི་ཐིའུ་མངོན་པའི་སྐབས་སུ་ཡང་བསྐྱར་ལུད་རྫས་ཐེངས་གཅིག་ལ་འཛོག་པ་ཡིན། མེ་ཏོག་ཟླུམ་བུ་བྱ་སྒོང་གི་ཆེ་ཆུང་དང་འདྲ་བའི་དུས་སུ། ཆུ་གཏོང་བའི་དུས་མཚུངས་སུ་སྦུའུ་རེ་སྟེང་དུ་གཅིན་རྒྱ་སྤྱི་རྒྱ 10~15 གཏོར་དགོས་པར་མ་ཟད་ཙྭ་ལུད་ཀྱང་ཚད་དང་རན་པ་ཞིག་གཏོར་དགོས། མེ་ཏོག་ཟླུམ་བུའི་ཆེ་ཆུང་ཁུ་ཚུར་དང་འདྲ་བའི་སྐབས་སུ། ཆུ་གཏོང་བའི་དུས་མཚུངས་སུ་སྦུའུ་རེ་སྟེང་དུ་གཅིན་རྒྱ་སྤྱི་རྒྱ 10 གཏོར་ནས་ཟླུམ་གཟུགས་ཇེ་ཆེར་འགྲོ་བར་སྐུལ་འདེད་གཏོང་བ་དང་། དུས་མཚུངས་སུ་ཐེངས་མང་པོར་སོ་མའི་སྟེང་ལ་ལུད་གཏོར་དགོས་ཤིང་། དཔེར་ན་ལིན་སྒྱུར་ཆེང་གཉིས་ཙྭ་ལྷ་བུའོ། །

ཆུར་ཚལ་གྱི་མེ་ཏོག་ཟླུམ་བུ་ཕྱིར་མངོན་རྗེས། མེ་ཏོག་ཟླུམ་བུའི་ཕྱི་རོལ་གྱི་ལོ་འདབ་ཆེ་པོས་ཟླུམ་བུ་ཐུམ་སྒྲིལ་བྱས་ཆོག དེའི་འཕྲོར་འབྲས་སོག་སོགས་ཀྱིས་ཡང་མོར་སྡེམ་དགོས། བསྡམ་སྐབས་ལོ་འདབ་ལ་རྨས་སྐྱོན་མི་བཟོ་བར་སེ

ཏོག་བླུམ་བུའི་ཕྲུས་ཚད་ཁག་ཐེག་བྱེད་དགོས།

(བཞི) ནད་འབུའི་གནོད་སྐྱོན་འགོག་བཅོས།

ཆུར་ཚལ་གྱི་འཚར་སྐྱེའི་བརྒྱུད་རིམ་ཁྲོད་དུ་གནོད་སྐྱོན་གཙོ་བོ་ནི་ཐོལ་སོག་རིམས་ནད་དང་རྩེ་ཤིང་རུལ་ནད། རྩ་བ་སྐྲང་སྤོས་ཀྱི་ནད། ནག་རུལ་གྱི་ནད། སད་འབུའི་ནད། ནག་ཟལ་ནད། གྲིབ་ཉིང་ནད། སྙེ་རུལ་ནད་སོགས་ཡོད། གནོད་འབུའི་གནོད་འཚེ་ནི་སྐྱེ་དངོས་གནོད་འབུ་དང་། ཕྱེ་འབུ་སྔོ་ལོ། མཚན་འཕུར་ཕྱེ་མ་ལེབ། ས་འབུ་སེར་མགོ་སོགས་ཡོད། སྐྱེ་དངོས་གནོད་འབུ་དང་ཕྱེ་དཀར་ཤིག་འགོག་བཅོས་བྱེད་དུས་འབུ་སྲིན་གསོད་བྱེད་ཀྱི་པང་ལེབ་སེར་པོ་སྦྱད་ནས་བསླུ་གསོད་བྱས་ཆོག དངུལ་སྐྱུ་མདོག་ཅན་གྱི་འགྱིག་ཤོག་བཀལ་ན་གནོད་འབུ་རྣམས་གཡོལ་སྐྲོད་བྱེད་ཐུབ།

1.ཐོལ་སོག་ནད། སྨར་སྲིན་རང་བཞིན་གནོད་འཚེ་ཡོད་པའི་ནད་རིམས་ཤིག་ཡིན། ལྕུ་གུའི་སྙེད་གཞུང་དུ་ཆུས་སྦྱོང་བ་ལྟ་བུའི་དབྱིབས་གཟུགས་མངོན་ཞིང་། མཇུག་མཐར་སེར་མདོག་ཐེག་དབྱིབས་མངོན་ནས་སྐམ་ཤིར་འགྲོ་བ་ཡིན། ལྕུག་གསོའི་དུས་སྐབས་སུ་ལྷང་གསོ་ས་ཞིང་སྟེང་དུ་ཆུ་བསགས་པར་དོ་སྣང་བྱ་དགོས། སྤ་མོ་ནས 75%བརྒྱ་སྲིན་ཚིང་པའི་ཡེ 80ག་ཤེར་ཆུ་གཏོར་དགོས།

2.རྩེ་ཤིང་རུལ་ནད། སྨར་སྲིན་རང་བཞིན་གནོད་འཚེ་ཡོད་པའི་ནད་རིམས་ཤིག་ཡིན། ལྕུ་གུ་འབུས་དུས་སུ་སྙེད་གཞུང་དང་རྩ་བ་ནས་འཛིང་དབྱིབས་ཁམ་མདོག་གི་ནད་ཤུལ་མངོན་པ་ཡིན། ལྷང་གསོ་ས་གནས་དུག་སེལ་བྱས་ཏེ་སླི་གྲུ་བཞི་མ་རེའི་སྟེང་དུ 40%བཙོ་ལོ་ཚོད་ཅི་པིན་སྨན་ཕྱེ་ཁེ 9 +70%ཏའེ་སེན་སྨན་ཞུན་ཀླན་རུང་ཕྱེ་རྫས་ཁེ 1དང་། ས་ཞིབ་མོ་སྤྱི་རྒྱ 4~5སྙོམ་བསྲེས་བྱེད་དགོས་ཤིང་། ས་བོན་བཏབ་རྗེས་སྙོམ་བསྲེས་བྱས་པའི་སྨན་ས་དེ་ཉིད་ས་བོན་གྱི་སྟེང་དུ་འགེབས་པ་དང་། ནད་སྟོང་ཡོད་པ་ཤེས་ན་དུས་ཐོག་ཏུ་ནད་ཅན་གྱི་ལྕུ་གུ་རྩ་བཀོག་བྱ་དགོས།

ནད་ལྷང་ཐོག་མའི་དུས་ཀྱི་སྨན་རྫས་འགོག་བཅོས། 75%བརྒྱ་སྲིན་ཆིང་ཐྲན་ཙུང་ཕྱེ་རྫས་པའི་ཡེ 600དང་། 70%ཏའི་སེན་སྣན་ཞུན་ཐྲན་ཙུང་ཕྱེ་རྫས་པའི་ཡེ 500 ཟངས་ཨེམ་འདྲེས་རྫས་པའི་ཡེ 400སོགས་གཤེར་ཁུའི་སྨན་ཐུམ་སྦྱོད་དགོས་ཤིང་། ཉིན 7ཡས་མས་ནས་ཐེངས 1ལ་གཏོར་བ་དང་། སྤྱིར་བཏང་དུ་ཐེངས 1~2ལ་གཏོར་རོ། །

3.སད་འབུའི་ནད། སྨར་སྲིན་རང་བཞིན་གནོད་འཚེ་ཡོད་པའི་ནད་རིམས་ཤིག་ཡིན། བཞུར་ཆུ་དང་ཆར་ཐྲུང་། ཞིང་ལས་ཀྱི་བཀོལ་སྤྱོད་སོགས་བརྒྱུད་ནས་ཁྱབ་སྤེལ་བྱེད་ཅིང་། སྔོང་པོའི་སྙིད་གཞུང་དང་མེ་ཏོག་གི་ཡལ་ག་སོགས་ལ་གནོད་འཚེ་ཡོད། གནོད་འཚེ་ཐོག་པའི་ལོ་འདབ་ཀྱི་སྟེང་དུ་ཚུལ་ལྡན་མིན་པའམ་ཟུར་མང་དབྱིབས་གཟུགས་གྲུབ་པའི་ནད་ཤུལ་མངོན། གནམ་གཤིས་བརྟན་གཤེར་ཆེ་བའི་སྐབས་སུ། ལོ་མའི་རྒྱབ་ངོས་སུ་རུལ་མདོག་དཀར་པོ་འབྱུང་བ་ཡིན། དུས་མཇུག་ཏུ་ནད་ཤུལ་བསྐམས་ནས་ཁམ་སེར་དང་ཡང་ན་སྐམ་མདོག་སེར་པོ་ཆགས་པ་དང་། ཚབས་ཆེ་བའི་སྐབས་སུ་ལོ་འདབ་ཡོངས་རྫིད་འགྲོ། གཞུང་རྟ་དང་མེ་ཏོག་གི་ཡལ་ག་ལ་གནོད་འཚེ་ཐོག་ན་སྐྲངས་སྦོས་དང་ཡང་ན་ཡ་མ་གཟུགས་མངོན་པ་ཡིན། དྲོད་ཚད 15~20℃བར་དང་། ཁ་དབུགས་བརྟན་པ། དམའ་གཤོང་ནས་བསགས་ཆུ་ཡོད་པ། ས་རྒྱུའི་འབྱར་ཚེ་ལྷེ་བ་སོགས་ཀྱི་སྐབས་སུ་ནད་འདི་འབྱུང་སླ་བ་རེད། ནད་འདི་རིགས་འགོག་བཅོས་བྱེད་དུས་ཞིང་བར་གྱི་དོ་དམ་ལ་ཤུགས་སྣོན་དགོས་ཤིང་། ས་བབ་ཅུང་མཐོ་བ་དང་གནམ་གཤིས་སྐམ་ཤས་ཆེ་བ། ཐྲུང་རྒྱུག་པ་དང་འོད་ཐོག་པ། ཆུ་འབུད་ཐུབ་པ་ལེགས་པའི་ས་ཆ་གདམ་དགོས་པ་ཡིན། འོབས་དོང་ཟབ་ཅིང་རྡང་མ་མཐོ་སར་དུས་ཐོག་ཏུ་ལེན་ཏྲ་ལུད་ཚད་དང་རན་པ་གཏོར་དགོས། སྔོང་ཀང་སྟེང་དུ་ནད་ལྷང་རྗེས 75%བརྒྱ་སྲིན་ཆིང་ཐྲན་ཙུང་ཕྱེ་རྫས་པའི་ཡེ 500དང་། ཡང་ན 72%ཁྲུ་ལོ་ཁྲུ་

ཆྭན་ཙུང་ཕྱེ་སྨན་པའི་ཡི 600~800གཏོར་དགོས།

4.ནད་རུལ་ནད། ཕྲ་སྲིན་རང་བཞིན་གནོད་འཚེ་ཡོད་པའི་ནད་རིམས་ཤིག་ཡིན། ས་བོན་དང་། ཆུ་བཞུར། རྨ་ཁ་བརྒྱུད་ནས་མཆེད་པ་ཡིན། ནད་ལྡང་བའི་ནད་རྟགས་ནི་ཆུ་སྙིགས་ཀྱི་དབྱིབས་མངོན་པ་དང་། མེ་ཏོག་བར་ནས་སྨིན་པའི་སོ་མའི་སྙིང་དུ་ནད་ལྡང་དུས vདབྱིབས་ནད་ཤུལ་འབྱུང་། རྨ་ཁར་ནད་རིམས་འགོས་དུས་ཁམ་སྐྱའི་ནད་ཤུལ་བྱུང་ནས་མཐའ་ཁུལ་སེར་པོ་གོར་དབྱིབས་ཆགས། དུག་སེལ་ས་བོན་དང་སྐྱེ་སྟོབས་བཟང་བའི་ལྡང་བུ་སྐྱེད་སྲིང་བྱས་ཏེ་རིམས་ནད་འདི་སྔོན་འགོག་བྱེད་པ་ཡིན། ལུགས་མཐུན་གྱིས་རེས་འདེབས་ལག་བསྟར་བྱས་ཏེ། ལྷུམ་ར་གཙང་སེལ་དང་ནད་སྡོང་གི་རྩ་མ་གཙང་སེལ་བྱ་དགོས། 72%ཞིང་སྦྱོད་ཟེ་སྐྱུར་ལེན་མེ་སུའུ་ཆྭན་ཙུང་ཕྱེ་རྫས་པའི་ཡི 4 000དང 50%སའོ་ཁེ་ལིང་ཆྭན་ཙུང་ཕྱེ་རྫས་པའི་ཡི 1 000གཏོར་དགོས།

5.སྙི་རུལ་ནད། ཕྲ་སྲིན་རང་བཞིན་གནོད་འཚེ་ཡོད་པའི་ནད་རིམས་ཤིག་ཡིན། མང་ཆེ་བ་ནི་དུས་དཀྱིལ་དང་དུས་མཇུག་ལ་འབྱུང་བཞིན་ཡོད། སྡོང་པོའི་གཞུང་རྐང་དང་རྩ་བར་སྦྲངས་ཆུའི་དབྱིབས་ཁྲ་ཐོན་པ་དང་། དུས་མཇུག་ཏུ་རུལ་ནས་དྲི་ངན་གྲོ་བ་ཡིན། ཆུར་ཚལ་འདེབས་འཛུགས་པའི་ཞིང་ས་རེས་འདེབས་བྱེད་ཅིང་ལྷུམ་ར་གཙང་སེལ་བྱེད་དགོས་ལ། རུལ་བསྒྲལ་མ་ཡིན་པའི་སྐྱེ་ལྡན་ལུད་རྫས་བེད་སྤྱོད་མི་བྱེད་པ་ཡིན། ཞིང་སར་ལོག་བརྒྱབ་ནས་ཉི་མར་སྐམ་དགོས། གནོད་འབུ་རྩ་སྒྲོག་བྱེད་དགོས་ན་ཞིང་ལས་རྨོ་འདེབས་ཀྱི་སྐབས་སུ་རྨ་ཁ་བཟོ་བར་གཡོལ་ཐབས་བྱེད་པའམ་ས་བོན་གས་སྲུབས་ཅན་དུ་གཏོང་མི་རུང་། སྨན་རྫས་ཀྱིས་འགོག་བཅོས་བྱེད་དུས། 72%ཞིང་སྦྱོད་ཟེ་སྐྱུར་ལེན་མེ་སུའུ་ཞུ་ཙུང་སྨན་ཕྱེ་པའི་ཡི 3 000~4 000དང་། གསར་བཙུགས་མེ་སུའུ་པའི་ཡི 4 000དང་། 30%དབྱང་ཁིལ་ཟངས་རྫས་སྲིས་མ་པའི་ཡི 300 ~400དང 14%ལའོ་ཨེམ་ཟངས་ཆུ་

སྨན་ཕྱེ་པའི་ཡི 350སོགས་གཏོར་དགོས་ཤིང་། ཉིན 7~10བར་ནས་ཐེངས་གཅིག་ལ་གཏོར་བ་དང་། བསྟུད་མར་ཐེངས 2~3ལ་གཏོར་བའོ། །

6.སྔོན་ཉིང་ནད། སྐར་སྔོན་རང་བཞིན་གནོད་འཚེ་ཡོད་པའི་ནད་རིམས་ཤིག་ཡིན། མང་ཆེ་བ་འཚར་སྐྱེའི་དུས་དཀྱིལ་དང་དུས་མཇུག་ལ་འབྱུང་བཞིན་ཡོད། ཐོག་མའི་དུས་སུ་སྣངས་ཆུའི་དབྱིབས་ཁྲ་ཐོན་པ་དང་ཁམ་མདོག་གི་ནད་ཤུལ་མངོན། ཟ་འཛུགས་མཉེན་ཞིང་རྩུལ་བས་སྔོན་ཉིང་ནག་པོ་ཆགས་པ་ཡིན། ནད་ལྡང་བ་ཚབས་ཆེན་ཡིན་པའི་ས་ཞིང་གཏིང་དུ་སློག་ནས་སྔོན་ཉིང་ས་འོག་ཏུ་བཙུག་ནས་སྔོན་འབུའི་ནད་ཁུངས་ཇེ་ཉུང་དུ་གཏོང་དགོས། ཚུལ་དང་མཐུན་པའི་སྣོ་ནས་ལུད་བཞག་སྟེ་སྐྱེ་སྟོབས་བཟང་བའི་ལྗང་བུ་གསོས་ནས་སྡོང་རྐང་ནད་འགོག་ནུས་པ་ཇེ་ཆེར་གཏོང་དགོས། 50%ཐའོ་པུ་ཙིན་རྫས་རྩང་ཕྱེ་རྫས་པའི་ཡི 500དང་། 70%ཙྪ་ཧྲི་ཐའོ་པུ་ཙིན་རྫས་རྩང་ཕྱེ་རྫས་པའི་ཡི1 000~2 000དང་། 50%སའོ་ཁེ་ལིང་རྫས་རྩང་ཕྱེ་རྫས་པའི་ཡི 2 000དང་། 40%སྔོན་ཉིང་རྫས་རྩང་ཕྱེ་རྫས་གཙང་མ་པའི་ཡི 1 000~1 500དང་། 30%སྔོན་ཉིང་ལི་རྫས་རྩང་ཕྱེ་རྫས་པའི་ཡི1000གཏོར་དགོས། ཉིན 10རེའི་མཚམས་ནས་ཐེངས 1ལ་གཏོར་བ་དང་། བསྟུད་མར་ཐེངས 2~3ལ་གཏོར་རོ། །

7.སྐྱེ་དངོས་གནོད་འབུ། ཐ་རེ་ཐོར་རེ་འབྱུང་སྐབས། དུས་ཐོག་ཏུ 10%ཧྭ་ཀོང་ཁྲིན་དང་། 10%པི་ཏན་པའི་ཡི 1 500དང་། ཡྭ་པྭ་སོགས་སྨན་ཕྱེ་གཏོར་དགོས།

8.མེ་ལྕེབ་ཕྱེ་ལེབ་དང་ཕྱེ་འབུ་སྔོ་ལོ། མཚན་མའི་སྒྲུལ་རྒྱ་སྤྱད་དེ་བསྡུ་གསོད་བྱས་ནས་གནོད་འབུའི་གནོད་འཚེ་ཇེ་ཉུང་དུ་གཏོང་དགོས། ཡང་ན 15%ཨ་ལྦུའི་ཧོ་སུ་ཕེ་པའི་ཡི 2 000དང་། 5%རྒྱལ་ལིན་གཅིན་རྒྱུ་པའི་1 000,2%ཨ་ལྦུའི་པའི་ཡི 1 000 20%ཙྪ་ཆེན་པའི་ཡི 2 000 4.5%ཀའོ་ལོ་པའི་ཡི 1 500 +

50% ཞིན་ལིག་ལིན་པའི་ཡེ 1 000དང 5% རའི་ཅིན་ཐིག་སྨན་ཕྱེ་སོགས་སྦྱོང་དགོས། ས་ཞིང་མུ་ཙེ་རེའི་སྟེང་དུ་ཏའོ་སྒི 50~60 གཏོར་དགོས། སྨན་གཏོར་རྗེས་དེའི་ཕན་ཡོན་ལ་གཞིགས་ནས་ཁ་གསབ་བྱེད་མིན་ཐག་གཅོད་དགོས།

9.ས་འབུ་མགོ་སེར། གཙོ་བོ་མྱུ་གུ་འབུས་པའི་དུས་འགོར་གནོད་འཚེ་གཏོང་བ་ཡིན། ས་འབུ་མགོ་སེར་འགོག་སེལ་བྱེད་དུས་རྫ་ལྷུམ་མེད་པར་བཟོས་ནས་དེའི་སྟེང་གཏོང་ས་གཙང་སེལ་བྱེད་དགོས། གནོད་འབུ་བསྡུ་གསོད་བྱེད་དུས། འབྲུ་འབུ་དང་ཟུང་དུ་འབྲེལ་ནས་ཀ་ར་དང་སྦྱར་ཁུ། ཆང་སོགས་ཀྱི་བསྡུ་གསོད་གཉེར་ཁུ་དང་། ཞོག་ཁོག་མངར་མོ། ལ་སེར་སོགས་སྦྱར་བསྐལ་གཉེར་ཁུ་སྦྱུད་དེ་བསྡུ་གསོད་བྱེད་དགོས། འབུ་ཕྲུག་བསྡུ་འཛིན་བྱེད་དུས། ཤིང་ཕའོ་ཐུང་གི་ལོ་མ་ཡང་ན་ཤུ་ལུ་ཁའི་ལོ་མ་བསྡུ་འཛིན་བྱེད་པ་དང་། ཉིན་རེའི་ཚོགས་པ་ཞིང་ཁར་སོང་ནས་འཛིན་དགོས། ན་རྒན་འབུ་ཕྲུག་ལའང་ཚོགས་པར་ཞིང་ཁར་སོང་ནས་ཞིབ་བཤེར་བྱས་ཆོག གལ་ཏེ་ཆག་གས་ཅན་གྱི་མྱུ་གུ་ཡོད་པ་མཐོང་ན་ཉེ་འགྲམ་གྱི་ས་སློག་ནས་འཛིན་གསོད་བྱེད་དགོས། སྨན་རྫས་འགོག་བཅོས། ས་ཞིང་མུ་ཙེ་རེའི་སྟེང་དུ 5%ཞིན་ལིག་ལིན་ སྦྲིས་མ་ཏའོ་རྫིང 50དང 2.5%ཞུག་ཆིན་ཅའོ་ཀྱིའི་སྦྲིས་མ། ཡང་ན 40%ལའི་ཆིན་ཅའོ་ཀྱི་སྦྲིས་མ་ཏའོ་རྫིང 20 ~30དང་། 90% ཤེལ་གཟུགས་སྲིན་བརྒྱ་འགོག་ཁེ 50ནང་དུ་ཆུ་རྫིང 50བསྟེབས་ནས་ཊང་ས་གཏོར་བྱེད་དགོས། གོང་ནས་བརྗོད་པ་རྣམས་ནི་འབུ་ལོ 3ཅན་ལ་འཚམ་པ་ཡིན། འབུ་ལོ་ཚད་ཆུང་ཆེ་བ་ཡིན་ན་དུག་ཟན་སྦྱུད་དེ་བསྡུ་གསོད་བྱེད་དགོས། 90%ཤེལ་གཟུགས་སྲིན་བརྒྱ་འགོག་སྦྱི་རྒྱ 0.5དང་ཡང་ན 50%ཞིན་ལིག་ལིན་སྦྲིས་མ་ཏའོ་རྫིང 500ནང་དུ་ཆུ་རྫིང 2.5~5བསྣན་ནས་སྦྱི་རྒྱ 50ཅན་གྱི་དྲི་ཞིམ་ཐུལ་བའི་སྲིང་བལ་གྱི་འབྲུ་གུ་དང་སྲན་སྙིགས་ཡང་ན་གྲོ་ལྤགས་ཐོག་ཏུ་གཏོར་ནས། ས་སྲོད་ཀྱི་དུས་སུ་གནོད་སྐྱོན་ཐོག་སའི་ལོ་ཏོག་གི་ཉེ་སར་གཏོར་དགོས

ཞིང་། མུའུ་རེའི་སྤྱོད་ཚད་སྤྱི་ཀྲ 5ཡིན།

དྲུག་པ། འཚོལ་བསྡུ།

ཀླུམ་བུ་འཚར་སྐྱེ་གང་ལེགས་བྱུང་བའམ་མདོག་དཀར་བ། རྒྱུ་ཕྲུས་ཞིབ་ཅིང་ཚགས་པ། ཕྱི་ངོས་འཛོང་པོ། གསར་ཞིང་མཉེན་ལ་རྣས་རྒྱུ་མེད་པ། བས་མཐའ་ད་དུང་ཁ་མ་གྲམ་པའི་དུས་སུ་འཚོལ་བསྡུའམ་འཐོག་འཐུ་བྱས་ཆོག

འཚོལ་བསྡུ་བྱེད་པའི་སྐབས་སུ། མི་ཏོག་ཀླུམ་བུའི་འོག་རིམ་སྡོང་རྐང་དང་བར་ཐག་ལི་སྨི 10ཡོད་པའི་ས་ནས་གཅོད་འབྲེག་བྱེད་དགོས། སྟེང་ཕྱོགས་ཀྱི་མི་ཏོག་ཀླུམ་བུ་འཚོལ་བསྡུ་བྱས་པའི་རྗེས་སུ། ལྷང་རྐང་སྟེང་གི་ལོགས་སྐྱེས་སྨུ་གུའི་སྨུ་གུ་འབུས་པར་མ་ཟད་འཕྲལ་མར་ཡན་ལག་རྒྱས་ནས་དེའི་རྗེབས་རྗེ་ནས་ཀྱང་མི་ཏོག་ཀླུམ་བུ་ཆགས་པ་ཡིན། གཉོགས་རྗེས་ཀྱི་མི་ཏོག་ཀླུམ་བུའི་ཆེ་ཆུང་ངེས་ཅན་ཞིག་ལ་སླེབས་པ་དང་མི་ཏོག་གི་ཐེའུ་ད་དུང་མ་བཞད་པའི་དུས་སུ་ཡང་བསྐྱར་འཚོལ་བསྡུ་བྱས་ཆོག ཕྱིར་བཏང་དུ་བསྡུད་མར་འཐོག་འཐུ་འཚོལ་བསྡུ་བྱེད་པའི་གྲངས་ཀ་ནི་ཐེངས 2~3ཡིན།

ལེའུ་དྲུག་པ། ཙོང་།

དང་པོ། འཚོ་བཅུད་ཀྱི་རིན་ཐང་།

ཙོང་གི་འཚོ་བཅུད་ཀྱི་གྲུབ་ཆ་གཙོ་བོ་ནི་སྦྲི་དཀར་དང་མངར་རྒྱུའི་རིགས། འཚོ་བཅུད A (གཙོ་བོ་ལྗང་མདོག་ཙོང་གི་ལོ་མའི་ནང་དུ་འདུས) དང་། ཟས་རིགས་ཚི་སྣ། དེ་མིན་ད་དུང་ལིན་རྒྱུ་དང་ལྕགས། སྣེ་ལྕགས་སོགས་གཏེར་རྒྱུའི་རིགས་ལ་སོགས་པ་འདུས་སོ། །

གཉིས་པ། ཁོར་ཡུག་གི་བླང་བྱ།

(གཅིག) དྲོད་ཚད།

ཙོང་གི་ས་བོན་ནི་དྲོད་ཚད 4~5℃ ཡིན་པའི་ཁོར་ཡུག་གི་ཆ་རྐྱེན་འོག་ནས་སྨྱུ་གུ་འབུད་པ་དང་། དྲོད་ཚད15~25℃ཡིན་པའི་དུས་སུ་སྨྱུ་གུ་འབུས་ཡུན་ཤིན་ཏུ་མགྱོགས། སྡོང་རྐང་འཚར་སྐྱེའི་ཆེས་འཚམ་པའི་དྲོད་ཚད་ནི 15 ~25℃ ཡིན་ཞིང་། དྲོད་ཚད 25℃ལས་མཐོ་བའི་སྐབས་སུ་སྡོང་རྐང་འཚར་སྐྱེ་ཕྱིས་འགྱངས་སམ་ཇེ་དལ་དུ་འགྲོ་བ་ཡིན། འདབ་མ་ཁ་དོག་སེར་པོ་ཡིན་ལ་ནད་ཀྱི་གནོད་པ་འགོས་སླའོ། །

(གཉིས) འོད་འཕྲོ་ཚད།

ཙོང་ནི་ཉིན་ཟེར་གྱི་དྲག་ཞན་ལ་བླང་བྱ་མཐོན་པོ་མེད་པ་དང་། འཚར་སྐྱེའི་དུས་སྐབས་སུ་ཉི་ཟེར་གྱི་ཆ་རྐྱེན་བཟང་པོ་ཞིག་འཛོམ་དགོས། གནམ་འཕེབས་

པར་མི་དགའ་ལ་ཉི་འོད་དྲག་པོ་ལ་ཡང་མི་དགའ་བ་ཡིན།

(གསུམ) རླན་ཚད།

སྟོང་ཆེན་གྱི་ཐན་པ་ཐུབ་པའི་ནུས་པ་ཆེ་མོད། འོན་ཀྱང་མ་ལག་གི་འཛིབ་ལེན་ནུས་པ་ཞན་པས། འཚར་སྐྱེའི་དུས་རིམ་སོ་སོའི་ནང་དུ་ས་རྒྱུའི་རླན་ཚད་མཐོན་པོ་རྒྱུན་འཁྱོངས་བྱེད་ཐུབ་དགོས། སྟོང་གིས་ཞོད་སྨྲིན་མི་བཟོད་པས། ཆར་ཆུ་མོད་པའི་དུས་ཚིགས་ནང་དུ་དུས་ཐོག་ཏུ་འཁྱིལ་ཆུ་ཕྱིར་འབུད་དང་འབྲུབ་འགོག་བྱེད་པར་དོ་སྣང་བྱས་ཏེ་ཆུ་ཡི་རྩ་བ་སྙལ་བར་སྔོན་འགོག་བྱེད་དགོས། ཁང་ཡུ་ཐོན་པའི་དུས་སུ་རླན་ཚད་ཆེ་དྲགས་ན་ལོ་ཏོག་ཉལ་སླ་བ་ཡིན།

(བཞི) ས་རྒྱུའི་འཚོ་བཅུད།

སྟོང་ནི་ས་ཞིང་ལ་འཕྲོད་ཤུགས་ཆེ་ཙམ་ལྡན་པས། ས་རིམ་ཟབ་ཅིང་མཐུག་པ། ཆུ་འབུད་བཟང་བ། སྐྱེ་ལྡན་རྫས་བཅུད་འདུས་པའི་བྱེ་ས་སོབ་སོབ་ཡིན་ན་བཟང་། སྟོང་ནི་ཏན་ལུད་ལ་ཚོར་སྣང་ཆེན་པོ་ཡོད་པས། ཏན་ལུད་གཏོར་ན་ཕན་འབྲས་མངོན་གསལ་དོད་པོ་ཐོན་པ་རེད།

གསུམ་པ། འདེབས་འཛུགས་ཀྱི་བཀོད་སྒྲིག

མཚོ་སྔོན་ཞིང་ཆེན་ནས་ཟླ་3པའི་ཟླ་དཀྱིལ་དང་ཟླ་སྨད་དུ་སྨྱུ་གུ་འདེབས་འགོ་ཚུགས་ཆོག་ཅིང་། ཟླ་ལྔ་པའི་ཟླ་དཀྱིལ་ལམ་ཟླ་སྨད་དུ་གཏན་འཛུགས་རྩ་སྤྲོས་རྒྱག་དགོས།

བཞི་པ། ས་བོན་གདམ་ག

འཚམ་འཕྲོད་རང་བཞིན་ལེགས་པ། ནད་འགོག་རང་བཞིན་མཐོ་བ། འཚར་སྐྱེས་གསོན་ཤུགས་རྒྱས་པའི་སྟོང་གི་ས་བོན་འདེམ་སྒྲུད་བྱེད་དགོས། དཔེར་ན་ལོ་མ་ལྔ་འཛོམས་དང་ཧྭ་ཐང་བྱ་ཁང་སྟོང་། ཀྲང་ཆིའུ་སྟོང་ཆེན་སོགས་སོ། །

ལྔ་པ། འདེབས་གསོའི་ངོ་དམ་ལག་རྩལ།

(གཅིག) སོན་འདེབས་དང་ལྡང་གསོ།

1.ལུད་རྫས་གཏོར་བ། གཏིང་ལུད་ནི་སྐྱེ་ལྡན་ལུད་གཙོ་བོར་བཟུང་ནས་གཏོར་བ་དང་། འདེབས་འཛུགས་མ་བྱས་སྔོན་ལ་ཞིང་རྨོད་ས་སློག་ནས་གཏོར་དགོས། མུའུ་རེར་སྟེང་དུ་དུལ་བསྐལ་ལངས་པའི་སྐྱེ་ལྡན་ལུད་རྫས་སྤྱི་རྒྱ3 000~7 000དང་ཀའོ་ལིན་སྦྱར་ཀལ་སྤྱི་རྒྱ 30 ~100དང་། ལིག་སོན་ཐྭ་སྤྱི་རྒྱ 15 ~25གཏོར་བ་ཡིན།

2.ས་བོན་ཐག་གཅོད། འདེབས་འཛུགས་མ་བྱས་སྔོན་ལ་ཆུ་དྲོན་མོ 55℃ ཡི་ནང་དུ་དུས་ཚོད་སྐར་མ 10ཙམ་ལ་སྦངས་ནས་རྒྱུན་ཆད་མེད་པར་དཀྲུགས་དགོས། ཆུའི་དྲོད་ཚད 30℃ལ་བབས་པའི་སྐབས་སུ། ཆུ་ཚོད 4རིང་བསྐལ་རྗེས་ཕྱིར་བླངས་ནས་སེང་རས་ཀྱིས་བཏུམས་ཏེ་དྲོད་ཚད 24 ~25ཡིན་པའི་དྲོད་ཏག་ས་གནས་སུ་བཞག་ནས་མྱུ་གུའི་སྐྱེ་འཕེལ་འབྱུང་བར་སྐུལ་འདེད་བྱེད་དགོས། 80%ས་བོན་གྱིས་དཀར་མདངས་མངོན་རྗེས་འདེབས་འཛུགས་བྱས་ཆོག

3.སོན་འདེབས་ལྡང་གསོ། སྨུག་གསོ་ས་ཞིང་གཏིང་རྫི་ལུད་འཛོག་བྱས་ནས་ཞིང་གི་ཆེ་ཆུང་ལ་ལི་སྨི 70 ~100ཡོད་པའི་རྣང་མིག་བཟོ་དགོས། ལྡང་བུ་གསོ་སའི་ས་ཞིང་མུའུ་རེའི་སྟེང་དུ་ས་བོན་སྤྱི་རྒྱ 3 ~5སྤྱོད་དགོས་ཤིང་། ས་བོན་བཏབ་རྗེས་དེའི་སྟེང་དུ་ས་ལི་སྨི 0.5~0.6འགེབས་དགོས། སྐབས་བབ་ཀྱི་གནས་ཚུལ་དང་བསྟུན་ནས་ཆུ་གཏོར་བ་དང་། ས་གཞི་ཡིས་དུས་དང་རྣམ་པ་ཀུན་ཏུ་བརླན་གཤེར་འཛིན་པར་བྱེད་དགོས། མྱུ་གུ་ས་འོག་ནས་ཐོན་དུས་སུ་ཆུ་ཐེངས་གཅིག་ལ་གཏོར་དགོས། ས་རྒྱུ་ཇེ་འཁྱགས་ལ་འགྲོ་བའི་དུས་སུ་སྟེང་ལུད་འཛོག་པར་བསྟུན་ནས་ཡང་བསྐྱར་ཆུ་ཐེངས་གཅིག་ལ་འདྲེན་དགོས། ཕྱི་ལོའི་སྤོ་ལོག་གི་སྐབས་སམ་ཟླ་བ་བཞི་པའི་ཟླ་དཀྱིལ་དུ་ཡུར་མ་ཡུར་བ་དང་ཟུང་འབྲེལ་བྱས་ཏེ

སྙེང་ལུད་ཐེངས་གཅིག་ལ་འཇོག་དགོས། ལོ་མ་གསུམ་འཛོམས་ཀྱི་དུས་སྐབས་སུ་འཇུལ་རྗེས། ཆུ་འདྲེན་པའི་ཞོར་དུ་གཅིན་རྒྱ་སྦྱི་རྒྱ 3~10འཇོག་དགོས་སོ། །

(གཉིས) རྩ་སྲོས་རྒྱག་པ།

རྩ་སྲོས་རྒྱག་པ་དུས་ཚོད་ནི་ཟླ་ལྔ་པའི་ཟླ་དཀྱིལ་ཡིན་ལ། མྱུ་གུའི་མཐོ་ཚད་ཀྱིས་ལི་སྨི 20~30ཟིན་པ་དང་། ལོ་མ 3~4འབུས་པའི་སྐབས་སུ་རྩ་སྲོས་རྒྱག་དགོས། ཙོང་འདེབས་གསོ་ས་ཞིང་གི་ས་རྒྱུ་སོབ་སོབ་ཡིན་དགོས་པ་དང་། སྐྱེ་ལྡན་རྫས་བཅུད་འདུས་ཚད་མཐོ་བ། བརྒྱུད་མར་ལོ 2~3 ལ་ཙོང་བཏབ་མྱོང་མེད་པའམ་ཡང་ན་ཙོང་སྔོག་ཀེའུ་སོགས་སྔོ་ཚལ་གྱི་རིགས་བཏབ་མ་མྱོང་བའི་ས་ཞིང་ཡིན་དགོས། རྩ་སྲོས་རྒྱག་དུས་འཕྲེད་སྟར་བར་ཐག་ལ་ལི་སྨི 40དང་། སྡོང་རྐང་བར་ཚུན་གྱི་བར་ཐག་ལི་སྨི 3~5ཡིན་པའི་ཁར། རྩ་སྲོས་རྒྱག་པའི་གཏིང་ཟབ་ཚད་ལི་སྨི 10ཡིན་ཞིང་། ས་འགེབས་དུས་ཙོང་ཐམས་ཅད་ས་འོག་ཏུ་སྦེད་དགོས། གཏིང་ཚད་ནི་བཙོང་ཉིང་ཕྱིར་མངོན་ན་བཟང་། (རི་མོ 6–1) རྩ་སྲོས་བརྒྱབ་རྗེས་རྩ་བ་བརྟན་འཛུགས་ཡོང་ཆེད་ཀྱི་ཆུ་འདྲེན་དགོས་ཤིང་། ཉིན 5~7འགོར་བའི་རྗེས་སུ་སླར་ཡང་ཆུ་ཐེངས་གཅིག་ལ་འདྲེན་པའམ་གཏོར་བ་ཡིན།

རི་མོ 6–1 ཙོང་ལ་རྩ་སྲོས་རྒྱག་པ།

(གསུམ) ཞིང་ཁའི་བདག་གཉེར།

1.མྱུག་གསོའི་དུས་སྐབས། ངོ་དམ་གྱི་རྩ་དོན་ནི་ཐན་སྐྱོན་སྔུང་ཡང་ཞོད་·····

སྐྱོན་འགོག་པ་དང་ཆུ་འཁྱིམ་ལ་འཛེམ་དགོས། དེ་ལྟར་མ་བྱས་ན་རྩ་བ་རུལ་ཉེན་ཡོད། སྨུ་གུ་གསོ་འཇུགས་བྱས་རྗེས། དུས་ཐོག་ཏུ་ས་སོབ་སོབ་ཏུ་བཟོ་བ་དང་རྩྭ་ངན་ལ་ཡུར་མ་ཡུར་བར་མ་ཟད། གཏིང་ཐུང་ས་སྐྱོར་ཐེངས་གཅིག་རྒྱག་དགོས།

2.འཚར་སྐྱེའི་དུས་སྐབས། སྨུ་གུ་གསོ་འཇུགས་བྱས་རྗེས། སྔོང་ཀྲང་སྐྱེ་འཚར་གྱི་ཡང་རྩེར་སོན་དུས། ཆུ་ལྷུག་པ་དང་བསྟུན་ནས་སྙིང་ལུད་ཀྱང་འཛོག་དགོས་ཏེ། ས་ཞིང་མུའུ་རེའི་སྟེང་དུ་གཅིན་རྒྱུ་སྤྱི་རྒྱ 10~15 དང་། ཡང་ན་འདྲེས་སྦྱོར་ལུད་རྫས་སྤྱི་རྒྱ 15~20འཛོག་པ་ཡིན་ལ། འཚར་སྐྱེ་དུས་སྐབས་ཡོངས་སུ་སྙིང་ལུད་ཐེངས 2~3ལ་འཛོག་དགོས། ལོ་འདབ་སྟེང་དུ་ལིན་སྐྱུར་ཆིང་གཉིས་ཐྭ་ཐེངས 2~3ལ་གཏོར་བ་དང་། ཙོང་གི་གསོག་ཉར་རང་བཞིན་ཇེ་མཐོར་གཏོང་ཆེད། འཚོལ་བསྡུའམ་འཐོག་འཐུ་མ་བྱས་པའི་ཉིན 7གྱི་སྔོན་ལ་ཆུ་གཏོར་མཚམས་འཇོག་དགོས། འཚར་སྐྱེའི་ཡང་རྩེའི་དུས་སྐབས་བརྒལ་རྗེས། ས་སྐྱོར་ཐེངས་གཉིས་པ་བཞག་ནས་ས་སྣོན་རྒྱག་པ་དང་ས་ངོས་སྙོམ་པ་ཡིན། ས་སྐྱོར་ཐེངས་གསུམ་པའི་སྐབས་སུ་གཏིང་ཐུང་རྣང་མའི་ས་ཤུར་ཅན་གྱི་གྲུབ་པ་ཡིན། ས་སྐྱོར་ཐེངས་བཞི་པའི་སྐབས་སུ་རྣང་ཤུར་ཡང་ཇེ་ཆེར་འགྲོ་བ་ཡིན། ཐེངས་རེར་ས་སྐྱོར་རྒྱག་དུས་ཙོང་ཉིང་ས་སྒྲིབ་མ་བྱས་ན་བཟང་ཞིང་། འདེབས་འཛུགས་བྱེད་ཡུལ་གྱི་འོབས་དོང་ཟབ་ན་ཙོང་ནི་དཀར་ཞིང་རྒྱགས་པའོ། །

3.ནད་འབུའི་གནོད་འཚེ་འགོག་བཅོས་གཙོ་བོ།

(1) ནད་རིགས་གཙོ་བོ།

1)དངོས་ལུགས་འགོག་བཅོས། རིམས་འགོག་ས་བོན་དང་ནད་མེད་ས་བོན་འདེམ་སྤྱོད་བྱེད་དགོས། སྐྱེ་ལྡན་ལུད་རྫས་འཛོག་པ་དང་། ལིན་ཐྭ་ལུད་འཕར་སྣོན་བྱས་ཏེ་སྔོང་ཀྲང་གི་ནད་འགོག་ནུས་པ་ཇེ་མཐོར་གཏོང་དགོས། ས་བབ་མཐོ་བ་དང་ཆུ་འབུད་སླ་བའི་ས་ཞིང་གདམ་ག་བྱས་ནས་འདེབས་འཛུགས་བྱེད་ཅིང་།

རེས་འདེབས་དུས་ཡུན་ལོ 2~3ཡིན།

2) སྨན་རྫས་འགོག་བཅོས།

① སད་འབུའི་ནད། ནད་ལྷང་མ་ཐག་པའི་དུས་སུ 40%ཡུ་ལྷིན་ལའི་རྣན་ཅུང་ཐེ་རྫས་པའི་ཡེ 250དང་། 25%ཕུན་ཏན་ཚོལ་སྦྲིས་མ་པའི་ཡེ 2 000 75 བརྒྱ་སྲིན་ཆེང་རྣན་ཅུང་ཐེ་རྫས་པའི་ཡེ 600ཡི་སྨན་ཆུ་གཏོར་དགོས་ཤིང་། ཉིན7 ~10བར་ནས་ཐེངས 1ལ་གཏོར་བ་དང་། བསྟུད་མར་ཐེངས 2 ~3ལ་གཏོར་བའོ། །

② བཙའ་ནད། ནད་ལྷང་མ་ཐག་པའི་དུས་སུ 15%སན་ཚོལ་ཐོན (བཙའ་ཉིང་ཐེ་མ)རྣན་ཅུང་ཐེ་རྫས་པའི་ཡེ 2 000~2 500དང་། ཡང་ན 12.5%སིན་ཚོལ་ཕྲུན་རྣན་ཅུང་ཐེ་རྫས་པའི་ཡེ 4 000ཡི་སྨན་ཆུ་གཏོར་དགོས།

③ སྨུག་ཐིག་ནད། ནད་ལྷང་མ་ཐག་པའི་དུས་སུ 75%བརྒྱ་སྲིན་ཆེང་རྣན་ཅུང་ཐེ་རྫས་ཡང་ན 53%ཅིན་ཙྭ་ཏོང་ལྣན་ཞིན་གཤེར་ཆུ་ཁ་ཐོར་རྡོག་རྫས······ ཞིང་སྨན་པའི་ཡེ 500གཏོར་བ་དང་། 50%གཡུ་སྲིན་གཅིན་རྒྱུའི་རྣན་ཅུང་ཐེ་རྫས་པའི་ཡེ 1 000གཏོར་བའོ། །

④ དཀར་པོའི་རིམས་ནད། ནད་ལྷང་མ་ཐག་པའི་དུས་སུ 64%དུག······ གསོད་མཚུར་རྣན་ཅུང་ཐེ་རྫས་པའི་ཡེ 400~500དང་། 60%ཐྲུལ་ལྣ་ལིན་ལྣན་ཞིན་རྣན་ཅུང་ཐེ་རྫས་པའི་ཡེ 800གཏོར་དགོས་ཤིང་། ཉིན7~10བར་ནས་ཐེངས 1ལ་གཏོར་བ་དང་། བསྟུད་མར་ཐེངས 2~3ལ་གཏོར་བའོ། །

(2) འབུ་གནོད་གཙོ་བོ།

1)ཙོང་སའི་སྦྲང་ནག

① ཞིང་ལས་འགོག་བཅོས། ཀ་ར་ནག་པོ་སྤྱི་རྒྱ 0.5དང་སྐྱུར་ཁུ། ཆང་སྤྱི་རྒྱ 0.25 + ཆུ་དྭངས་མོ་སྤྱི་རྒྱ 0.5 དེའི་ཁར་འབུ་བརྒྱ་གསོད་སྨན་ཕུང་ཙམ་སྣོན་

པ། སྨན་བསྡེབས་རྗེས་གསོང་བའི་ནང་དུ་བླུགས་ནས་གཏིང་ཚད་ལ་ལི་སྨི 5ཡོད་
པ་དེ་ཉིད་ཞིང་ནང་དུ་བཞག་ན་ཆོག་པ་ཡིན།

② སྨན་རྫས་འགོག་བཅོས། 90%འབུ་བཀྲ་གསོད་སྨན་པའི་ཡི 80དང་།
50%ཞིན་ལིག་ལིན་སྦྲིས་མ་པའི་ཡི1 000 ~1 500དང་ཡང་ན 10%སྦྲང་གསོད་
རྐྱང་བསད་དཔྱང་གཡེང་སྨན་རྫས་པའི་ཡི 1 000གཏོར་དགོས། ཉིན 6~8བར་
ནས་ཐེངས 1ལ་གཏོར་བའོ། །

2) ཙོང་ཐིག་མདོན་མེད་སྦྲང་ནག འབུ་ཕྲུག་ཡིན་པའི་དུས་སུ 50%འབུ་
བཀྲ་གསོད་པའི་ཡི 800དང་། 50%ཞིན་ལིག་ལིན་སྦྲིས་མ 1 000~1 500དང་
ཡང་ན 25%ཁེ་ལིག་ལིན་སྦྲིས་མ་པའི་ཡི 1 0001%ཨ་ཕེའུ་སྲིན་རྒྱུ་སྦྲིས་མ་དང་
ཡང་ན10%ཕི་ཁྲིན་ལིན་སྦྲིས་མ་པའི་ཡི 2 500གཏོར་དགོས། འབུ་དར་མ་འབྱུང་
བའི་དུས་འགོར 5%ཞུག་ཆེན་ཅའོ་ཀྲི་སྦྲིས་མ་པའི་ཡི 2 000གཏོར་དགོས་ཤིང་།
ཉིན 7ནང་ནས་ཐེངས 1ལ་གཏོར་བ་དང་། བསྟུད་མར་ཐེངས 2 ~3ལ་གཏོར་
བའོ། །

3) འབུ་སྲིན་ཅི་ལྷ། ལིན་ཙྭ་ལུད་རྫས་སྔོན་འཛུགས་བྱེད་ཅིང་། འབུ་སྲིན་
གསོད་བྱེད་ཀྱི་པང་ལེབ་སྟོན་པོས་བསླུ་གསོད་བྱས་ཆོག 10%ཕི་ཁྲིན་ལིན་ཀླན་
ཙུང་ཕྱེ་རྫས་པའི་ཡི 2 500དང 2.5%ཧྲུས་ཆེའི་ལའོ་སྦེ་ཆེན་ཅའོ་ཀྲི་སྦྲིས་མ་པའི་
ཡི 2 000གཏོར་དགོས་ཤིང་། ཉིན 6~8བར་ནས་ཐེངས 1ལ་གཏོར་བའོ། །

དྲུག་པ། འཚོལ་བསྡུ།

སྤྱིར་བཏང་དུ་ཕྱིའི་ལོ་མ་སྐྱེ་མཚམས་བཞག་པ་དང་། ལོ་མའི་མདོག་ལྗང་
སེར་དུ་གྱུར་པ། ས་རྒྱུར་དར་མ་ཆགས་སྟོན་གྱི་ཉིན 15 ~20ནང་དུ་འཚོལ་བསྡུ་
འམ་འཐོག་འཐུ་བྱས་ན་བཟང་། འཚོལ་བསྡུ་བྱས་རྗེས་ཉི་མར་ལྡེ་དགོས་ཤིང་ཤུང་··
བསྡམས་ཤུང་འཆིང་བྱེད་དགོས། ཉི་ཟེར་ལྡན་སུམ་ཚོགས་པའི་ས་གནས་སུ་ཉི······

སྐམ་བྱས་ནས་འདབ་གཞུང་དང་ལོ་མའི་ཤུབས་རིམ་ཙུང་སྐམ་པར་གྱུར་ན།
སྐམ་ཤས་ཆེ་ཞིང་གྲང་བསིལ་ཡིན་པའི་ས་གནས་སུ་ཉར་ཚགས་བྱེད་པ་དང་།
ཡང་ན་ཚོང་རར་འགྲེམ་ནས་ཉོ་སྒྲུབ་བྱས་ཆོག མཚོ་སྔོན་ཞིང་ཆེན་གྱི་དགུན་སྒྲོལ་··
ཙོང་ནི་ས་གཞི་དྲོས་ནས་ལོ་མ་གསར་པ་སྐྱེ་དུས་སུ་འཚོལ་བསྡུ་བྱེད་མགོ་ཚུགས······
ཆོག་ཅིང་། ཁང་ཡུ་ཐོན་ནས་མེ་ཏོག་བཞད་པར་དུ་རྒྱུན་མཐུད་ནས་འཚོལ་བསྡུ····
བྱེད་པ་ཡིན།

ལེའུ་བདུན་པ། ཀེའུ།

དང་པོ། འཚོ་བཅུད་ཀྱི་རིན་ཐང་།

ཀེའུའི་འཚོ་བཅུད་རིན་ཐང་ཧ་ཅང་མཐོ་སྟེ། ཁེ 100རེའི་ནང་དུ་བཟའ་བྱའི་སྙིད་དཀར་གྱི་ཉིང་བཅུད་ཁེ2~2.85དང་། ཚི་ལུ་ཁེ 0.2~0.5 སྙན་ཚུ་འདྲེས་སྦྱོར་དངོས་རྫས་ཁེ 2.4 ~6 ཚི་སྣའི་རྒྱུ་ཁེ 0.6 ~3.2 སོགས་འཚོ་བཅུད་གང་མང་ཞིག་འདུས་པ་རེད། གཞན་ཀེའུ་ནང་དུ་ད་དུང་ཡལ་སླ་རང་བཞིན་གྱི······ས་ཟེ་ཅན་དུ་འགྱུར་བའི་ཕུན་ཞི་ཡང་འདུས་ཤིང་། ཁ་ཚ་བའི་ཐྲོ་བ་ལྡན་པས་ཡི·····ག་སྐྱེད་པའི་ནུས་པ་ཡོད།

གཉིས་པ། ཁོར་ཡུག་གི་ལྟང་བྱ།

(གཅིག) དྲོད་ཚད།

ཀེའུ་ནི་གྲང་བཟོད་ནུས་པ་ཆེ་བའི་སྔོ་ཚལ་ཞིག་ཡིན། འཕྲོད་ཤུགས་ཆེ་ལ་དེའི་ལོ་མ་འཚར་སྐྱེ་ལ་འཕྲོད་པའི་དྲོད་ཚད་ནི 15~25℃ཡིན་མོད། འོན་ཀྱང་དྲོད་ཚད 10~15℃ཡི་ཆ་རྐྱེན་འོག་ཏུའང་སྐྱེ་ཐུབ་པ་ཡིན། ཀེའུའི་ལོ་མ་ཡིས་དྲོད་ཚད−5 ~−4℃ཡིན་ཡང་བཟོད་ཐུབ། འོན་ཀྱང་དྲོད་ཚད་མཐོན་པོ་བཟོད་མི་ཐུབ་ཅིང་། དྲོད་ཚད 25℃ལས་བརྒལ་བའི་དུས་སུ་འཚར་སྐྱེ་དལ་ཞིང་ཚི་སྣ་མང་དུ་འཕེལ་བ་དང་ཕྲུས་རྒྱུད་ཇེ་ཞན་དུ་འགྱུར་བ་ཡིན།

(གཉིས) འོད་འཕྲོ་ཚད།

བསིལ་བ་བཟོད་ཐུབ། ཀེཙུའི་འཚར་སྐྱེའི་གོ་རིམ་ཁྲོད་དུ་འོད་འཕྲོ་ཆེ་དྲགས་པའམ་ཆུང་དྲགས་པ་གང་ཞིག་ཡིན་རུང་ཀེཙུའི་སྤུས་ཚད་ལ་ཤུགས་རྐྱེན་ཐེབས་པ་ཡིན།

(གསུམ) རླན་ཚད།

ཀེཙུ་ཡི་ས་རྒྱུའི་རླན་ཚད་མཐོ་དགོས་ཏེ། འཚར་སྐྱེའི་དུས་སྐབས་ཧྲིལ་པོར་འདང་ངེས་ཀྱི་ཆུ་མཁོ་འདོན་བྱས་ནས། ས་རྒྱུའི་བརླན་གཤེར་རྒྱུན་སྲུང་བྱེད་དགོས།

(བཞི) ས་རྒྱུ་འཚོ་བཅུད།

ཀེཙུའི་ས་ཞིང་གི་འཕྲོད་ཤུགས་ཤིན་ཏུ་བཟང་ལ། བྱེ་ས་སོབ་སོབ་དང་ས་གཤེར། ས་སྨུགས་སོགས་ས་རྒྱུ་གང་རུང་གི་སྟེང་དུ་འདེབས་འཛུགས་བྱས་ཆོག ཀེཙུ་ལུད་རྫས་ལ་ཆགས་པ་ཡིན། འདེབས་གསོ་བྱེད་དུས་གཏིང་ལུད་འདང་ངེས་ཞིག་འཇོག་དགོས་པ་དང་། དབྱིད་ཀ་དང་སྟོན་ཁ་དུས་མཚམས་བགོས་ནས་སྟེང་ལུད་འཇོག་དགོས། ལུད་རྫས་ནི་ཏན་ལུད་གཙོ་བོར་བཟུང་ནས་ལིན་ཅྰ་ལུད་བསྲེས་གཏོར་བྱེད་པ་ཡིན།

གསུམ་པ། འདེབས་འཛུགས་ཀྱི་བཀོད་སྒྲིག

སོས་ཀ་སླེབས་པ་དང་སྟོན་མཇུག་བར་དུ་ནམ་ཡིན་ཡང་སྐྱ་འདེབས་བྱས་ཆོག   སྤྱིར་བཏང་དུ་ཟླ་3པའི་ཟླ་སྨད་ནས་ཟླ་5བའི་ཟླ་སྟོད་དེ། དབྱིད་དུས་སོན་འདེབས་བྱས་ན་བཟང་། དབྱར་དུས་ས་བོན་འདེབས་དུས་སྔ་ན་བཟང་ཞིང་འགོར་འགྱངས་བྱས་ན་མི་བཟང་།

བཞི་པ། ས་བོན་གདམ་ག

ཧོ་ནན་གྱི"791"དང་། ཤིན་ཀེཙུ་ཨང་རྟགས 5བ། ཏན་ཀྲུང་གི་དགུན་ཀེཙུ། ཁ་བའི་ཀེཙུ 731བཅས་སོ། །

ལྔ་པ། འདེབས་གསོའི་ཇོ་དམ་ལག་རྩལ།

(གཅིག) ས་བོན་སྦྱངས་ནས་སྨྱུ་གུ་སྐྱེ་འདེད།

ཀེའུ་ཡི་ས་བོན་ཆུང་བ་དང་སྦྲ་ཞིང་མཁྲེགས་ལ་ཆུ་འཛིབ་དཀའ་བས། ས་བོན་འདེབས་འཛུགས་བྱེད་དུས་སུ་ལོ་སོང་མར་འཚོལ་བསྡུའམ་འབྲེག་གཙོད་བྱས་པའི་ས་བོན་གསར་བ་བཀོལ་དགོས། ཚོ་འདེབས་མ་བྱས་གོང་གི་ཉིན 4~5སྔོན་ལ་ས་བོན་སྦྱངས་ནས་སྐྱེ་འདེད་བྱེད་དགོས། དང་ཐོག་ཆུ་དྲོན་མོ 40℃ནང་དུ་བཀྲུས་ནས་ཆུའི་ཁར་གཡེང་བའི་སྙེ་ཆག་ས་བོན་གཙང་སེལ་བྱེད་པ་དང་། དེའི་འཁོར་ཆུ་ཚོད 24རིང་ལ་ཆུ་ནང་དུ་སྦྱངས་རྗེས། ཕྱིར་བཏོན་ནས་རྫ་གཞོང་གཙང་མ་ནང་དུ་བླུགས་ཏེ་སེང་དཀྲིས་རློན་པ་འགེབས་དགོས་ཤིང་། དྲོད་ཚད 15 ~ 25℃ཡིན་པའི་ཁོར་ཡུག་ནང་དུ་བཞག་ནས་སྨྱུ་གུ་སྐྱེ་སྐྱུལ་བྱེད་དགོས། ཉིན་རེར་ཐེངས 1ལ་ཆུ་གཙང་མས་བཀྲུ་བ་དང་། 30%ས་བོན་གྱི་དཀར་མདངས་མངོན་རྗེས་ཚོ་འདེབས་བྱས་ཆོག

(གཉིས) སོན་འདེབས།

ཀེའུ་ས་བོན་ཚོ་འདེབས་བྱེད་དུས་རོལ་འདེབས་དང་གཏོར་འདེབས་གཉིས་སུ་དབྱེ་ཞིང་། སྨྱུག་གསོ་བྱེད་དུས་མང་ཆེ་བ་བདེ་སྙོམ་ཅན་གྱི་རྣང་མའི་སྟེང་དུ་གཏོར་འདེབས་དང་ཡང་ན་རོལ་འདེབས་བྱེད་པ་ཡིན། ཐད་ཀར་སོན་འདེབས་བྱེད་དུས་མང་ཆེ་བ་ཞིང་ཆེའི་འོབས་དོང་ནང་དུ་རོལ་འདེབས་བྱེད་བཞིན་ཡོད་དེ། བདེ་སྙོམ་བཟོས་ཡོད་པའི་རྣང་མའི་སྟེང་དུ་ཤུར་མོ་སྐྱུན་པ་དང་། འོབས་དོང་གི་ཟབ་ཚད་ལི་སྨི 7དང་། འོབས་དོང་གི་ཤུར་མཐིལ་གྱི་ཞེང་ཚད་ལི་སྨི 15 འོབས་དོང་གི་བར་ཐག་ལི་སྨི 25ཡིན་དགོས། ས་བོན་གཏོར་མ་ཐག་དུས་ཐོག་ཏུ་དེའི་སྟེང་དུ་མཐུག་ཚད་ལ་ལི་སྨི 2ཡོད་པའི་ས་རྡུལ་འགེབས་དགོས། དེ་ནས་རྐང་པས་ཡང་མནོན་ཐེངས་གཅིག་བྱེད་དགོས། མཇུག་མཐར་བྱེ་རྡུལ་ཕྲ་མོ་རིམ་པ

ཞིག་ཁེབས་ན་སྨྱུ་གུ་འབུས་པར་ཕན་པ་ཡོད། (རི་མོ 7–1)

རི་མོ 7–1 ཀའུ་རོལ་འདེབས་བྱེད་པ།

ལྡང་གསོ་སྲོས་འཛུགས། དང་ཐོག་རྣང་མའི་ནང་དུ་གཏིང་ཆུ་ཐེངས་གཅིག་འདྲེན་པ་དང་། ཆུའི་ཟབ་ཚད་ལ་ལི་སྨི 7~8ཡོད་དགོས། ཆུ་ས་འོག་ཏུ་སིམ་པའམ་ཐིམ་རྗེས་ས་བོན་སྙོམ་འདེབས་བྱེད་པ་དང་། དེ་འཕྲོར་མཐུག་ཚད་ལ་ལི་སྨི1 ~2 ཡོད་པའི་ས་གཏོར་དགོས། སྔོ་འདེབས་བྱས་རྗེས་རྣང་ངོས་སུ་འགྱིག་ཤོག་རིམ་པ་གཅིག་བཀབ་ན་ས་རྒྱུའི་དྲོད་ཚད་དང་བཞའ་སྲུང་ཐེ་མཐོར་གཏོང་ཐུབ། 30%ས་བོན་གྱི་སྨྱུ་གུ་འབུས་རྗེས་དུས་ཐོག་ཏུ་འགྱིག་ཤོག་བཤུས་ནས། སྨྱུ་གུ་སྐྱེག་ཤིར་མི་འགྲོ་བར་སྔོན་འགོག་བྱེད་དགོས། སྨྱུ་གུ་འགྱེལ་ཡོད་པ་མཐོང་དུས་སྨྱུར་མོར་བརླན་གཤེར་ཅན་གྱི་ས་དེའི་སྟེང་དུ་འགེབས་དགོས།

(གསུམ) རྩ་སྤོས་རྒྱག་པ།

1.དུས་ཚོད། དཔྱིད་འདེབས་ཀྱི་སྨྱུ་གུ་དབྱར་ཉི་ལྡོག་གི་རྗེས་ནས་རྩ་སྤོས་རྒྱག་པ་དང་དབྱར་འདེབས་སྨྱུ་གུ་ནི་ཚ་ཆེན་གྱི་སྔ་རྗེས་སུ་རྩ་སྤོས་རྒྱག་དགོས། རྩ་སྤོས་རྒྱག་པའི་དུས་སྐབས་སུ་རབ་ཡིན་ན་དྲོད་ཚད་མཐོ་བ་དང་རླན་ཚད་མཐོ་བའི་དུས་ཚིགས་ལ་གཡོལ་དགོས། དེ་ལྟར་མ་བྱས་ན་སྨྱུ་གུའི་སྔོ་འཛུགས་དུས་ཚོད་ཕྱིར་འགྱངས་བྱེད་པ་ཡིན།

2.རྩ་སྤོས་རྒྱག་པ། ཀའུ་སོན་གྱི་ཨ་ར་འདྲ་བའི་རྩ་བ་གཏུབ་ནས་ཐེ་ཐུང་དུ་བཏང་སྟེ་ལི་སྨི 2 ~3ལས་མི་འཇོག་ཅིང་། རྩ་བ་གསར་བའི་འཚར་སྐྱེ་ལ་སྐུལ་

འདེད་བྱེད་ཆེད་ད་དུང་ལོ་མའི་རྩེ་མོའང་ཇེ་ཐུང་དུ་གཏོང་དགོས། དེའི་འཕྲོར་རྣང་མིག་ནང་དུ་སྟོང་ཀང་གི་བར་ཐག་ལ་ལི་སྨི10×ལི་སྨི 20ཡོད་པར་བྱེད་ཅིང་། ཁྲུང་བུ་གཅིག་གི་ནང་དུ་སྟོང་ཀང7~10འཛུགས་དགོས། ཡང་ན་སྟོང་ཀང་གི་བར་ཐག་ལ་ལི་སྨི 16×ལི་སྨི 30(36)ཡོད་པར་བྱེད་ཅིང་། ཁྲུང་བུ་གཅིག་གི་ནང་དུ་སྟོང་ཀང 20~30འཛུགས་དགོས། སོན་བཟང་འདེབས་གསོའི་ཟབ་ཚད་ནི་སྟོང་ལག་གི་ཚིགས་མགོ་ཐོན་ཚིགས་ཀྱི་ཚད་ཡིན་ན་བཟང་།

(བཞི) ཞིང་ཁའི་བདག་གཉེར།

དྲོད་ཁང་འདེབས་གསོ། ཕྱིར་བཏང་དུ་ཟླ 10པའི་ཟླ་མཇུག་ཏུ་འགྱིག་ཤོག་འགེབས་པ་དང་ཟླ 11པའི་ཟླ་དཀྱིལ་དང་ཟླ་མཇུག་ཏུ་ཐེངས་དང་པོར་འབྲེག་དགོས། དྲོད་ཚད་ནི་དམ་ཐད་ནས་ཉིན་མོའི་དྲོད་ཚད 17~24℃རྒྱུན་འཁྱོངས་དང་། མཚན་མོའི་དྲོད་ཚད 10℃ཡིན་ན་བཟང་། དྲོད་ཚད་མཐོ་བའི་དུས་སུ་རླུང་རྒྱུག་ཏུ་འཇུག་དགོས། རྩིས་འདབ 6འབྱུང་བའམ་སྟོང་ལག་རྒྱས་པའི་མགོ་བཙུགས་དུས། རྩ་བ་ཡར་འཕེལ་བའི(སྟོང་ལག་རྒྱས་པའི་རྩ་དབྱིབས་ཐོག་མ་གཞི་དབྱིབས་ཀྱི་གོང་ལ་ཤོར་བ)སྣང་ཚུལ་བྱུང་ན། བྱེ་མ་དང་སས་གནོན་པའམ་ཡང་ན་ས་སྐྱོར་བརྒྱབ་ནས་རྩ་ལག་ཕྱིར་མི་མངོན་པར་སྔོན་འགོག་བྱེད་དགོས། སྨུ་གུ་ཡར་སྐྱེ་ནས་མཐོ་ཚད་ལ་ལི་སྨི 20ཡོད་པའི་སྐབས་སུ། སྙིང་ལུད་འཛུགས་པ་དང་ཆུ་གཏོང་མཚམས་བཞག་ནས་འཚོལ་བསྒུའམ་འབྲེག་གཅོད་བྱེད་པར་གྲ་སྒྲིག་བྱེད་དགོས། ཐེངས་དང་པོ་བྲེགས་ནས་ཉིན1~2འགོར་ཞིང་ཀའུ་རྨ་ཁ་སོས་རྗེས། ཙལ་བསྐལ་དུ་གྱུར་པའི་སྐྱེ་ལྡན་ལུད་གཏོར་དགོས། གཏོར་ཚད་ནི་མུའུ་རེར་སྤྱི་རྒྱ 2 000ཡིན་ལ། རྣང་ངོས་སུ་སྙོམ་གཏོར་བྱེད་དགོས། དེའི་རྗེས་ནས་ཀའུ་སྐྱེ་སྟེ་མཐོ་ཚད་ལ་ལི་སྨི5~6ཡོད་པའི་དུས་སུ། ཆ་རྐྱེན་འཛོམས་ན་ཆུ་གཏོང་ཞོར་དུ་སྙིང་ལུད་ཀྱང་ཐེངས་གཅིག་རེར་འཛུག་དགོས། མུའུ་རེའི་སྟེང་དུ་གཅིན་རྒྱ་སྤྱི་རྒྱ

10འཛོག་དགོས་ཤིང་། ལུད་རྫས་ངེས་པར་དུ་ཆུ་དང་མཉམ་དུ་གཏོར་ནས་ཨེམ་གནོད་འབྱུང་བར་གཡོལ་དགོས།

(ལྔ) ནད་འབུའི་གནོད་སྐྱོན་འགོག་བཅོས།

1.ནད་ཀྱི་གནོད་པ་གཙོ་བོ། སྐྱ་འབུའི་ནད་དང་འགོས་ནད།

(1)ཞིང་ལས་འགོག་བཅོས། ①རིམས་འགོག་ས་བོན་འདེམས་སྒྲུབ། རིགས་སྣ་མི་འདྲ་བའི་རིམས་འགོག་ས་བོན་སོ་སོར་ཁྱད་པར་ཆེན་པོ་ཡོད། ②ཚུལ་དང་མཐུན་པའི་སྔོ་ནས་ལྡུང་རྒྱུག་ཏུ་བཙུག་ནས་བརླན་གཤེར་སེལ་བ་དང་ལོ་འདབ་སྟེང་གི་ཐེལ་བ་ཇེ་ཉུང་དུ་གཏོང་དགོས། ནོ་དམ་ལ་ཤུགས་སྣོན་པ། གསོན་ཤུགས་ཅན་གྱི་ལྷུ་ཀ་གསོ་སྐྱོང་བྱས་ཏེ། དུས་ཐོག་ཏུ་ནད་ལྡན་ལོ་མ་གཙང་སེལ་བྱེད་པ་དང་། སྡོང་ཕང་གི་ནད་འགོག་ནུས་པ་ཇེ་ཆེར་གཏོང་དགོས།

(2)སྨན་རྫས་འགོག་བཅོས། སྐྱ་འབུའི་ནད་ལྡང་མ་ཐག་པའི་དུས་སུ 50% སའོ་ཁེ་ལིན་ཧྥན་ཙང་བྱེ་རྫས་པའི་ཡེ 1 000~1 500དང་། 70%ཐྭ་ཧྲེ་ཐའོ་བུ་ཅིན་ཧྥན་ཙང་བྱེ་རྫས་པའི་ཡེ 800གཏོར་དགོས། ཡང་ན་བརྒྱ་སྦྱིན་ཆེང་དང་སའོ་ཁེ་ལིན་དུ་སྨུག་སྨན་རྫས་སྦྱར་ནས་འགོག་བཅོས་བྱས་ཀྱང་ཆོག འགོག་བཅོས་བྱེད་པའི་སྐབས་སུ་སྨན་རྫས་རྣམས་བརྗེ་རེས་འཁོར་སྐྱོད་བྱེད་དགོས། སྤྱིར་བཏང་དུ་ཉིན 7~10བར་དུ་ཐེངས 1ལ་གཏོར་དགོས།

2.འབུའི་གནོད་འཚེ་གཙོ་བོ། རྩ་བའི་སྐྱུག་འབུ། ཁྲ་ཐིག་མདོང་མེད་སྦྲང་ནག

འགོག་བཅོས་བྱེད་ཐབས་ནི་ཙོང་གི་ཁྲ་ཐིག་མདོང་མེད་སྦྲང་ནག་དང་གཅིག་མཚུངས་ཡིན་ནོ། །

དྲུག་པ། འཚོལ་བསྡུ།

ཀའུ་སྔོན་ལོ་གཅིག་ལ་འཚོལ་བསྡུ་ཐེངས 2~4 ལ་བྱེད་པ་ཡིན། འཚོལ་

བསྐུ་བྱེད་སྐབས་ལི་སྨི 3~5ཡོད་པའི་འདབ་ཤུབས་ཀྱི་རྩ་བ་བཞག་སྟེ། ལོ་མའི་འདབ་ཤུབས་སྐྱེས་ཕྱུང་གི་གྲུབ་ཆ་དང་སྨུ་གུ་འབུས་པར་གནོད་འཚེ་ཐེབས་ནས····ཐེངས་རྗེས་མའི་ཐོན་ཚད་ལ་ཤུགས་རྐྱེན་ཐེབས་པར་སྔོན་འགོག་བྱེད་དགོས།

སྔོན་ཀ་སླེབས་པ་ནས་བཟུང་འཚོལ་བསྡུའམ་འབྲིག་གཅོད་མི་བྱེད་པར་རྩ་བ་གསོ···བ་གཙོ་བོར་འཛིན་དགོས།

ལེའུ་བརྒྱད་པ། ལ་ཕུག

དང་པོ། འཚོ་བཅུད་ཀྱི་རིན་ཐང་།

ལ་ཕུག་གི་གྲུབ་ཆ་གཙོ་བོ་ནི་སྤྲི་དཀར་དང་མངར་རྒྱུའི་རིགས། B རྒྱུད་འཚོ་བཅུད་དང་འཚོ་བཅུད C འབོར་ཆེན། དེ་བཞིན་ལྕགས་དང་ཀལ། ཞིན་དང་ཚི་སྣའི་རྒྱུ། ཡུངས་འབྲུའི་སྣུམ། སིང་ཕྱི་རྩབས་རྒྱུ་སོགས་ཡོད། ཚད་འཇལ་བྱས་པ་ལྟར་ན། ལ་ཕུག་ནང་གི་འཚོ་བཅུད C ཡི་འདུས་ཚད་ནི་ཀུ་ཤུ་དང་ཚང་བ་ལི་སོགས་སིལ་ཏོག་གི་རིགས་ལས་ལྷག 10 ཙམ་གྱི་མཐོ་བ་རེད། ལ་ཕུག་ནི་རང་བཞིན་བསིལ་བ་དང་རོ་ཚ་ཞིང་མངར་བ། གསོག་འགག་སེལ་བ། ཁ་ལུད་དང་ཚ་བ་སེལ་བ། འོག་ཧླུང་བར་འབྲིད། དུག་སེལ་བ་དང་སངས་པ་སོགས་ཀྱི་ཕན་ནུས་ལྡན། ལ་ཕུག་ནི་ད་དུང་ལུས་ཁམས་བདེ་སྲུང་གི་ཟས་རིགས་ཤིག་ཡིན་ཞིང་། སྙིང་ཚབ་གསར་བརྗེ་བྱེད་ཐུབ་པ་དང་། ཡི་ག་ཇེ་བཟང་དུ་གཏོང་བ། འཇུ་བྱེད་ལ་རོགས་རམ་བྱེད་པར་མ་ཟད། ཟས་མི་འཇུ་བར་ཁོག་ནས་གསོག་འགག་བྱེད་པ། ལུད་པ་ལུ་ནས་སྐད་འཛེར་བ། ཁྲག་བསྐྱུགས་པ། གཅིན་སྐྱི། བཤལ་ནད། མགོ་ན་བ། གཅིན་ཕུད་པ་སོགས་ལ་ཕན་པས། རྒྱུན་དུ་ལ་ཕུག་ཟོས་ན་ཁྲག་ཚོལ་དང་ཁྲག་རྩ་མཉེན་འགྱུར། ཁྲག་ཤེད་སོགས་བརྟན་སྙིང་ངམ་ཇེ་དམའ་རུ་གཏོང་ཐུབ་པ་དང་། སྙིང་ནད་དང་འཕར་རྩ་རེངས་ནད། མཁྲིས་རྡེ་སོགས་འབྱུང་བར་

སྔོན་འགོག་བྱེད་ཐུབ།

གཉིས་པ། ཁོར་ཡུག་གི་བླང་བྱ།

ལ་ཕུག་གི་ཐོག་མའི་འབྱུང་ཁུངས་ནི་དྲོ་རྒྱུད་ས་ཁུལ་ཡིན། རྒྱ་གྲམ་མེ་ཏོག་གི་ཚན་ཁོངས་སུ་གཏོགས་པའི་ལ་ཕུག་དང་ལོ་གཅིག་ནས་གཉིས་ལ་སྐྱེ་བའི་རྩྭ་རིགས་རྩི་ཤིང་ཡིན། གྲང་ངར་བཟོད་ཐུབ་རང་བཞིན་གྱི་རྩི་ཤིང་ཡིན་ཞིང་། གྲང་འཁྱག་གི་གནམ་གཤིས་ལ་འཕྲོད་པ་དང་། དུས་རིམ་མི་འདྲ་བའི་འཚར་སྐྱེ་བརྒྱུད་རིམ་ཁྲོད་ཀྱི་དྲོད་ཚད་ཀྱི་རེ་འདུན་ལའང་ཁྱད་པར་ཡོད་དེ། ས་བོན་སྨྱུ་གུ་འབུས་དུས་ཀྱི་ཆེས་འཚམ་པའི་དྲོད་ཚད་ནི 20 ~25℃ཡིན། སྨྱུ་གུ་ལྡང་གསོའི་དུས་སུ་ཆེས་མཐོ་བའི་དྲོད་ཚད 25℃ཡིན་ཡང་བཟོད་ཐུབ། སྡོང་པོར་ལོ་མ་སྐྱེ་དུས་ཆེས་འཚམ་པའི་དྲོད་ཚད་ནི 15~20℃བར་ཡིན། ཤ་རྫས་རྩ་བ་འཚར་སྐྱེའི་འོས་འཚམ་དྲོད་ཚད་ནི 13~18℃ཡིན།

ལ་ཕུག་ནི་དུས་ཡུན་རིང་པོར་ཉི་ཟེར་ཐོབ་དགོས་པའི་རྩི་ཤིང་གི་ཁོངས་སུ་གཏོགས། ཉི་འོད་འཕྲོས་པ་བཟང་ན་གཅིག་འདྲར་སྨྱུར་བའི་ནུས་པ་རྒྱས་པར་མ་ཟད། དངོས་པོའི་གསོག་ཉར་མང་བ་དང་། རྩ་བའི་རྒྱས་སྤྱོས་ཇེ་མགྱོགས་སུ་འགྲོ་བ་ཡིན། དེ་ལས་ལྡོག་ན། རྩ་བ་རྒྱས་ཆགས་དང་འཚར་སྐྱེ་ལ་འགོག་ཤུགས་རང་བཞིན་གྱི་གནོད་པ་ཐེབས་ཤིང་ཐོན་ཚད་ཇེ་དམའ་རུ་གཏོང་བ་ཡིན།

ལ་ཕུག་གི་འཚར་སྐྱེ་དུས་སྐབས་སུ་འདང་ངེས་ཀྱི་རླན་ཚད་དམ་བརླན་གཤེར་ཡོད་དགོས་ཤིང་། ས་རྒྱུའི་བཞའ་རླན་མང་ཉུང་གིས་རྩ་བ་དང་ལོ་མའི་ཆེ་ཆུང་དང་ཕྲུས་ཚད་ལ་ཐད་ཀར་ཤུགས་རྐྱེན་ཐེབས་བཞིན་ཡོད། ལ་ཕུག་གི་ཤ་རྫས་རྩ་བའི་འཚར་སྐྱེའི་དུས་སྐབས་ཀྱི་ས་རྒྱུའི་བསྡོས་བཅས་ཀྱི་ཆུ་འདུས་ཚད་ནི 65% ~80%དང་། མཁའ་རླུང་གི་བསྡོས་བཅས་རླན་ཚད་ནི 85%ཡིན། གལ་ཏེ་རླན་ཚད་མང་དྲགས་ན་ས་རྒྱུའི་ཁྲོད་ཀྱི་དབྱང་རླུང་ཇེ་ཉུང་དུ་འགྲོ་བ་དང་། དབྱང

གཉིས་ཏན་འགྱུར་འཕར་སྟོན་འབྱུང་བས། རྩ་བའི་འཚར་སྐྱེ་དང་འཚོ་བཅུད་དངོས་པོ་བསྡུ་ལེན་བྱེད་པར་ཕན་པ་མེད་ཅིང་། དེ་ལས་ལྗོག་སྐྱེ་རྩ་བ་རྩིང་པོར་འགྱུར་བ་ཡིན། གལ་ཏེ་ས་རྒྱུའི་རླམ་ཤས་ཆེ་དྲགས་ན་གནམ་གཤིས་ཚ་བ་ཆེ་དུས་ཤ་རྫས་རྩ་བའི་ཕྱུས་ཀ་དང་ཐོན་ཚད་ལ་ཤུགས་རྐྱེན་ཐེབས་སྲིད་པ་ཡིན།

ལ་ཕུག་ནི་ས་རྒྱུ་གཤིན་པོ་དང་བྱེ་ས་སོབ་སོབ་ཅན་གྱི་ས་ཞིང་ལ་ཆགས་པ་ཡིན། ས་རྒྱུའི་གཤིན་ཚད་ལ་ཏན་གཙོ་བོར་བྱས་པའི་ལུད་རྫས་དགམ་གཏོར་བའི་ཁར། འོས་འཚམ་གྱིས་ཟླ་ལུད་གཏོར་ན་ལ་ཕུག་གི་ཕྱུས་ཀ་མཐོར་འདེགས་སུ་གཏོང་ཐུབ།

གསུམ་པ། འདེབས་འཛུགས་ཀྱི་བཀོད་སྒྲིག

མཐོང་ས་ཡངས་ཐོགས་མེད་ཀྱི་དཔྱིད་ཀ་དང་དབྱར་ཁའི་སོག་ཤུག་ནི་ཟླ་4པའི་ཟླ་སྨད་ནས་ཟླ་5པའི་ཟླ་མགོར་སོན་འདེབས་བྱེད་ཅིང་། སྟོན་ཁའི་སོག་ཤུལ་ནི་ཟླ་6~7པའི་བར་དུ་སོན་འདེབས་བྱེད་པ་ཡིན། ཡུལ་ཤུལ་སོགས་ས་བབ་མཐོ་བའི་ས་ཁུལ་གྱི་དྲོད་ཁང་ནང་དུ་འདེབས་གསོ་བྱེད་ན་ཟླ་2པའི་ཟླ་མཇུག་ཏུ་རྫོ་འདེབས་བྱས་ན་འོས་པ་ཡིན།

བཞི་པ། ས་བོན་གདམ་ག

དཔྱིད་ཀ་དང་དབྱར་ཁའི་ལ་ཕུག་ནི། ཕྱི་ལུགས་ཀྱི་ལ་ཕུག་དམར་པོ་དང་སྔོན་དམར། མེ་ཏོག་ཡིང་ཏྭའི་ལ་ཕུག ཏུན་ཧྲིང་ཧྲིན་ཞ། པད་གཡུ་ཁྲུན་སོགས་ཡོད།

སྟོན་ཁའི་ལ་ཕུག་ནི། ཞིན་ལི་མའེ། ལྷེ་ཆེན་ལ་ཕུག གྲོ་ཚང་ལྷང་ཕུག་སོགས་ཡོད།

ལྔ་པ། འདེབས་གསོའི་དོ་དམ་ལག་རྩལ།

(གཅིག) ས་ཞིང་ཁོད་སྒྲོམ་དང་ལུད་རྫས་གཏོར་འཇོག

ལ་ཕྲུག་གི་རྩ་ལག་ཁྲབ་ཚུལ་རྒྱུང་ཟབ་ཅིང་ལུད་འཛིབ་ནུས་པ་ཆེ་བ་ཡིན། དེར་བརྟེན་ས་རྒྱུ་གདམ་གསེས་བྱེད་དུས། ས་རིམ་ཟབ་ཅིང་ས་རྒྱུ་སོབ་སོབ་ཡིན་པ་དང་ཆུ་འབུད་བྱེད་ནུས་བཟང་བའི་ས་རྒྱུ་གཤིན་པའི་བྱེ་མ་ཅན་གྱི་སྟེང་དུ་འདེབས་དགོས། དུས་མཚུངས་སུ་སྔོན་བཏབ་སོག་ཤུལ་ནི་གྲོ་དང་སྲན་མ། མ་ཀྲུའི་སིལ་རིགས་སོགས་སྐྱེ་དངོས་སྨོ་འདེབས་བྱས་པའི་ས་ཞིང་གདམ་དགོས་པར་མ་ཟད། འོས་མཐུན་གྱིས་རེས་འདེབས་བྱེད་པར་མཉམ་འཛོག་བྱེད་དགོས། ལ་ཕྲུག་ལ་ལུད་རྒྱག་དུས་གཏིང་ལུད་གཙོ་བོར་བཟུང་ནས་འཛོག་དགོས་ཤིང་། ཞར་དུ་སྟེང་ལུད་འཛོག་དགོས་པ་ཡིན། སྐྱེ་ལྡན་ལུད་གཏོར་འཛོག་བྱས་ན་ལ་ཕྲུག་གི་ཐོན་འབབ་དང་སྤུས་ཚད་ཚང་མར་ཤུགས་རྐྱེན་ཧ་ཅང་ཆེན་པོ་ཐེབས་པ་ཡིན། འོན་ཀྱང་སྐྱེ་ལྡན་ལུད་ངེས་པར་དུ་རུལ་བསྐལ་ལངས་པ་ཞིག་ཡིན་དགོས། དེ་མིན་རྩ་སྲན་དུ་འགྱུར་བ་ཡིན། སྤྱིར་བཏང་དུས་ཞིང་མུའུ་རེའི་སྟེང་དུ་སྐྱེ་ལྡན་ལུད་སྤྱི་རྒྱ 4 000~5 000འཛོག་དགོས། དེ་ནས་གཏིང་ཚད་ལ་ལི་སྨི 15~18ཡོད་པའི་རྣང་མིག་བཟོས་ཏེ་སོན་འདེབས་བྱས་ཆོག

(གཉིས) སོན་འདེབས།

སྨོ་འདེབས་བྱེད་པའི་དུས་སུ་ས་ཁུལ་མི་འདྲ་དང་ས་བོན་མི་འདྲ་བའི་ཁྱད་ཆོས་ལ་གཞིགས་ནས་འོས་འཚམ་གྱི་དུས་བབ་བདམས་ནས་སྨོ་འདེབས་བྱེད་དགོས། སྨོ་འདེབས་མ་བྱས་སྔོན་ལ། ཐོག་མར་ས་བོན་ལ་སྨྱུ་གུ་འབུས་པར་ཚོད་ལྟ་བྱེད་དགོས་ཤིང་། ས་བོན་གྱི་སྨྱུ་གུ་འབུས་ཚད་ལ་གཞིགས་ནས་ས་བོན་གྱི་མང་ཉུང་གཏན་ཁེལ་བྱ་དགོས། སྤྱིར་བཏང་དུས་ས་བོན་ཁྲུང་འཛུགས་བྱེད་དུས་མུའུ་རེའི་སྟེང་དུ་ས་བོན་སྤྱི་རྒྱ 0.4~0.5འདེབས་པ་དང་། རོལ་འདེབས་བྱེད་དུས་མུའུ་རེའི་སྟེང་དུ་ས་བོན་སྤྱི་རྒྱ 0.5 ~0.6འདེབས་པ་ཡིན། སྟོན་ཁ་དང་དགུན་ཁའི་ལ་ཕྲུག་གི་འདེབས་འཛུགས་ཀྱི་ཚགས་དམ་ཚད་ནི་ས་བོན་ལ་གཞིགས་ནས

ཐག་གཅོད་བྱེད་པ་དང་། སྤྱིར་བཏང་གི་བར་ཐག་ལི་སྨི་50~60དང་། སྟོང་ཀང་གི་བར་ཐག་ནི་ལི་སྨི་20ཡས་མས་ཡིན་དགོས། སྨོ་འདེབས་བྱེད་པའི་དུས་སུ་ས་བོན་སྙོམ་གཏོར་བྱེད་དགོས། དེ་འཕྲོར་མཐུག་ཚད་ལ་ལི་སྨི་2ཡོད་པའི་ས་འགེབས་དགོས་པར་མ་ཟད། ས་རྒྱུ་དང་ས་བོན་མཐུན་སྦྱོར་ཡོང་བར་བྱས་ན་སྨྱུ་གུ་འབུས་པར་ཕན་པ་ཆེན་པོ་ཡོད་དོ། །

(གསུམ) ཞིང་ཁའི་བདག་གཉེར།

1. ཆུ་གཏོང་བ། ལ་ཕུག་གི་ལོ་མ་དང་ཤ་རྫས་རྩ་བའི་འཚར་སྐྱེའི་ཁྱད་ཆོས་ལ་གཞིགས་ནས་ཡང་དག་གིས་ཆུ་གཏོང་བ་དང་ལུད་འཇོག་དགོས། ས་སྟེང་དང་ས་འོག་རིམ་པའི་དོ་མཉམ་འཚར་སྐྱེ་མཐུན་སྦྱོར་བྱེད་པ་ནི་ལ་ཕུག་གི་ཐོན་ཚད་ཇེ་མཐོར་གཏོང་ཐུབ་མིན་གྱི་འགག་རྩ་རེད། དེར་བརྟེན། ལ་ཕུག་གི་ས་བོན་བཏབ་རྗེས། གལ་ཏེ་ཆར་ཆུ་མེད་ཅིང་ས་རྒྱུའི་བརླན་གཤེར་ཡང་མི་བཟང་ན། དུས་ཐོག་ཏུ་ཆུ་བཏང་ནས་ས་བོན་སྨྱུ་གུ་འབུ་ཐུབ་པར་འགན་སྲུང་བྱེད་དགོས། དོ་དམ་གྱི་ཐད་ནས་དུས་འགོ་ནས་ལོ་མ་དང་སྟེང་སྟེམ་རྩ་བ་གསོན་ཤུགས་དང་སྐྱེ་སྟོབས་ལྡན་པའི་སྒོ་ནས་འཚར་སྐྱེ་འབྱུང་བར་སྐུལ་འདེད་བཏང་ནས། དུས་སྐབས་རྗེས་མའི་ཤ་རྫས་རྩ་བ་རྒྱས་པར་རྨང་གཞི་འདིངས་དགོས། འོན་ཀྱང་འཚོ་བཅུད་ཕུང་པོ་ཚད་ངེས་ཅན་ཞིག་ལ་སླེབས་པའི་སྐབས་སུ། ངེས་པར་དུ་ཆོད་འཛིན་བྱས་ནས་འཚོ་བཅུད་དུས་ཐོག་ཏུ་གསོག་ཉར་དབང་པོའི་སྟེང་དུ་སྤོ་སྒྱུར་བྱེད་དགོས། ཤ་རྫས་རྩ་བ་སྨིན་པའི་དུས་སྐབས་སུ། ལོ་མའི་གསོན་ཤུགས་དང་སྐྱེ་སྟོབས་ཁག་ཐེག་བྱས་ཏེ་ཤ་རྫས་རྩ་བའི་རྩ་ལག་རྒྱས་པར་སྐུལ་འདེད་གཏོང་དགོས་པ་ཡིན། ལོ་མའི་འཚར་སྐྱེའི་ཡང་རྩེར་སོན་དུས། ཟླ་ཕྱི་རན་པའི་དུས་ཆོད་བདམས་ནས་ཆུ་བཏང་སྟེ་སྟོང་ཀང་ལ་བརླན་གཤེར་མཁོ་འདོན་བྱེད་དགོས་ཤིང་། འོན་ཀྱང་ཆུ་བཏང་ཚད་མང་དྲགས་ན་ལོ་མ་སྐྱེས་དྲགས་པར་འགྱུར་བས

ཚོད་འཛིན་དང་མཉམ་འཛོག་བྱེད་དགོས། ཤ་རྫས་རྩ་བའི་འཚར་སྐྱེའི་ཡང་རྩེར་སོན་དུས་ཆུའི་དགོས་མཁོ་ཤིན་ཏུ་ཆེ་བས། དུས་དང་རྣམ་པ་ཀུན་ཏུ་འདང་ངེས་ཀྱི་ཆུ་གཏོང་དགོས། ད་དུང་ས་གནས་དེ་གའི་ས་གཤིས་དང་གནམ་གཤིས་ཀྱི་ཆ་རྐྱེན་ལ་གཞིགས་ནས་ཆུ་གཏོང་དུས་མཚམས་ཀྱི་ཉིན་གྲངས་ཐོང་དུ་ཆུད་པར་བྱེད་དགོས།

2. སྨུ་གུ་མཐུག་སེལ་དང་སྨུ་གུ་གསེབ་འཕྲལ། ལ་ཕུག་གི་སྨུ་གུ་འཚར་སྐྱེ་ངོ་སྙོམ་པ་དང་གཟུགས་སྟོབས་རྗེ་ཆེར་འགྱུར་ཆེད། སྤྱིར་བཏང་དུ་ལྷང་པ་དོན་དུས་སྨུ་གུ་མཐུག་སེལ་ཐེངས་གཉིས་དང་སྨུ་གུ་གསེབ་འཕྲལ་ཐེངས་གཅིག་བྱེད་དགོས། སྨུ་གུ་འཚར་སྐྱེ་བྱུང་ནས་ལོ་མ་ལེབ་མོ་གཉིས་སྐྱེས་དུས་སུ་སྨུ་གུ་མཐུག་སེལ་དང་པོ་བྱེད་པ་ཡིན། རོལ་འདེབས་བྱེད་པ་ཡིན་ན་ལི་སྨི 5ཡས་མས་ལྷར་སྨུ་གུ་སོར་འཛོག་བྱེད་པ་དང་། ཕུར་འདེབས་བྱེད་པ་ཡིན་ན་ཀང་གཞུང 2~3འཛོག་དགོས། སྨུ་གུ་འཚར་སྐྱེ་བྱུང་ནས་ལོ་མ་ལེབ་མོ་བཞི་སྐྱེས་པའི་དུས་སུ་སྨུ་གུ་མཐུག་སེལ་གཉིས་པ་བྱེད་པ་ཡིན། རོལ་འདེབས་བྱེད་པ་ཡིན་ན་ལི་སྨི 8~10ཡས་མས་ལྷར་སྨུ་གུ་སོར་འཛོག་བྱེད་པ་དང་། ཕུར་འདེབས་བྱེད་པ་ཡིན་ན་ཁུང་བུ་རེའི་ནང་དུ་ཀང་གཞུང་གཉིས་འཛོག་དགོས། སྨུ་གུ་འཚར་སྐྱེ་བྱུང་ནས་ལོ་མ་ལེབ་མོ 6~7སྐྱེས་པའི་དུས་སུ་སྨུ་གུ་གསེབ་འཕྲལ་བྱས་ཚོག རོལ་འདེབས་བྱེད་པ་ཡིན་ན་ཁུང་བུ་རེའི་ནང་དུ་ཀང་གཞུང 1རེ་འཛོག་པ་དང་། ཕུར་འདེབས་བྱེད་པ་ཡིན་ན་ས་བོན་གྱི་ཁྱད་ཆོས་ལ་གཞིགས་ནས་ཐག་གཅོད་བྱེད་དགོས། ཐེངས་རེར་སྨུ་གུ་མཐུག་སེལ་བྱེད་དུས་སྨུ་གུ་ཆུང་གྲས་དང་ཞན་གྲས། སྐྱོན་གྲས་སོགས་འདོར་དགོས།

3. ཡུར་མ་རྒྱག་པ། སྟོན་ཁའི་ལ་ཕུག་གི་ལྷང་པ་དོན་དུས་སུ། ཚ་བ་ཆེ་ཞིང་ཆར་ཆུ་མོད་པ་དང་། རྩྭ་ངན་སྐྱེ་ཚད་ཀྱང་བསྟོས་བཅས་ཀྱིས་མགྱོགས་པ་ཡིན

པས། རྩྭ་ཡན་མཉམ་དུ་གཙང་སེལ་ལམ་ཡུར་མ་ཡུར་དགོས། སྦྱུ་གུ་མཐུག་སེལ་དང་སྦྱུ་གུ་གསེབ་འཕྲལ་བྱེད་ཐེངས་རེར་ཡུར་མ་ཡུར་དགོས་ཤིང་། ཡུར་མ་ཡུར་བའི་སྐབས་སུ་རྩ་བར་རྣམས་སྐྱོན་འབྱུང་བར་མཉམ་འཇོག་བྱ་དགོས། དེ་མིན་ལ་ཕྲུག་གི་ཤ་རྫས་རྩ་བ་ཆོབ་པའམ་སེར་ག་འབྱུང་བ་དང་ཉུལ་བར་འགྱུར་བ་ཡིན།

4.སྙིང་ལུད་འཇོག་པ། སྤྱིར་བཏང་དུ་ཤ་རྫས་རྩ་བའི་འཚར་སྐྱེའི་ཡང་རྩེར་སོན་པའི་དུས་སུ་སྙིང་ལུད་འཇོག་པ་ཡིན། རྒྱུ་མཚན་གང་ཡིན་ཟེར་ན། ལ་ཕྲུག་གི་ཤ་རྫས་རྩ་བའི་འཚར་སྐྱེ་ཡང་རྩེར་སོན་དུས་ནི། འབྲེལ་ཡོད་ཚོད་ལྟའི་འབྲས་བུ་ལྟར་ན་སྐབས་ཐོག་དེ་ཉིད་ནི་ཏན་དང་ལིན། ཙྪ་བསྡུ་ལེན་བྱེད་ཚད་ཆེས་མང་བའི་དུས་སྐབས་ཤིག་རེད། དུས་སྐབས་མི་འདྲ་བའི་ནང་དུ་གོང་གསལ་གྱི་གཞི་རྒྱུའི་རིགས་བསྡུ་ལེན་བྱེད་ཚད་ལ་ཁྱད་པར་ཡོད་དེ། སྦྱུ་གུའི་དུས་དང་ལོ་འདབ་རྒྱས་པའི་དུས་སྐབས་ནི་ཕྲ་ཕྲུང་དབྱེ་ཕྲལ་བྱེད་པ་ཡིན་ལ། རྩ་བ་དང་ལོ་མའི་རྒྱ་ཁྱོན་ཆེ་རུ་ཕྱིན་པའི་དུས་སྐབས་སུ་ཏན་བསྡུ་ལེན་གྱི་དགོས་མཁོ་ནི་ལིན་དང་ཙྪ་ལས་མང་བ་ཡིན། ཤ་རྫས་རྩ་བའི་འཚར་སྐྱེའི་དུས་ནི་འཚོ་བཅུད་གསོག་ཉར་བྱེད་པའི་དུས་སྐབས་ཡིན་པས་ལིན་དང་ཙྪ་ལུད་ཀྱི་དགོས་མཁོ་སྔར་བས་ཆེ། གོང་གསལ་གྱི་འཚོ་བཅུད་བསྡུ་ལེན་བྱེད་པའི་ཁྱད་ཆོས་ལ་གཞིགས་ནས། གཉིང་ལུད་འདང་ངེས་ཤིག་འཇོག་པ་ལས་ད་དུང་སྙིང་ལུད་ཐེངས་2~3ལ་འཇོག་དགོས།

5. ནད་འབུའི་གནོད་སྐྱོན་འགོག་བཅོས།

(1) འབུའི་གནོད་འཚེ་འགོག་བཅོས།

1)སྐྱེ་དངོས་གནོད་འབུ། གཙོ་བོ་ལ་ཕྲུག་གི་གནོད་འབུ་དང་ཁམ་བུའི་གནོད་འབུ་རིགས་གཉིས་ཡོད། ལ་ཕྲུག་ལ་གནོད་པར་མ་ཟད་ད་དུང་རྒྱ་གྲམ་མེ་ཏོག་གི་མཚོན་པའི་སྔོ་ཚལ་གཞན་དག་ལའང་གནོད་པ་ཡིན། 10%ཐེ་ཁྲིང་ལེན་རྫན་ཉུང་ཕྱེ་རྫས་པའི་ཡེ 2 000~3 000ཆ་ངས་གཏོར་དང་། 50%ཁང་ཡཱ་བའི་རྫན་ཉུང་

ཕྱེ་རྫས་སྤྱི་ཚད 0.5ནང་དུ་ཆུ་སྤྱི་ཚད 1 000~1 500སྙོན་པ། ཡང་ན། 2.5%ཞུག་ཆེན་ཅན་གྱི་ཐིགས་མ་སྤྱི་ཚད 0.5ནང་དུ་ཆུ་སྤྱི་ཚད 3 000~4 000སྦྱར་བ་དང་། 20%ཐུར་གསོད་ཅན་གྱི་ཐིགས་མ་སྤྱི་ཚད 0.5ནང་དུ་ཆུ་སྤྱི་ཚད 2 000~2 500 བསྲེས་ཏེ་ཆར་ལྷངས་གཏོར་བྱས་ནས་འགོག་བཅོས་བྱེད་དགོས།

2)ཚལ་ཞིང་འབུ། སྙིང་ཟླུག་མུག་མ་ཡང་ཟེར། གཙོ་བོ་རྒྱ་གྲམ་སེ་ཏོག་གི་ཚན་ཁོངས་སུ་ཚལ་ལ་གནོད་པ་དང་། ལ་ཕུག་དང་ཚལ་དཀར་ཆེ་བར་གནོད་འཚེ་ཚབས་ཆེན་ཐོག་པ་རེད། སྨོང་སྐྱོལ་བའི་དུས་འགོ་སྟེ་འབུ་ཕྲུག་གིས་དར་སྐྱུད་སྐྱུག་པའི་གོང་ལ་སྨན་གཏོར་ནས་འགོག་བཅོས་བྱ་དགོས། ནམ་ཞིག་འབུ་ཕྲུག་ལོ་མའི་ནང་རིམ་དུ་འཛུལ་རྗེས་སྨན་རྫས་འགོག་བཅོས་ཀྱི་ཕན་འབྲས་ཕྲ་ཡིད་ཆེམ་པ་ཞིག་ཐོན་རྒྱུ་ནི་དཀའ་བ་ཡིན། དེ་བས། འབུ་ཕྲུག་གི་སྨོང་སྐྱོལ་བའི་དུས་སམ་སྔོ་ཚལ་གྱི་ལོ་མ་འབུས་ནས་གནོད་འཚེ་བྱུང་བའི་ཚེ། སྔོ་ཚལ་གྱི་ལོ་འདབ་སྟེང་དུ་སྨན་གཏོར་དགོས། འགོག་བཅོས་ཀྱི་བར་འཇོག་དུས་ཚོད་ནི་ཉིན 7 ~10ཡིན་ཞིང་། བསྟུད་མར་ཐེངས 2~3ལ་ཆར་ལྷངས་གཏོར་བྱེད་དགོས་པར་མ་ཟད། སྨན་རྫས་རེས་འཁོར་གྱིས་བེད་སྤྱོད་བྱེད་དགོས། གདམ་སྤྱོད་བྱས་ཆོག་པའི་ཞིང་སྨན་ནི། 2.5%ཀོང་ཕྱི་ཅན་གྱི་ཐིགས་མ་པའི་ཡི 3 000 (མུའུ་རེའི་སྨན་རྫས་སྤྱོད་གྲངས་ཁེ 30~35)དང་། 5%ཁྲི་སི་ཁེ་ཐིགས་མ་པའི་ཡི 2 000~2 500 (མུའུ་རེའི་སྨན་རྫས་སྤྱོད་གྲངས་ཁེ 40~50)5%ཡང་ཐའི་པའོ་ཐིགས་མ་པའི་ཡི 2 000~2 500 (མུའུ་རེའི་སྨན་རྫས་སྤྱོད་གྲངས་ཁེ 40~50)དང་། 48%ལེ་སི་ཕུན་ཐིགས་མ་པའི་ཡི 2 500 (མུའུ་རེའི་སྨན་རྫས་སྤྱོད་གྲངས་ཁེ 30)སོགས་ཡོད།

3) ཞོ་ཚད་མེ་ལྕེབ། འབུ་ཨ་སྟུག་ཡང་ཟེར། འོད་ནག་སྒྲོན་མེ་སྤྱད་དེ་འབུ་ཕྲུག་བསླུ་གསོད་བྱས་ཆོག སྨན་རྫས་འགོག་བཅོས་བྱེད་ཐབས་ནི་ཚལ་ཞིང་འབུའི་འགོག་བཅོས་བྱེད་ཐབས་ལ་དཔྱད་བསྟུར་བྱས་ཆོག

4)རྔོང་ཆའུ་ཐོད་ཐོལ་ཙྭ། སྨན་རྫས་འགོག་བཅོས་བྱེད་ཐབས་ནི་ཚལ་ཞིང་འབུའི་འགོག་བཅོས་བྱེད་ཐབས་ལ་ཟུར་ལྟ་བྱས་ཆོག ཞིང་སྨན་གཏོར་སྐབས། སྔོན་ལ་ཞིང་ཁའི་མཐའ་འཁོར་རམ་ཕྱི་ཕྱོགས་ནས་མགོ་བརྩམས་ཏེ་རིམ་བཞིན་ནང་ཕྱོགས་ལ་གཏོར་བ་ཡིན། དེ་ལྟར་བྱེད་དོན་ནི་ཐོལ་ཙྭ་ཕྱི་ཕྱོགས་ལ་འབྲོ་བར་སྔོན་འགོག་བྱེད་ཆེད་ཡིན། འབུ་ཕྲུག་མང་དུ་བྱུང་ཞིང་ལ་ཕུག་གི་རྩ་བར་གནོད་འཚེ་ཐེབས་དུས། 90%གཤེར་གཟུགས་འབུ་བརྒྱ་གསོད་སྨན་སྤྱི་རྒྱ 0.5ནང་དུ་ཆུ་སྤྱི་རྒྱ 1 000བསྲེས་ནས་གཏོར་དགོས།

(2)ནད་རིམས་འགོག་བཅོས། ལ་ཕུག་གི་ནད་རིམས་གཙོ་བོ་ནི་སྙི་ཚུལ་ནད་དང་། དཀར་ཁྲའི་ནད། ནག་ཟལ་ནད། ནད་དུག་ནད། སད་འབུའི་ནད་སོགས་ཡོད། ནད་རིམས་ལ་གཙོ་བོ་ཕྱོགས་བསྡུས་འགོག་བཅོས་ཀྱི་ཐབས་ལམ་སྤྱད་ནས། ནད་ལྡང་ཆ་རྐྱེན་ཇེ་ཉུང་དུ་གཏོང་དགོས། ནད་ཁུངས་གཏན་འགོག་དང་སྔོན་ཀང་གི་ནད་འགོག་ནུས་པ་ཇེ་མཐོར་གཏོང་བ་སྟེ། དཔེར་ན་ས་བོན་སྐྱོན་འདེམ་སྤྱོད་མི་བྱེད་པ་དང་། ས་བོན་དུག་སེལ་དང་རེས་འདེབས་ལག་བསྟར་བྱེད་པ། འོབས་དོང་ཟབ་སར་རྔང་མིག་སྐྲུན་པ། ཞིང་ཁའི་གཙང་སྦྲ་རྒྱུན་འཁྱོངས་བྱེད་པ། འབུའི་གནོད་འཚེ་འགོག་བཅོས་སོགས་ཡོད། དགོས་མཁོ་ཡོད་ན་སྨན་རྫས་འགོག་བཅོས་བྱེད་དགོས།

6. ཐོན་སྐྱེད་ཁྲོད་ཀྱི་རྒྱུན་མཐོང་གནད་དོན།

1)སྔོན་ལ་ཀང་ཡུ་ཐོན་པའི་གནད་དོན། སྔོན་ལ་ཀང་ཡུ་ཐོན་པ་ཞེས་པ་ནི་ཤ་རྫས་རྩ་བ་ད་དུང་རྒྱགས་ཆེ་གང་ལེགས་མ་བྱུང་བར་མེ་ཏོག་གི་ཀང་ཡུ་ཐོན་པ་དང་། ཐན་མེ་ཏོག་བཞད་ཀྱིན་ཡོད་པ་དེར་གོ་བ་ཡིན། རྩ་བ་ཅན་གྱི་སྔོ་ཚལ་རིགས་ལ་རྟག་ཏུ་གནས་ཚུལ་དེ་འདྲ་བྱུང་བ་སྟེ། ལྷག་པར་དུ་ལ་ཕུག་སྟེང་དུ་བྱུང་བ་ཤིན་ཏུ་མང་། སྔོན་ལ་ཀང་ཡུ་ཐོན་པས་ཤ་རྫས་རྩ་བ་ཞིབ་ཚགས་ནས་སོབ་སོབ་ཏུ་འགྱུར

བ་དང་། ལོག་སྟོང་མིན་པ་ནས་ལོག་སྟོང་ཅན་དུ་འགྱུར་བར་མ་ཟད། བཟའ་བྱའི་རིན་ཐང་ཡང་ཉོར་འགྲོ་བ་ཡིན། སྔོན་ལ་རྐང་ཡུ་ཐོན་པ་ནི་ས་བོན་སོ་སོ་འཚར་སྐྱེ་བྱུང་བའི་དུས་རིམ་གྱི་སླང་བྱ་དང་ཕྱི་ཕྱོགས་ཁོར་ཡུག་གམ་ཆ་རྐྱེན་གྱི་ཤུགས་རྐྱེན་དང་འབྲེལ་བ་དམ་ཟབ་ཡོད། དཔེར་ན་རྒྱུགས་ཆེ་མ་བྱུང་སྔོན་དང་ཡང་ན་སྨྲས་ཆེར་འགྲོ་བཞིན་པའི་ཤ་ཟས་རྩ་བ་དེ་གྲང་ངར་ཆེ་བར་འཕྲད་པ་དང་། དུས་ཡུན་རིང་པོར་ཉི་འོད་ཞོག་པ་ཡིན་ན། ས་བོན་དེ་རིགས་ཀྱི་མེ་ཏོག་བཞད་ནས་རྐང་ཡུ་ཐོན་པའི་ཕྱི་རོལ་གྱི་ཆ་རྐྱེན་ཚང་བ་ཡིན་པས། སྔོང་རྐང་གི་རྐང་ཡུ་ཐོན་པ་དང་མེ་ཏོག་བཞད་པ་ཡིན། དེར་བརྟེན། འདེབས་གསོ་དུས་ཚིགས་མི་འདྲ་བར་དམིགས་ནས་དེར་འཚམ་གྱི་ས་བོན་འདེམས་སྒྲུབ་བྱེད་དགོས་ཤིང་། དུས་བབ་བཟང་པོ་བདམས་ནས་འདེབས་འཛུགས་བྱེད་དགོས་པར་མ་ཟད། ཞུལ་དུ་བྱུང་བའི་འདེབས་གསོའི་ལག་རྩལ་སོགས་བེད་སྤྱོད་བྱས་ན། སྔོན་ལ་རྐང་ཡུ་ཐོན་ཚད་ཇེ་ཞུང་དང་སྔོན་འགོག་བྱེད་ཐུབ།

(2) ཤ་ཟས་རྩ་བ་གས་པ་དང་ལོག་སྟོང་། གྲོས་ཆེབ་བཅས་ཀྱི་གནད་དོན།

1)སེར་ཁ་གས་པ། ཤ་ཟས་རྩ་བ་སེར་ཁ་གས་པའི་རྒྱུ་རྐྱེན་གཙོ་བོ་ནི་སྐྱེ་བའི་དུས་སུ་ས་རྒྱུའི་བརླན་གཤེར་མཁོ་སྒྲུབ་དོ་སྙོམ་མིན་པ་ལས་བྱུང་བ་ཡིན། དཔེར་ན། དགུན་སྟོན་ལ་ཕུག་གི་འཚར་སྐྱེའི་དུས་འགོར། ཚ་བ་ཆེ་བའམ་ཐན་སྐྱོན་བྱུང་བ་དང་འཕྲད་ཅིང་ཆུའི་མཁོ་འདོན་མི་འདང་བའི་གནད་དོན་བྱུང་ཚེ། ཤ་ཟས་རྩ་བའི་པགས་སྐྱི་རིམ་བཞིན་སྲ་མཁྲེགས་ཅན་དུ་འགྱུར་བ་དང་། འཚར་སྐྱེའི་དུས་དཀྱིལ་ལམ་དུས་མཇུག་ཏུ་སླེབས་ནས་དྲོད་ཚད་འོས་འཚམ་དང་། ཆུ་རྫལ་འདང་ངེས་ཡིན་པའི་སྐབས་སུ་ཤ་ཟས་རྩ་བ་ནང་གི་ཤིང་བཟོས་སྲབ་བུ་ཅན་གྱི་ཕྲ་ཕུང་སྦྱར་དུ་ཁ་བྲལ་ནས་ཆེར་སྨྲས་བྱུང་བ་དང་། ནང་ཁྲུལ་གྱི་ཕྲ་ཕུང་བབ་མཚུངས་ཀྱི་འཚར་སྐྱེ་བྱུང་མ་ཐུབ་པས་སེར་ཁ་གས་པ་རེད། སྔོན་འགོག་བྱེད

ཐབས་ནི་ལ་ཕྱུག་གི་འཚར་སྐྱེ་དུས་འགོར་ཐན་སྐྱོན་གནམ་གཤིས་དང་འཕྲད་ཚེ། དུས་ཐོག་ཏུ་ཆུ་འདྲེན་པ་དང་། དུས་དཀྱིལ་ལམ་དུས་མཇུག་ཏུ་ཤ་ཟས་རྩ་བ་མགྱོགས་མྱུར་ངང་རྗེ་ཆེར་འགྲོ་དུས་ནོ་སྨིམ་སྨིན་ཆུ་དྲངས་དགོས་པ་ཡིན།

2 ལོག་སྐྱོང་། ཤ་ཟས་རྩ་བ་ལོག་སྐྱོང་དུ་འགྱུར་བའི་རྒྱུ་རྐྱེན་གཙོ་བོ་ནི་སྲ་ཤུང་འཚར་སྐྱེའི་ཆེར་སྦྲོས་མགྱོགས་པ་དང་། འཚོ་བཅུད་མཁོ་སྤྲོད་མི་འདང་བ། སྲ་ཤུང་གི་ནང་དུ་འཚོ་བཅུད་དངོས་པོ་འདྲེས་ཚད་མགྱོགས་མྱུར་ངང་རྗེ་དམའ་རུ་སོང་བ་ལས་བྱུང་བ་རེད། ལོག་སྐྱོང་ནི་གཙོ་བོ་ལོ་འདབ་ཀྱི་སྐྱེ་འཕེལ་མཚམས་འཛོག་ལ་ཉེ་བ་དང་། ཤ་ཟས་རྩ་བ་ཆེར་སྦྲོས་ཏ་ཅང་མགྱོགས་པའི་དུས་སུ་བྱུང་བ་ཡིན། དེ་ནི་ས་བོན་དང་འདེབས་གསོ་ཆ་རྐྱེན། འདེབས་གསོའི་ལག་རྩལ་སོགས་དང་འབྲེལ་བ་ཡོད། དཔེར་ན། སྔ་སྨིན་ས་བོན་གྱི་ལོག་སྐྱོང་འགྱུར་ཡུན་སྔ་བ་དང་། ཕྱི་སྨིན་ས་བོན་གྱི་ལོག་སྐྱོང་འགྱུར་ཡུན་འཕྱི་བ་ཡིན་ལ། བྱེ་མ་ཅན་གྱི་ས་རྒྱུའི་ལོག་སྐྱོང་འགྱུར་ཡུན་སྔ་བ་དང་། ས་རྒྱུ་གཤིན་པོའི་ལོག་སྐྱོང་འགྱུར་ཡུན་འཕྱི་བ་ཡིན། ས་རྒྱུའི་ཆུ་འབུད་མི་ལེགས་པ་དང་གནམ་གཤིས་དྲོད་ཚད་མཐོན་པོ་དང་ཐན་པ་ཆེ་བ། ལུད་བཞག་པ་མ་སྙོམས་པ་དང་ཆུའི་མཁོ་འདོན་མི་འདང་བ་ཡིན་ན་ལོག་སྐྱོང་ཅན་དུ་འགྱུར་སླ་བ་ཡིན། འཚོལ་བསྡུ་བྱེད་པའི་དུས་ཡུན་འཕྱི་དྲགས་པ་དང་རྐང་ཡུ་ཐོན་པའམ་མེ་ཏོག་བཞད་ནའང་ལོག་སྐྱོང་ཅན་དུ་འགྱུར་སླ་བ་རེད། འདེབས་གསོ་བྱེད་པའི་བརྒྱུད་རིམ་ཁྲོད་དུ་གོང་ནས་བརྗོད་པའི་རྒྱུ་རྐྱེན་ངན་པ་སྣ་ཚོགས་ལ་གཡོལ་ཅི་ཐུབ་བྱས་ན་ལོག་སྐྱོང་གི་སྣང་ཚུལ་ཐོན་རྒྱུ་བཀག་འགོག་བྱེད་ཐུབ་པ་དང་ཡང་ན་ཉུང་དུ་གཏོང་ཐུབ་པ་ཡིན།

3)གྲེས་ཆེབ། ཤ་ཟས་རྩ་བའི་རྩ་ལག་ཆེར་སྦྲོས་བྱུང་ན་གྲེས་ཆེབ་བྱུང་བ་ཡིན། རྒྱུ་རྐྱེན་གཙོ་བོ་ནི། རྫ་ཞིང་གི་སྐྱ་ཤོས་མང་དྲགས་པའམ་གཏིང་མི་ཟབ་པ། ས་རྒྱུ་མཁྲེགས་པོ་དང་དེ་བཞིན་བྲག་སྒོག་དང་རྡོ་ལྷེབ་ཆག་གྲུམ། སྡོང་བོའི་རྩ་བ

སོགས་དངོས་པོ་མཁྲིགས་པོའི་རིགས་གཙང་སེལ་མ་བྱས་པས་ཤ་རྫས་རྩ་བའི་
འཚར་སྐྱེ་ལ་འགོག་རྐྱེན་བྱུང་བ་ཡིན། ཏུལ་བརྐྱལ་མ་ལངས་པའི་མི་ཕྱུགས་གཉིས་
ཀྱི་ལྕི་གཅིན་ལུད་རྫས་དང་། འཚོ་བཅུད་ཀྱི་འདུས་ཚད་ཆེ་དྲགས་ན་ཡང་ཀྱིས་
ཚེབ་འབྱུང་སྲིད་པ་ཡིན། འགོག་བཅོས་བྱེད་ཐབས་ནི་ས་རྒྱུ་གཏིང་རྫོ་ཞིབ་ལས་
བྱེད་པ་དང་། ལུགས་མཐུན་གྱིས་ལུད་རྫས་གཏོར་བ། འདེབས་འཛུགས་སྟུག་
ཚད་འཚམ་པ་དང་། ཐད་ཀར་སོན་འདེབས་བྱེད་པ་བཅས་སོ། །

དྲུག་པ། འཚོལ་བསྡུ།

ལ་ཕུག་གི་ས་བོན་མི་འདྲ་བ་རེ་རེ་དེར་འཚམ་གྱི་འཚོལ་བསྡུ་དུས་ཡུན་རེ་
ཡོད་དེ། འཚོལ་བསྡུ་དུས་ཡུན་ནི་སོན་བཟང་འདེབས་གསོ་དང་དུས་ཚིགས།
ཚོང་རའི་དགོས་མཁོ་ལ་དམིགས་ནས་གཏན་ཁེལ་བྱེད་དགོས། དེར་བརྟེན།
འཚོལ་བསྡུ་བྱེད་པའི་དུས་སྐབས་སྔ་དྲགས་ན་མི་འོས་ཤིང་འཕྱི་དྲགས་ན་འང་མི་
བཟང་ངོ། །

ལེའུ་དགུ་པ། སླང་ཙ།

དང་པོ། འཚོ་བཅུད་ཀྱི་རིན་ཐང་།

སླང་ཙ་ནི་ལུག་མིག་གི་རིགས་སུ་གཏོགས་ཤིང་། ལོ་གཅིག་གམ་ཡང་ན་ལོ་གཉིས་ལ་སྐྱེས་པའི་རྩི་ཤིང་ཞིག་ཡིན། དཔྱིད་ཀ་དང་སྟོན་ཁ། དགུན་དུས་ཀྱི་སྔོ་ཚལ་གལ་ཆེན་གྱི་གྲས་ཤིག་ཡིན། སླང་ཙའི་ནང་དུ་འདུས་པའི་འཚོ་བཅུད་ཀྱི་གྲུབ་ཆ་ཧ་ཅང་མང་བ་སྟེ། དེའི་ནང་སྤྲི་དཀར་དང་ཚིལ། མངར་རྒྱུའི་རིགས། ཐལ་ཆ། འཚོ་རྒྱ A ཞུ་སྦྱོར་རྫ་མ། འཚོ་བཅུད B1དང་འཚོ་བཅུད B2 འཚོ་བཅུད C ཀལ། ལིན། ལྕགས། ཙྙ། མིག་ལྕགས། སྦྱིལ་སོགས་གཞི་རྒྱུ་དང་ཟས་རིགས་ཆི་སྣ་སོགས་འདུས་པས། རུས་པ་དང་སྐྲ། པགས་པའི་འཚར་སྐྱེ་ལ་སྐྱུལ་འདེད་རང་བཞིན་གྱི་ནུས་པ་ཐོན་པར་མ་ཟད། མིའི་ལུས་པོའི་འཚར་ལོངས་ལ་ཕན་པ་ཡོད་ཀྱང་བཟའ་ཚད་མང་དྲགས་ན་ཚ་རྫོད་རྒྱས་པ་དང་མིག་དབང་ལ་འང་ཤུགས་རྐྱེན་ཐེབས་ངེས་རེད། སླང་ཙའི་སྡོང་པོའི་ལོ་མའི་ཁྲོད་དུ་ཤུ་ལུ་ཁེ་རྒྱུ་འདུས་པ་དང་། རོ་ཁ་ལ་ཚ་བ་ཆེ་བ་དང་ཐན་སྐྱོན་འབྱུང་དུས་རོ་ཁ་ཚད་སྐར་ལས་ཇེ་མཐོར་འགྲོ་བས། ཕོ་ཆུ་ཟགས་ཐོན་ནུས་ཤུགས་ཆེ་རུ་གཏོང་ཐུབ་པ་དང་། ཟས་འཇུ་བར་རམ་འདེགས་བྱེད་པ། ཡི་ག་ཇེ་ལེགས་སུ་གཏོང་བར་མ་ཟད། དེ་ལ་ཟུག་གཟེར་ཞི་འཇགས་དང་གཉིད་སྐྱུལ་ནུས་པའང་ཡོད། སླང་ཙའི་ཁྲོད་ཀྱི་ཐྭན་ཆུ་འགྱུར་རྫས་ཀྱི་འདྲེས་ཚད་ཅུང་དམའ་བའི་དབང་གིས། སྐྱེ་མེད་རྩ་དང་

འཚོ་རྫི་འདུས་ཚད་ནི་ཅུང་ཕུན་སུམ་ཚོགས་པ་ཡོད་པ་དང་། ལྷག་པར་དུ་འཚོ་བཅུད་ཡན་སོན་ཅུང་མང་པོ་འདུས་ཡོད། འཚོ་བཅུད་ཡན་སོན་ནི་གཞེར་མའི་ཕུང་རྫིའི་གྲུང་སྐྱལ་མ་རྒྱུ་ཡིན་ཞིང་། གཅིན་པ་མངར་འགྱུར་གྱི་ནད་ཐོག་པའི་ནད་པས་རྒྱུན་དུ་ཤུ་ལུ་ཁེ་ཟས་ན། མངར་རྒྱུའི་རིགས་ཀྱི་བརྗེ་ཚབ་ནུས་པ་ལེགས་བཅོས་བྱེད་ཐུབ། གྲུང་ལུགས་གསོ་རིག་གི་ངོས་འཛིན་བྱས་པ་ལྟར་ན། སྙིང་རྫའི་རོ་མངར་བ་དང་། བསིལ་བ། རོ་ཁ་བ། རྒྱ་མར་འཕྲོད་པ། ཕོ་བར་བརྒྱུད་པ་ཞིག་ཡིན་ཟེར། དོན་ལྔ་སྣོད་དྲུག་ཁྲིད་ཀྱི་དོན་ལྔར་ཕན་ཞིང་། རྩ་ལམ་རྒྱུག་པ། ཕོ་ཚ་སེལ་བ། ཆབ་གསང་འབབ་བདེ་བ་སོགས་ཀྱི་ནུས་པ་ཁྱད་པར་ཅན་ལྡན་ཞིང་། དྲི་ཆུ་འགག་པ་དང་གཅིན་ཁྲག འོ་མ་འགག་པ་སོགས་ཀྱི་ནད་རིམས་ཡོད་ན་སྤྱོད་པའོ། །

གཉིས་པ། ཁོར་ཡུག་གི་བླང་བྱ།

ཤུ་ལུ་ཁེའི་རྩ་ལག་གི་གཏིང་ཐུང་ཞིང་ཚགས་དམ་པ་ཡིན། མང་ཆེ་བ་ས་རིམ་དུ་ལི་སྨི 20~30 ཡི་ངོས་སུ་ཚུད་ཡོད་པ་རེད། ལྗང་པ་དོན་དུས་ལོ་མ་ཕན་ཚུན་ཐུང་སྐྱམ་སྔོས་ལོ་མའི་སྟེང་དུ་སྐྱེས། ལོ་མར་སྤྱོད་རུང་བའི་ཤུ་ལུ་ཁེའི་ལོ་འདབ་ཀྱི་གྲངས་འབོར་མང་ཞིང་ལོ་མ་ཆེ་བ་དང་། ལོ་མ་ལེབ་མོ་དང་ཡང་ན་ལོ་མ་ཟླུམ་པོ་ཁ་ཟས་སུ་འདོན་སྤྲོད་བྱེད། སྡོང་པོ་ཤུ་ལུ་ཁེའི་སྡོང་རྐང་རྒྱས་པ་དང་བསྟུན་ནས་སྡོང་པོའི་ཐུང་སྐྱམ་རིམ་བཞིན་རིང་བསྐྱེད་དང་ཆེར་སྤྲོས་བྱེད་པ་ཡིན། སྨྱུ་གུ་ཁ་ཐོར་དུ་སོང་རྗེས་སྡོང་པོའི་ལོ་མ་སྨུ་མཐུད་དུ་ཇེ་ཆེར་སོང་སྟེ་ཆེ་ཞིང་སྤྲམ་པའི་ཤ་ཟས་སྡོང་པོར་འགྱུར་བ་ཡིན།

ཤུ་ལུ་ཁེའི་ས་བོན་ནི་དྲོད་ཚད 4℃ཡིན་པའི་སྐབས་སུ་སྨྱུ་གུ་འབུད་པ་དང་། དྲོད་ཚད 15~20℃ཉིན 3~4℃རྒྱུན་འཁྱོངས་བྱས་ན་སྨྱུ་གུ་འབུས་པ་ཡིན། དྲོད་ཚད 30℃ཡན་ཡིན་ན་སྨྱུ་གུ་འབུས་པར་གནོད་སྐྱོན་བཟོ་བ་ཡིན།

དྲོད་ཚད་མཐོ་བའི་སྐབས་སུ་ས་བོན་འདེབས་སོན་བྱེད་ན་ས་བོན་སྦྲངས་ནས་དྲོད་ཚད་དམའ་མོས་སྦྱ་གུ་འབུས་སུ་འཇུག་དགོས། ལྗང་པ་དོན་དུས་ཀྱི་ཆེས་འཚམ་པའི་དྲོད་ཚད་ནི 12~20℃དང་། དུས་ཡུན་ཐུང་ངུའི་བཟོད་པའམ་ཐུབ་པའི་དྲོད་ཚད་ནི 5~6℃བར་ཡིན། ལོ་མ་སྐྱེ་དུས་ཀྱི་ཆེས་འཚམ་པའི་དྲོད་ཚད་ནི 11~18℃ཡིན། གལ་ཏེ་ཉིན་མོའི་ཆ་སྙོམ་དྲོད་ཚད 24℃ཡན་ཟིན་པ་དང་། མཚན་མོའི་དུས་ཡུན་རིང་པོའི་དྲོད་ཚད 19℃ཡན་ཟིན་ན། མ་སྨིན་རྐང་ཡུ་ཐོན་པ་དང་། སླང་ཛའི་གཞུང་རྟ་ཕྲ་ཞིང་རིང་བར་འགྱུར་བས། ཚོང་ཟོག་གི་རིན་ཐང་ཡང་ཉིར་འགྲོ་བ་ཡིན། དཔེར་ན། ས་ངོས་ཀྱི་དྲོད་ཚད 40℃སླེབ་པའི་སྐབས་སུ། གཞུང་རྟར་འཚིག་རྨས་བྱུང་ནས་སྦྱ་གུ་ཤི་བ་ཡིན། ཤུ་ལུ་ཁེ་ནི་སྡོང་རྐང་དང་བསྟུན་ནས་འཚར་ལོངས་བྱུང་བ་ཞིག་ཡིན་པ་དང་དེའི་གྲུང་ངར་འགོག་པའི་ནུས་ཤུགས་ཀྱང་རིམ་བཞིན་ཇེ་ཞན་དུ་འགྱུར་བ་ཡིན། རྐང་ཡུ་ཐོན་པའི་རྗེས་སུ་གྲང་འཁྱག་ཏུ་སོང་ན། སྡོང་པོ་མཉེན་འཇམ་ཅན་དུ་འགྱུར་བས་ལོངས་སྤྱོད་བྱས་མི་ཆོག

སྡོང་པོ་རྒྱུགས་ཆེར་འཕེལ་སྐབས་གཤེར་ཆུ་འཛོམས་དགོས་པ་དང་། དུས་མཇུག་ཏུ་བརླན་གཤེར་མང་དྲགས་མི་རུང་སྟེ། སྡོང་པོར་གས་ཆེབ་བྱུང་ནས་སྙི་རུལ་ནད་མི་ཐོན་པའི་ཆེད་དུ་ཡིན་ནོ། །

སླང་ཛ་ནི་སོབ་སོབ་ཏུ་འགྱུར་བ་དང་ས་བཅུད་འཛོམས་པ། བརླན་གཤེར་ཆེ་བའི་ས་ཞིང་ལ་དགའ་བ་རེད། འཚར་སྐྱེའི་བརྒྱུད་རིམ་ཁྲོད་དུ་ཏན་ལུད་ཀྱི་དགོས་མཁོ་ཅུང་མཐོ་བ་དང་། ཏན་རྒྱུ་འདང་ངེས་ཤིག་འཛོམས་ན་སྦྱ་གུའི་འཚར་སྐྱེ་དང་ཐོན་རྫས་ཆགས་པར་ནུས་པ་གལ་ཆེན་འདོན་པ་ཡིན།

གསུམ་པ། འདེབས་འཛུགས་ཀྱི་བཀོད་སྒྲིག

དཔྱིད་ཀའི་སླང་ཛ་ནི་ཟླ 10བའི་ཟླ་མཇུག་དང་ཟླ 11པའི་ཟླ་སྟོད་དུ

འདེབས་འཛུགས་བྱེད་ཅིང་། ཕྱི་ལོའི་ཟླ 4བར་འཚོལ་བསྡུ་བྱེད་པ་ཡིན། དབྱར་ཁའི་སྐྱང་ཇ་ནི་ཟླ 2པའི་ཟླ་སྨད་དུ་འདེབས་འཛུགས་བྱེད་ཅིང་། ཟླ 6པའི་ཟླ་མཇུག་ཏུ་འཚོལ་བསྡུ་བྱེད་པ་ཡིན། སྟོན་ཁའི་སྐྱང་ཇ་ནི་ཟླ 6པའི་ཟླ་མཇུག་ཏུ་འདེབས་འཛུགས་བྱེད་ཅིང་། ཟླ 9པའི་ཟླ་མཇུག་ལ་འཚོལ་བསྡུ་བྱེད་པ་ཡིན།

བཞི་པ། ས་བོན་གདམ་ག

མཚོ་སྔོན་ཞིང་ཆེན་དུ་འདེབས་འཛུགས་བྱེད་པའི་ས་བོན་ནི་ཐེ་ཡིང་པའི་ཅན་ཡེ་སྐྱང་ཇ་དང་ལོ་མ་སྨུག་པའི་སྐྱང་ཇ་སོགས་ཡོད།

ལྔ་པ། འདེབས་གསོའི་ངོ་དམ་ལག་རྩལ།

(གཅིག) སོན་འདེབས་དང་ལྡང་གསོ།

སོག་ཤུལ་དང་པོ་སྟེ་དབྱར་ཁའི་སྐྱང་ཇ་ནི་ཟླ 2པར་དྲོད་ཁང་ནང་དུ་འདེབས་འཛུགས་དང་ལྡང་གསོ་བྱེད་པ་དང་། སོག་ཤུལ་གཉིས་པ་སྟེ་སྟོན་ཁའི་སྐྱང་ཇ་ནི་ཟླ 6པར་མཐོང་ཡངས་ཐོགས་མེད་སྟེང་དུ་འདེབས་འཛུགས་དང་སྔོང་རཀང་བན་ཚུན་གྱི་ལྡང་གསོ་བྱེད་པ་ཡིན། ཁྲུང་སྟེར་རྨང་རྫས་ལྡང་བུ་གསོ་ནརོལ་འདེབས་བྱས་ཀྱང་ཆོག་པ་དང་བར་ཐག་ལི་སྨི 10ཡིན། སྨྱུ་གུ་འབུས་པ་དོ་སྙོམ་ཡིན་ཞིང་འཚར་སྐྱེ་དུས་ཚོད་ཇེ་ཐུང་དུ་གཏོང་ཆེད། འདེབས་འཛུགས་མ་བྱས་གོང་དུ་ས་བོན་གཙང་སེལ་ཐག་གཅོད་བྱ་དགོས། ཐག་གཅོད་བྱེད་ཐབས་ནི། དྲོད་ཚད 25℃ཡི་ཆུ་དྲོན་མོས་སོན་སྦང་ཆུ་ཚོད 24བྱས་མཐར། སེང་རས་ནང་དུ་ཐུམ་ནས་དྲོད་ཚད 10 ~12℃ཡིན་པའི་ཁོར་ཡུག་ནང་དུ་སྨྱུ་གུ་འབུས་སུ་འཇུག་དགོས། ཉིན 3 ~4འགོར་རྗེས 60% ~70%ས་བོན་གྱི་སྨྱུ་གུ་འབུས་པ་ཡིན་ན་སོ་འདེབས་བྱས་ཆོག

(གཉིས)ཞིང་ས་བོད་སྙོམ་དང་གཏིང་ལུད་འཛོག་པ།

ཉུལ་བསྐལ་ལངས་པའི་ཞིང་ཁྲིམ་གྱི་ལུད་རྫས་སྤྱི་ཀྲ7 500གཏིང་ལུད་ལ་

འཛོག་པ་དང་། ཞིང་ས་ཁོད་སྙོམ་ཡོང་བར་བྱས་ནས་རྣང་མིག་བཟོ་དགོས། རྣང་མིག་གི་ཞེང་ལ་ལི་སྨི་40~45དང་། རྣང་མའི་འོབས་དོང་གི་ཞེང་ལ་ལི་སྨི་30 ཡིན་དགོས་ཤིང་། རྣང་མའི་མཐོ་ཚད་ལི་སྨི་12 ~15ཡིན། རྣང་མིག་བཟོས་རྗེས་སྟེང་དུ་འགྲིག་ཤོག་འདིང་དགོས།

(གསུམ) ཙ་སྦྱོས་རྒྱག་པ།

ཙ་སྦྱོས་རྒྱག་པའི་དུས་ཚོད་ནི་ས་ཆ་སོ་སོའི་གནམ་གཤིས་ཆ་རྐྱེན་ལ་དམིགས་ནས་ཐག་གཅོད་པ་ཡིན། དཔེར་ན། དབྱར་ཁའི་སླང་ཛ་ནི་སྟོད་སད་འདས་པའི་ཟླ་5བའི་ཟླ་སྟོད་དང་། སྟོན་ཁའི་སླང་ཛ་ནི་ཟླ་7པར་ཙ་སྦྱོས་རྒྱག་དགོས། དཔྱིད་ཀའི་སླང་ཛའི་སྟོང་རྐང་ཕྲེང་བའི་བར་ཐག་ལི་སྨི་35 ~ལི་སྨི་35ཡིན་པ་དང་། སྟོན་ཁའི་སླང་ཛའི་བར་ཐག་ལི་སྨི་30~ལི་སྨི་30ཡིན།

(བཞི) ཞིང་ཁའི་བདག་གཉེར།

1.སྟེང་ལུད་འཛོག་པ། འཚར་སྐྱེའི་དུས་སྐབས་སུ་སྟེང་ལུད་ཐེངས 2ལ་འཛོག་དགོས་ཤིང་། ཏན་ལུད་གཙོ་བོར་འཛིན་དགོས། ཐེངས་དང་པོའི་སྟེང་ལུད་ནི་ཙ་སྦྱོས་བརྒྱབ་ནས་ཉིན 10འགོར་རྗེས་འཛོག་དགོས། མུའུ་རེའི་སྟེང་དུང་ཨན་ལྷན་མུ་སྒྲུར་སྤྱི་རྒྱ 10དང་། མུ་ཟིའི་སྒྲུར་ཙྭ་དང་ཁོ་ལིན་སོན་ཀལ་སྤྱི་རྒྱ 5འཛོག་དགོས། སྨྱུག་མ་ཆུང་དུས་འགྲིག་ཤོག་གཏུབ་ནས་དེའི་ནང་དུ་འཛོག་པར་མ་ཟད། ས་ཡིས་སྟེང་ལུད་འཛོག་ས་བཀག་སྡོམ་བྱེད་པ་དང་སྟེང་ལུད་བཞག་རྗེས་ཆུ་གཏོར་དགོས། ཐེངས་གཉིས་པ་ནི་སྡོང་པོའི་རྒྱགས་ཆེའི་དུས་སྐབས་ལ་འཛོག་པ་དགོས་ཤིང་། མུའུ་རེའི་སྟེང་དུ་ཨན་ལྷན་མུ་སྒྲུར་སྤྱི་རྒྱ 5འཛོག་དགོས་ལ། ཞིང་ཆུ་གཏོང་སྐབས་ཆུའི་ནང་དུ་གཏོར་ནས་ཞིང་ནང་དུ་འདྲེན་པའོ། །

2.ཆུ་གཏོང་བ། སྔོ་འདེབས་བྱས་པའི་སྨྱུ་གུ་རྣམས་གསོན་རྗེས་སྟེང་ལུད་

འཇོག་པ་དང་ཟླུང་འབྲེལ་སྐོམ་ཆུ་ཐེངས་གཅིག་ལ་གཏོང་དགོས། སྔོང་ཆང་རྒྱགས་ཚེའི་དུས་སྐབས་སུ་ཐེངས་གཉིས་པའི་ཆུ་གཏོར་དགོས། དེའི་འཕྲོར། ས་རྒྱུའི་སྐམ་བརླན་གྱི་གནས་ཚུལ་ལ་གཞིགས་ནས་ལ་ཆུ་གཏོར་བའོ། །

3.ནད་འབུའི་གནོད་འཚེ་འགོག་བཅོས། སླང་ཟའི་གནོད་འབུ་གཙོ་བོ་ནི་སད་འབུའི་ནད་དང་སྲིན་ཤིང་ནད། སྙི་རུལ་ནད་དང་སྐྱེ་དངོས་གནོད་འབུ། མདོན་མེད་སྦྲང་ནག་ཁྲ་བོ་སོགས་ཡོད་དོ། །

(1) སད་འབུ་ནད། 25%རའི་ཏའོ་མེ(25%ཐུ་རྗོང་ལིན)དང་། 50%སྦྲུ་མའི་རྗོང་དང་ཐུ་རྗོང་ལིན་མླན་ཞིན་གྱི་སྨན་རྫས་སོགས་བསྲེས་སྦྱོར་བྱས་ནས་འགོག་བཅོས་བྱ་དགོས། ཕྱིར་བཏང་ནད་རིམས་མ་བྱུང་སྔོན་དང་ནད་ལྡང་མ་ཐག་པའི་དུས་སུ་ཞིང་སྨན་གཏོར་བ་ཡིན། སྨན་རྫས་འདེམས་སྤྱོད་དང་ཆུ་བསྲེས་བསྡུར་ཚད་ནི། 70%ཨན་ཐེ་ཧྲིན་ཧྲན་རུང་ཕྱེ་རྫས་པའི་ཡེ 2 000དང་། 66.8%མའི་ཁུ་ཧྲོ་ཧྲན་རུང་ཕྱེ་རྫས་པའི་ཡེ 700 25%ཐུ་རྗོང་ལིན་པའི་ཡེ 500 64%དུག་གསོད་མཚུར་པའི་ཡེ 400དང 48%རའི་ཏའོ་མེ་མླན་ཞིན་པའི་ཡེ 500 སོགས་ཆུ་དང་བསྲེས་སྦྱོར་བྱས་ཏེ་ཧྲངས་གཏོར་བྱེད་པ་དང་། ཉིན 7~10བར་ནས་ཐེངས 1ལ་གཏོར་བ་དང་། བསྟུད་མར་ཐེངས 3~4ལ་གཏོར་དགོས། ཞིང་སྨན་གཏོར་དུས་གཙོ་བོ་སོ་འདབ་གྱི་རྒྱབ་ཕྱོགས་ལ་གཏོར་བ་ཡིན། སྨན་རྫས་རེས་མོས་བེད་སྤྱོད་བྱས་ན་འགོག་བཅོས་ཀྱི་ཕན་འབྲས་ཇེ་མཐོར་གཏོང་ཐུབ་པར་མ་ཟད། འགོག་ནུས་ཕྱིར་འགྱངས་ཀྱི་ནུས་པའང་ཐོན་ཐུབ་བོ། །

(2) སྙི་རུལ་ནད།

1)ཞིང་ལས་འགོག་བཅོས། ནད་འགོག་ས་བོན་འདེམས་སྤྱོད་བྱེད་པ་སྟེ། དཔེར་ན། ཀེར་ལངས་རང་བཞིན་གྱི་ས་བོན་ཡིན་ན་སྔོང་ཆང་གི་གཞུང་རྟ་དང་རྩ་བ་བརྟན་གཤེར་ཧྲངས་འགྱུར་སླ་བ་དང་རྨ་ཁ་དྲག་སྐྱེད་ཀྱང་འབྱུང་སླ་བས།

ནད་འབྱུས་བཙན་འཛུལ་རྗེ་ཤུང་དུ་གཏོང་ཐུབ་པ་ཡིན། ས་བབ་ཅུང་མཐོ་བ་དང་། ཆུ་འདྲེན་དང་ཆུ་འབུད་ཆ་རྐྱེན་ལེགས་པའི་ས་ཞིང་གདམ་གསེས་བྱེད་པ་ལས། ཆུ་འཁྱིལ་སླ་བའི་གཤོང་ས་འདེམ་སྤྱོད་བྱེད་མི་རུང་། རེས་འདེབས་བྱེད་པ་དང་། གཉིང་ལུད་རུལ་བསྐལ་ལངས་དགོས། སྨུ་གུ་སྐྱོན་ཅན་གཙང་སེལ་བྱེད་ཅིང་ནད་ཁུང་རྡོ་ཐལ་གྱིས་དུག་སེལ་བྱེད་དགོས།

2)ས་བོན་གཙང་སེལ་ཐག་གཅོད། ཆུ་ཚ་དང་ཀའོ་སླན་སོན་ཐྭས་ས་བོན་ཐང་དགོས། ས་བོན་དྲོད་ཚད 50℃ཡོད་པའི་ཆུ་ཚའི་ནང་དུ་བཞག་ནས་དུས་ཚོད་སྐར་མ 25ཐང་ས་པ་དང་། 1%ཀའོ་སླན་སོན་ཐྭའི་གསེར་ཁུའི་ནང་དུ་སྐར་མ 15ལ་ཐང་ས་རྗེས། ཆུ་བླུགས་ནས་གཙང་བཤུ་བྱེད་དགོས།

3)སྨན་རྫས་འགོག་བཅོས། ནད་ལྡང་དུས་འགོར་གྱི་མའི་སའོ་གསར་བ་དང་ཞིང་སྤྱོད་ལན་མའི་སའོ་པའི་ཡེ 4 000ཆ་ངས་གཏོར་དང་རྩ་བར་ལྷུག་པ་ཡིན། ཡང་ན་ནང་སྐྱི་སྲིན་རྒྱུ་དང་ཚལ་སྟེང་ཉིང་པའི་ཡེ 80 ~100རྩ་བར་བླུགས་ཀྱང་ཆོག

(3) སྲིན་ཉིང་ནད།

1)ནད་རྟགས་གཙོ་བོ། སངོས་སྡོང་བོའི་གཞུང་རྟའི་འོག་རིམ་དུ་ཆུ་སྐྱིགས་ཀྱི་དབྱིབས་དང་ཁམ་མདོག་གི་ནད་ཐིག་མཛོན་པ་དང་། དེའི་འཕྲོར་གོང་རིམ་ལ་ཁྱབ་སྟེ་རུལ་རྙིད་དུ་འགྱུར་བ་ཡིན་ལ། ནད་རིམས་ཚུང་སར་སྐྱུད་དངོས་དཀར་མདོག་ཅན་དང་ཕྱི་སྦུན་རིལ་རྫུལ་ནག་པོ(སྲིན་ཉིང)ཐོན་པ་ཡིན། ནད་སྡོང་གི་ལོ་མ་སེར་པོར་གྱུར་ནས་རྙིད་སྐམ་དུ་འགྲོ་བ་རེད། རིམས་ནད་འདིའི་སྲིན་ཉིང་ནི་ས་འོག་ཏུ་དགུན་སྐྱེལ་བ་ཡིན་ཞིང་། ཆ་རྐྱེན་དང་འཚམ་པའི་སྐབས་སུ། ཆར་བ་འབབ་པ་དང་རླུང་འཚུབ་པར་བརྟེན་ནས་སྡོང་རྐང་སྟེང་དུ་ཁྱབ་ཅིང་གནོད་འཚེ་ཐེབས་པ་ཡིན། ཆར་ཆུ་མོད་དུས་ཀྱི་བསགས་ཆུ་དང་དྲོད་ཚད་དམའ་བའི

བཞའ་ཚན། སྡོང་རྐང་ཕན་ཚུན་གྱི་སྟུག་ཚད་ཆེ་བ་སོགས་ནི་ནད་ལྡང་བའི་ཆ་རྐྱེན་དུ་འགྱུར་བ་ཡིན།

2)འགོག་བཅོས་བྱེད་ཐབས། ལོ 3~4 བར་དུ་རེས་འདེབས་ལག་བསྟར་བྱེད་པ། 10%ཚྭ་ཆུ་སྦྱིད་དེ་ས་བོན་གདམ་གསེས་བྱེད་ཅིང་། ས་བོན་གྱི་ནང་དུ་མཉམ་བསྲེས་བྱས་ཡོད་པའི་སྲིན་ཉིང་(བྲི་བའི་སྦུག་རུལ)གཙང་སེལ་བྱེད་དགོས། གཏིང་རྫོས་སྐྱོར་རྒྱག་པ་དང་། ཆུ་རྐ་བཟོས་ནས་ཆུ་འབུད་པ། ཞིང་ནང་དུ་རླུང་རྒྱུག་པ་དང་འོད་འཕྲོའི་ཆ་རྐྱེན་ཇེ་ལེགས་སུ་གཏོང་དགོས། ནད་ལྡང་དུས་འགོར། 50%སའོ་ཁེ་ལིང་རྣན་རུང་ཕྱེ་རྫས་པའི་ཡེ 500དང་། 40%སྲིན་ཉིང་ཅིན་རྣན་རུང་ཕྱེ་རྫས་པའི་ཡེ 1 000དང་། 50%ཏའི་ཅིན་ལིང་རྣན་རུང་ཕྱེ་རྫས་པའི་ཡེ 500དང་ཡང་ན 70%ཐྰ་ཛི་ཐའོ་པའོ་ཅིན་རྣན་རུང་ཕྱེ་རྫས་པའི་ཡེ 800འདེམ་སྦྱོད་བྱས་ཏེ་གཏོར་དགོས་ཤིང་། ཉིན 7 ~10བར་ནས་ཐེངས 1ལ་གཏོར་བ་དང་། བསྟུད་མར་ཐེངས 3ལ་གཏོར་དགོས།

(4)སྐྱེ་དངོས་གནོད་འབུ་དང་མདོན་མེད་སྦྲང་ནག་ཁྲ་བོ། 48%ལེ་སི་པིན་པའི་ཡེ 800དང 50%ཁང་ཡྰ་བའི་རྣན་རུང་ཕྱེ་རྫས་པའི་ཡེ 2 000~3 000དང་། ཡང་ན། 10%ཕི་ཁྲོན་ལིན་པའི་ཡེ 2 000སྣངས་གཏོར་བྱེད་དགོས།

དྲུག་པ། འཚོལ་བསྡུ།

སླང་ཇའི་བཟའ་བྱའི་ཆ་ནི་སྡོང་པོའི་གཞུང་རྩ་ཡིན་པས། གཞུང་རྩ་རྒྱགས་ཆེ་ཞིང་རྐང་ཡུ་མ་ཐོན་པའི་སྐབས་སུ་འཚོལ་བསྡུ་བྱེད་དགོས། ས་གནས་སོ་སོའི་འཚོལ་བསྡུ་དུས་ཡུན་མི་འདྲ་བ་དང་། དབྱར་ཁའི་སླང་ཇ་ནི་ཟླ 7པའི་ཟླ་དཀྱིལ་དང་། སྟོན་ཁའི་སླང་ཇ་ནི་ཟླ 9བའི་ཟླ་མཇུག་ནས་ཟླ 10བའི་ཟླ་སྟོད་དུ་འཚོལ་བསྡུ་བྱེད་པའོ། །

ལེའུ་བཅུ་པ། ལ་སེར།

དང་པོ། འཚོ་བཅུད་ཀྱི་རིན་ཐང་།

ལ་སེར་ནི་ཕྲ་བ་ཞིམ་ལ་འཚོ་བཅུད་ཕུན་སུམ་ཚོགས་པའི་རྒྱུན་ཟས་སྔོ་ཚོད་ཀྱི་རིགས་ཤིག་ཡིན་ཞིང་། "དཀར་པོ་ཆེག་ཐུབ་ཆུང་ངུ"ཞེས་འབོད་ཀྱིན་ཡོད། ལ་སེར་ནང་དུ་མི་ལུས་ལ་མཁོ་བའི་འཚོ་བཅུད་མངར་རྒྱུའི་རིགས་དང་ཚིལ། ཡལ་སྙུམ། གྲུང་ལ་ཕུག་རྒྱུ། འཚོ་བཅུད A འཚོ་བཅུད B1 འཚོ་བཅུད B2 མེ་ཧྲག་གི་མདོག་རྒྱུ། ཀལ། ལྕགས་སོགས་འཚོ་བཅུད་ཀྱི་གྲུབ་ཆ་ཤིན་ཏུ་མང་བས། ཟུངས་ཁྲག་ཉམས་པ་དང་ཆམ་ནད་ཐོག་པ། རྩ་འགག་པ། ཁྲག་ཤེད་མཐོ་བའི་ནད་སོགས་འགོག་བཅོས་བྱེད་ཐུབ་པར་མ་ཟད། དེ་བཞིན་དུ་སྐྲན་ནད་སྔོན་འགོག་དང་ཕོ་བདེའམ་མཛེས་བཟོ་སོགས་ཀྱི་ཕན་ཡོན་ཡང་ལྡན་པ་རེད།

གཉིས་པ། ཁོར་ཡུག་གི་བླང་བྱ།

ལ་སེར་ནི་གྲང་བསིལ་གྱི་གནམ་གཤིས་ལ་དགའ་བ་དང་། འཚར་སྐྱེ་ལ་ཆེས་འཚམ་པའི་དྲོད་ཚད་ནི 15 ~25℃ཡིན། འོད་ཟེར་དྲག་འཕྲོ་དང་བསྐོས་བཅས་སུ་སྐམ་ཤས་ཆེ་བའི་མཁའ་རླུང་གི་ཆ་རྐྱེན་ལ་དགའ་བ་ཡིན། ས་རྒྱུའི་བླང་བྱ་ནི་སྐམ་བརླན་རེས་མོས་བྱེད་དགོས་ཤིང་། བརླན་གཤེར་གྱིས་ཕྱུག་པར་མ་ཟད་ས་རྒྱུ་སབ་སོབ་དང་རླུང་རྒྱུག་པ། ས་བཅུད་འཛོམ་པོ་ཡིན་དགོས། དྲོད

གྲང་གི་ཁྱད་པར་ཆེ་བ་དང་འཚོ་བཅུད་འཛོམ་པོ་ཡིན་ན་ཤ་རྫས་རྩ་བ་ཆགས་པར་ཕན་པ་ཡོད་ལ། དུས་མཚུངས་སུ་ཙུང་མཐོ་བའི་ལ་སེར་གྱི་རྒྱུ་དང་མ་ཀྲུའི་དམར་རྒྱུའི་འདུས་ཚད་འགན་སྲུང་བྱེད་ཐུབ། ལ་སེར་གྱིས་ཐན་པ་ཐུབ་ལ། ལྷག་པར་དུ་ལྡང་པ་དོན་དུས་ས་རྒྱུར 30%~50%ཡི་རླན་ཚད་འདུས་ན་རྒྱུན་ལྡན་འཚར་སྐྱེ་འབྱུང་ངོ་། །

(གཅིག) ས་རྒྱུ།

ལ་སེར་འདེབས་སའི་ས་ཞིང་ནི་རྣམ་པ་ངེས་ཅན་ལྡན་པའི་རྒྱུ་དག་ཅན་དང་འཚོ་བཅུད་འདུས་ཚད་མཐོན་པོ་ཡིན་དགོས། ཞིང་ཆུ་འདྲེན་ཚོག་པའི་ཆ་རྐྱེན་ཚང་དགོས་པར་མ་ཟད། འགྲིམ་འགྲུལ་ཡང་སྟབས་བདེ་བའི་ས་ཞིང་ཡིན་དགོས། ཆུ་འཁྱིལ་སླ་བའི་ས་ཞིང་དང་གྲོའམ་ཟར་མ་བཏབ་སྐྱོང་བའི་ས་ཞིང་ཡིན་དགོས། དེ་བཞིན་དུ་རྩ་ངན་སེལ་སྐྱོང་བའི་ས་ཆ་ཡིན་དགོས་ཤིང་ས་རྐྱོད་ས་ཞིང་ཡིན་ན་ལ་སེར་འདེབས་འཛུགས་བྱེད་པར་མི་འཚམ་མོ། །

(གཉིས) དྲོད་ཚད།

ས་རྒྱུའི་དྲོད་ཚད 8℃ཡན(ཟླ 5པའི་ཟླ་དཀྱིལ)ཡིན་པའི་དུས་སུ་ས་བོན་འདེབས་པ་དང་། དྲོད་ཚད 15℃ཡན་ཡིན་ན་སྨྱུ་གུ་འབུད་མགོ་ཚུགས་ཤིང་། འཚར་སྐྱེའི་འཚམ་ཤོས་དྲོད་ཚད་ནི་ཉིན་མོར 23~25℃དང་དགོང་མོར 12~15℃ཡིན། དྲོད་གྲང་གི་ཁྱད་པར་ཆེ་མིན་གྱིས་ལ་སེར་གྱི་གཤིས་རྒྱུད་བཟང་ངན་གྱི་དབྱེ་བ་འབྱེད་པར་མ་ཟད། མངར་རྒྱུ་འཕར་སྣོན་བྱེད་པ་ཡིན།

(གསུམ) རླན་ཚད།

ས་རྒྱུའི་རླན་ཚད 20%ཡན་ཟིན་པའི་དུས་སུ། ལ་སེར་ནི་སྟོབས་དང་ལྡན་པའི་བསྲུ་ལེན་གྱི་ནུས་པར་བརྟེན་ནས་ཆུ་འཛིན་ཅིང་སྦོས་ཆེར་འགྱུར་ཏེ་སྨྱུ་གུ་འབུས་པར་གྲ་སྒྲིག་བྱེད་པ་ཡིན། ཡིན་ནའང་། དངོས་སུ་ས་བོན་འདེབས་དུས་

ཀྱི་ས་རྒྱུའི་རླན་ཚད་ནི་60%~70%ཡིན་ན་བཟང་། (ས་ལག་པས་བ་ཙིར་ན་རྡོག་པོར་འགྱུར་ཡང་ལྷེ་ཡང་འཇལ་དུས་སྨུར་མོར་གྲོར་བ) དེ་བས། ས་བོན་འདེབས་པའི་ས་ཞིང་གི་སྟེང་དུ་སྤྱི་མོ་ནས་ཆུ་གཏོང་བ་དང་ས་བོན་བཏབ་རྗེས་ཆུ་གསབ་བྱེད་དགོས་པ་ཡིན། དེ་ལྟར་མ་བྱས་ན་གྲལ་དག་པོ་དང་རྒྱུན་ལྡན་དང་སྨྱུ་གུ་འབུས་པ་ཁག་ཐེག་བྱེད་མི་ཐུབ། སྨྱུ་གུ་འབུས་པ་ནས་སྨྱུ་གུ་གསེབ་འཕྲལ་བྱེད་པའི་དུས་རིམ་ནང་དུ། ལ་སེར་གྱི་འཚར་སྐྱེ་ལྟེ་གནས་རྩ་བར་བསྡམས་པ་ཡིན་པས། ས་སྟེང་གི་འཚར་སྐྱེ་དལ་བ་དང་བརླན་གཤེར་གྱི་དགོས་མཁོ་ཡང་ཆེས་ཉུང་བའི་དུས་རིམ་ཡིན། དུས་སྐབས་འདིར་ཐན་པ་འབྱུང་བ་དང་ཆུ་ལ་ཚོད་འཛིན་བྱས་ན་ལ་སེར་གྱི་རྩ་ལག་རྒྱས་པར་ཕན་པ་ཡོད་ཅིང་རྩ་བ་ཟེ་རིང་དུ་འགྲོ་བ་ཡིན། ལ་སེར་སྐྱེས་ནས་སྤྲོམ་ཕྲ་ལག་པའི་མཛུབ་མོ་ཆུང་ངུ་དང་འདྲ་ཞིང་ཁ་དོག་འགྱུར་མགོ་རྩོམ་པའི་དུས་སྐབས་ནི་རླན་ཚད་དང་ལུད་རྫས་ཀྱི་དགོས་མཁོ་ཆེས་ཆེ་བའི་དུས་སྐབས་ཤིག་ཡིན་པས། འདང་ངེས་ཀྱི་བརླན་གཤེར་དང་ལུད་རྫས(སྟེང་ལུད)མཁོ་སྤྲོད་བྱ་དགོས། དུས་མགོར་ཐན་སྐྱོན་དང་ཡང་ན་ཆུ་མཁོ་འདོན་བཟང་པོ་མི་བྱེད་ཅིང་། དུས་མཐུག་ཏུ་འོས་འཚམ་གྱིས་ཆུ་གསབ་བྱེད་དགོས། འོན་ཀྱང་བྲེལ་བ་ལངས་ནས་ཆུ་གསབ་བྱས་ན་ལ་སེར་གས་ཉེན་ཆེ། འཚོལ་བསྡུ་མ་བྱས་གོང་གི་ཉིན 15~20བར་ལ་ལ་སེར་གྱི་ཆུ་འཛིན་ནུས་པ་ཉམས་དམས་སུ་འགྲོ་བས། ཆུའི་མཁོ་འདོན་ཇེ་ཉུང་དུ་གཏོང་དགོས་ཤིང་། རྫོད་ཚད་ཆ་རྐྱེན་ཡག་པོ་བསྐྲུན་ནས་ཐོན་ཚད་ཆགས་པར་སྐྲུལ་འདེད་གཏོང་དགོས། དུས་སྐབས་འདིར་ཆུ་ཉུང་གཏོར་བྱས་ཏེ་ས་གཤིས་བརླན་གཤེར་ཅན་དུ་སྒྱུར་བས་ཆོག

(བཞི) ལུད་རྫས་ཀྱི་ཆ་རྐྱེན།

ལ་སེར་ལ་དགོས་མཁོ་ཆེ་བའི་ལུད་རྫས་ཀྱི་གཞི་རྒྱུ་གཙོ་བོ་ནི་ཚད་མང་མ་རྒྱུ་དང (ཏན་དང་ལིན། ཀྑ) ཚད་འབྲིང་མ་རྒྱུ། (ཀཱལ་དང་སེལ)ཚད་ཉུང་མ་རྒྱུ

(ཕོན་དང་ཞིན། སོལ། མིག་ལྕགས། སྣཱན། ལྕགས)སོགས་ཡོད། ཏན་ལུད་ནི་ལོ་འདབ་དང་སྡོང་པོ། ཤ་རྫས་རྩ་བ་སོགས་ལ་སེར་གྲུབ་བྱེད་ཀྱི་གཞི་རྒྱུ་གཙོ་བོ་ཡིན། ལིན་ནི་འོག་སྐྱེ་རྩ་བའི་སྨུལ་ཤུགས་དང་ཟེའུ་འབྲུའི་རྩེ་མོ་གྱེས་བྱེད་ཀྱི་གཞི་རྒྱུ་ཡིན། ཅཱ་ནི་འཚོ་བཅུད་སྐྱེལ་འདྲེན་གཞི་རྟེན་དང་ཚོ་སྣའི་ཕུང་གྲུབ་གཙོ་བོ་ཡིན་ཞིང་། ཆབས་ཅིག་ཏུ་ཏན་ལུད་ཀྱི་བསྡུ་ལེན་དང་བེད་སྤྱོད་ལ་ཕན་ཚུན་བྱེད་ནུས་དང་ཕན་ཚུན་ཚོད་འཛིན་བྱེད་པ་ཡིན། ཀལ་ནི་ཕྲ་ཕུང་ཕྱི་ཤུན་གྱི་གྲུབ་ཆ་གཙོ་བོ་ཡིན། སྨེལ་ནི་ཕྲ་ཕུང་གོ་རིམ་སྒྲིག་སྟངས་ཚོད་འཛིན་དང་ཀལ་བསྡུ་ལེན་ལ་སྐུལ་འདེད་བྱེད་པ། སེར་ཁ་གསས་པ་སྔོན་འགོག་བྱེད་པའི་གཞི་རྒྱུ་གལ་ཆེན་ཞིག་ཡིན། ཏི་ཚ་ནི་ལ་ཕུག་ནང་གི་ནད་དུག་རྩབས་འགོག་པའི་གྲུབ་ཆ་གཙོ་བོ་ཡིན་ལ། ནུས་པ་ནི་ནད་དུག་འགོག་པའི་ནུས་པ་ཇེ་མཐོར་གཏོང་བ་ཡིན། སོལ་ནི་སྤྱི་ཡོངས་ཀྱི་འགོག་ཤུགས་དང་བསྡུ་ལེན་ནུས་པའི་འབྱུང་ཁུངས་ཡིན། ལོ་མང་པོར་འདེབས་གསོ་བྱེད་ན་ངེས་པར་དུ་ཁ་གསབ་བྱེད་དགོས་ཤིང་། དེ་མིན་སོག་གཉིས་འགལ་རྐྱེན་ཚབས་ཆེན་བཟོ་བ་ཡིན། མིག་ལྕགས་དང་སྣཱན། ལྕགས་བཅས་ནི་ལོ་མ་ལྗང་རྒྱུའི་གྲུབ་ཆ་གཙོ་བོ་ཡིན། གལ་ཏེ་དུས་ཐོག་ཏུ་ཁ་གསབ་བྱེད་མ་ཐུབ་ན་ལོ་མའི་འོད་སྦྱོར་ནུས་པ་ཇེ་དམའ་རུ་འགྲོ་བས་ལོ་ལེགས་འབྱུང་དཀའ་བ་ཡིན། དེར་བརྟེན། ལ་སེར་འདེབས་འཛུགས་བྱེད་དུས་ལུད་རྫས་འདང་ངེས་ཡོད་དགོས། ལ་སེར་འདེབས་དུས་ས་རྒྱུ་ལ་ངེས་པར་དུ་རྒྱུས་ལོན་ཡོད་དགོས་ཤིང་། ཚན་རིག་དང་མཐུན་པའི་སྒོ་ནས་ལུད་བཞག་ནས་ལོ་ལེགས་འབྱུང་བར་བརྩོན་དགོས།

གསུམ་པ། ས་བོན་གདམ་ག

ཆེ་ཐུག་ཧྲོང་དང་བའི་ཐ་ནཱ། ཡེ་ཕུན་ལཱ། ཚན་ཧྲིན་སོགས་ཡོད།

བཞི་པ། འདེབས་གསོའི་དོ་དམ་ལག་རྩལ།

གཅིག ས་ཞིང་ཕོད་སྙོམ་དང་རྣང་མིག་བཟོ་བ། ལུད་རྫས་འཛོག་པ།

1. ས་ཁོད་སྙོམ་པ། རྣང་མིག་བཟོ་བ། ལ་སེར་གྱི་གཞི་རྩ་ས་འོག་ཏུ་འཛུལ་བ་གཏིང་ཟབ་ཅིང་། གཞི་རྩའི་མཐའ་བཞི་པོར་རྩ་ཕྲན་མང་པོ་སྐྱེས་ཡོད། ལ་ཕུག་གི་རྩ་བ་ལས་བསྐར་ཕྲེང 2ཀྱི་མང་བས་རྩ་བར་ཡན་ལག་འབྱུང་སླ་བ་ཡིན། རྩ་བར་ཡན་ལག་འབྱུང་བའི་རྒྱུ་རྐྱེན་ཤིན་ཏུ་མང་སྟེ། དཔེར་ན་ཆུ་འབུད་མི་བཟང་བའི་གཤོང་ས་དམའ་མོའི་སྟེང་དུ་སྨོ་འདེབས་བྱེད་པ། རྡུལ་བསྐྱལ་ལངས་མེད་པའི་སྐྱེ་ལྡན་ལུད་རྫས་སྦྱོད་པ་དང་འདེབས་འཛུགས་ས་རྒྱུའི་ཏན་རྒྱུ་མང་དྲགས་པ། སྨོ་སློག་ས་རིམ་ཟབ་མོ་མིན་པ། སྨོ་སའི་འོག་རིམ་གྱི་ས་རྒྱུ་མཁྲེགས་པོ་ཡིན་པ་སོགས་ཡིན། དེ་བས། ལ་སེར་གྱི་ཚོང་ཟོག་རང་བཞིན་མཐོར་འདེགས་སུ་གཏོང་དགོས་ན། ངེས་པར་དུ་ས་ཁོད་སྙོམ་པའི་དུས་རིམ་དུ་གཤམ་གྱི་ལས་དོན་འགའ་ལེགས་སྒྲུབ་བྱེད་དགོས་ཏེ། ① ཆུ་འབུད་བྱེད་ནུས་བཟང་བའི་བྱེ་ས་སོབ་སོབ་དང་ཡང་ན་ས་རྒྱུ་གཤིན་པོ་བདམས་པ། ② སྨོ་སློག་ས་རིམ་གྱི་གཏིང་ཟབ་པ། ས་ཁོད་སྙོམ་པ་ཞིབ་མོ་ཡིན་པ། སྤྱིར་བཏང་གི་སྨོ་སློག་ཟབ་ཚད་ནི་ལི་སྨི 20 ~ 30 དང་། སྨོ་སློག་གི་རྗེས་སུ་ཤལ་ཐེངས 2ལ་བརྒྱབ་ནས་ཞིང་སའི་ས་རྒྱུའི་སོབ་སོབ་ཏུ་འགྱུར་བར་བྱས་ཏེ། སྨྱུ་གུ་འབུས་པ་དང་རྩ་ལག་འཚར་ལོངས་བྱུང་བར་འགན་སྲུང་བྱེད་དགོས། ③རྣང་མཐོའི་འདེབས་གསོ་ས་གནས་གདམ་ག་བྱེད་པ་དང་། རྣང་མིག་གི་བར་ཐག་ནི་ལི་སྨི 40 ~50 དང་། མཐོ་ཚད་ལི་སྨི 15 ~20ཡིན། ཁོད་སྙོམ་འདེབས་གསོ་རྣང་མའི་ཞེང་ནི་ལི་སྨི 90 ~100ཡིན། རིང་ཚད་ནི་ཡུལ་དངོས་ལ་དམིགས་ནས་གཏན་ཁེལ་བྱེད་དགོས། རྣང་མཐོའི་འདེབས་གསོའི་ཐོན་ཚད་ནི་གཤོང་སའི་འདེབས་གསོ་ལས་མཐོ་ཞིང་། ཁ་དབྱག་དང་རྩ་བ་གས་པའི་ཚད་གཞི་དམའ་བ་ཡིན།

2. ལུད་རྫས་གཏོར་བ། ལ་སེར་ལ་འཕྲོད་པའི་ལུད་རྫས་ནི་ཏན་དང་ལིན། ཏྭ་སོགས་ཡིན་ལ། དེ་ལས་ཏྭ་ཡི་དགོས་མཁོ་གཙོ་བོ་ཡིན་པ་དང་། དེའི་འཕྲོར······

ཏན་དང་ལིན་གཉིས་ཡིན། འདང་ངེས་ཀྱི་ཊཱ་ལུད་བཞག་ན་ཤ་རྫས་རྩ་བའི་འཚར་སྐྱེ་དང་མདོག་བྱུག་ལ་ཕན་ཞིང་། འདང་ངེས་ཀྱི་ལིན་ལུད་བཞག་ན་ལ་སེར་གྱི་མངར་ཆ་འདུས་ཚད་ཇེ་མང་དུ་གཏོང་བར་ཕན་པ་ཡོད། ཏན་ལུད་འཛོག་ཚད་མང་དྲགས་ན་ལ་སེར་གྱི་འཚར་སྐྱེ་ལ་གནོད་པ་ཡིན། ས་གཏིང་སློག་བྱེད་པ་དང་ལུད་རྫས་འབྲིང་ཙམ་འཛོག་དགོས་ཏེ། མུའུ་རེའི་སྟེང་དུ་རྣལ་བརླལ་ལངས་པའི་སྐྱེ་ལྡན་ལུད་རྫས་སྤྱི་རྒྱ་300~5 000དང་། རྒྱ་གསུམ་འདྲེས་སྦྱོར་ལུད་རྫས་སྤྱི་རྒྱ་25 ཞིན་ལིག་ལིན་སྤྱི་རྒྱ་2 (མངོན་མེད་གནོད་འབུ་སྔོན་འགོག)གཏོར་དགོས། ལེགས་སྙོ་ཞིབ་འདེབས་བྱས་ཏེ་ས་ལུད་དོ་སྙོམ་ཡོང་བར་བྱེད་དགོས།

གཉིས། སོན་འདེབས་དང་ལྟར་གསོ།

1. ས་བོན་གཙང་སེལ་ཐག་གཅོད། དཔྱིད་ཀར་ས་བོན་འདེབས་དུས་སུ་དྲོད་ཚད་དམའ་བ་དང་། སྨྱུ་གུ་འབུད་པ་དལ་བའི་དབང་གིས། ས་བོན་མ་བཏབ་པའི་སྔོན་ལ་ས་བོན་གྱི་རྨུག་སྨྱུ་མཉེད་འཕུར་བྱས་ཏེ། ཆུ་དྲོན་མོའི་ནང་དུ་ས་བོན་སྦངས་ནས་གཙང་སེལ་ཐག་གཅོད་བྱ་དགོས། ས་བོན་དྲོད་ཚད་50℃ཅན་གྱི་ཆུ་ཚ་མོའི་ནང་དུ་སྐར་མ་25ལ་སྦངས་རྗེས། ཡང་བསྐྱར་དྲོད་ཚད་15~25℃ཡི་ཆུ་ཚ་མོའི་ནང་དུ་དུས་ཚོད་4~5ལ་སྦངས་དགོས་ཤིང་། ས་བོན་རྒྱུན་དུ་ཕར་སློག་ཚུར་སློག་བྱེད་དགོས། དེའི་འཕྲོར་ཕྱིར་བཏོན་ནས་དྲོད་ཚད་20~25℃ཡི་ཆ་རྐྱེན་འོག་ཏུ་ཉིན་5~7ལ་སྨྱུ་གུ་སྨྱུར་དུ་ཐོན་པར་སྐྱུལ་འདེད་བྱེད་དགོས། 60%ས་བོན་གྱི་སྨྱུ་གུ་བུད་རྗེས་དྲོད་ཚད་དམའ་བའི་ཁོར་ཡུག་ནང་དུ་ཉིན་3~5ལ་བཞག་རྗེས་སྙོ་འདེབས་བྱས་ཆོག་པ་ཡིན།

2. ས་བོན་འདེབས་པ། ཟླ་4པའི་ཟླ་དཀྱིལ་དང་ཟླ་5པའི་ཟླ་སྟོད་དུ་གཏོར་འདེབས་བྱེད་པ་དང་། མུའུ་རེའི་སོན་འགྲོ་ཚད་གཞི་ནི་སྤྱི་རྒྱ་0.5~0.75ཡིན། ལ་སེར་གྱི་སྨྱུ་གུ་འབུས་པར་ཆ་རྐྱེན་བཟང་པོ་ཞིག་བསྐྲུན་ཆེད། ས་བོན་འདེབས་དུས

སུ་ཚལ་དཀར་ཆེ་བ་དང་ལ་ཕུག་སྔོན་པོ། སྔོ་ཚལ་སོགས་ཀྱང་བཏབ་ན་དེ་རྣམས་ཀྱི་བསིལ་གྲིབ་འོག་ཏུ་སྨྱུ་གུ་འབུས་པ་ལ་ཕན་ཐོགས་ཆེན་པོ་ཡོད་པས། ཚལ་དཀར་ཆེ་བ་དང་ལ་ཕུག་སྔོན་པོ། སྔོ་ཚལ་སོགས་དང་བསྲེས་འདེབས་བྱས་ཆོག་ལ། དེའི་སྟེང་དུ་ས་ལི་སྨི 0.6 ~1འགེབས་དགོས། ས་བོན་བཏབ་རྗེས་ཆུ་གྲུ་ནོམ་པ་ཞིག་གཏོང་དགོས་ཤིང་། ས་ངོས་བསྐམས་ནས་སེར་མདོག་མདངས་རྗེས་ཤལ་རྒྱག་ཕོད་སྙོམ་བྱེད་དགོས།

ལྔ་པ། ཞིང་ཁའི་བདག་གཉེར།

གཅིག རྩྭ་ངན་བཀོག་པ་དང་ལྡང་བུ་མཐུག་སེལ།

ལ་སེར་གྱི་སྨྱུ་གུ་འབུས་ཡུན་དལ་ཞིང་ལྡང་པ་དོན་པའི་དུས་ཡུན་རིང་བས། ཚ་བ་ཆེ་ཞིང་ཆར་ཆུ་མོད་པའི་དབྱར་གཞུང་ཡིན་ན། རྩྭ་ཡན་གྱི་འཚར་སྐྱེ་མགྱོགས་པ་དང་། རྩྭ་མགོ་ལོ་ཏོག་ལས་མཐོ་བར་འགྱུར་ཞིང་། སྨྱུ་གུའི་འཚར་སྐྱེ་ལ་ཤུགས་རྐྱེན་ཐེབས་ངེས་ཡིན། དེའི་ཕྱིར་དུས་ཐོག་ཏུ་ཡུར་མ་ཡུར་དགོས་ཏེ། མི་ཐབས་ལ་བརྟེན་ནས་ཡུར་མ་ཡུར་ཏེ་རྩྭ་ངན་སེལ་བ་གཙོ་བོ་དང་། རྫས་འགྱུར་གྱིས་རྩྭ་ངན་སེལ་བ་ཕལ་བ་བྱ་དགོས། ལ་སེར་གྱི་སྨྱུ་གུ་སྐྱེས་ནས་ལོ་མ་ལྷེབ་མོ 1 ~2ཐོན་དུས་ལྡང་བུ་མཐུག་སེལ་ཐེངས་དང་པོ་བྱེད་པ་དང་། སྨྱུ་གུ་ཕན་ཚུན་གྱི་བར་ཐག་ལི་སྨི 5~7ཡིན། ལོ་མ་ལྷེབ་མོ 5~7ཐོན་དུས་སྨྱུ་གུ་གསེབ་འཐྲལ་བྱེད་དགོས། སྨྱུ་གུའི་བར་ཐག་ལི་སྨི 10ཡིན། མུའུ་རེའི་སྟེང་དུ་སྡོང་ཀང 32 000ཡས་མས་འགན་སྲུང་བྱེད་དགོས། རྫས་འགྱུར་གྱིས་རྩྭ་ངན་སེལ་དུས་མུའུ་རེའི་སྟེང་དུ་ནུས་ཆེའི་ཀལ་ཚོལ་ནུན་ཏའོ་ཧྲེང 20ནང་དུ་ཆུ་སྤྱི་ཀྲ 30བསྲེས་ནས་ས་ངོས་ལ་ཧྲངས་གཏོར་བྱེད་དགོས།

གཉིས། ཡུར་མ་ཡུར་བ།

ལྡང་བུ་མཐུག་སེལ་ཐེངས་དང་པོ་བྱས་རྗེས། ཤུར་མོར་ཡུར་མ་ཡུར་ནས

སྨྱུ་གུ་སྐྱེ་བར་སྐུལ་འདེད་བྱེད་དགོས། སྨྱུ་གུ་གསེབ་འཕྲུལ་བྱས་རྗེས་ཡུར་མ་ཐེངས་གཉིས་པ་ཡུར་བ་ཡིན། ཡུར་མ་ཡུར་དུས་སྔོན་ལ་གཏིང་ཐུང་དང་རྗེས་སུ་གཏིང་ཟབ་ཡིན་དགོས་ཤིང་རྩ་བར་རྨས་སྐྱོན་འབྱུང་བར་གཡོལ་ཐབས་བྱེད་དགོས། ལྗང་ཕྲུག་སྔོན་འགོག་བྱེད་ཆེད་ལ་སེར་གྱི་ཕྲུག་མགོར་སས་གཡོགས་དགོས། ཡིན་ནའང་སྡོང་ཀྲང་གི་དཀྱིལ་སྙིང་འགེབས་མི་རུང་།

གསུམ། ཆུ་གཏོང་བ།

ལ་སེར་གྱི་སྨྱུ་གུ་འབུས་པའི་དུས་སུ་ཆུ་ཐེངས 1ལ་གཏོང་དགོས། ས་རྒྱུའི་རླན་ཚད་ཆུའི་འཚོས་ཚད་ཆེ་ཤོས་ཀྱི 60%~70%རྒྱུན་འཁྱོངས་བྱས་ན། ས་བོན་གྱི་སྨྱུ་གུ་འབུས་པར་ཕན་པ་ཡོད་ལ། སྨྱུ་གུ་ཆ་ཚང་བ་དང་སྨྱུ་གུ་གྲལ་བསྟར་འགྲིག་པ་འགན་སྲུང་བྱེད་ཐུབ། སྨྱུ་གུའི་ལོ་མ་ལྷེབ་མོ 9~14ལ་ཐོན་དུས་ཆུ་གཏོང་ཚད་ཚོད་འཛིན་བྱས་ཏེ་ས་རྒྱུའི་བརླན་གཤེར་རྒྱུན་སྲུང་བྱེད་དགོས། ཤ་རྫས་རྩ་བ་ཆེར་སྤྲོས་ཀྱི་མགོ་བརྩམས་དུས(མཇུབ་གུ་སྦྲོམ་ཕྲ་དང་འདྲ་དུས)ཆུ་བཏང་ནས་རླན་ཚད་ཁག་ཐེག་བྱེད་དགོས། ཕྱིར་བཏང་དུ་འཚར་སྐྱེ་བརྒྱུད་རིམ་ཁྲོད་དུ་ཆུ་ཐེངས 2~3ལ་ཆུ་གཏོར་དགོས་ཤིང་། རྩ་ལག་གཏིང་རིམ་དུ་ཟུག་པར་སྐུལ་འདེད་བྱས་ནས། རྩ་བ་གས་པར་སྔོན་འགོག་དང་ཐོན་རྫས་ཀྱི་སྤུས་ཚད་ཇེ་མཐོར་གཏོང་དགོས། ས་བོན་བཏབ་ནས་ཉིན 50འགོར་རྗེས། ཤ་རྫས་རྩ་བ་ཆེར་སྤྲོས་ཀྱི་དུས་སུ་སླེབས་པས་འདང་ངེས་ཀྱི་བརླན་གཤེར་ཁག་ཐེག་བྱེད་དགོས།

བཞི། ལུད་འཛོག་པ།

ལ་སེར་གྱི་འཚར་སྐྱེ་དུས་སྐབས་སུ་སྟེང་ལུད་ཐེངས2~3 ལ་འཛོག་དགོས། མུའུ་རེའི་སྟེང་དུ་ལིན་སྐྱུར་ཨེན་གཉིས་དང་ཡུ་སྐྱུར་ཙྭ་སྤྱི་རྒྱ 15 ཡང་ན་གཅིན་རྒྱུ་སྤྱི་རྒྱ 5གཏོར་འཛོག་བྱེད་དགོས། སྟེང་ལུད་ཐེངས་དང་པོ་བཞག་ནས་ཉིན 15 འགོར་རྗེས། སྟེང་ལུད་ཐེངས་གཉིས་པ་འཛོག་དགོས། དེ་ནས་ཉིན 20~25

འགོར་རྗེས་སྨྱིང་ལུད་ཐེངས་གསུམ་འཇོག་དགོས་ཤིང་། ས྄ུའུ་རེའི་སྟེང་དུ་ཨན་ལྷན་སུ་སྐྱུར་སྤྱི་རྒྱ 10~15 དང་ཡང་ན་ལིན་སྐྱུར་ཨེན་གཉིས་སམ་སུ་སྐྱུར་ཙྭ་སྤྱི་རྒྱ 10~15གཏོར་དགོས། ས྄ུའུ་རེའི་སྟེང་དུ་སྙིང་ལུད་ཨན་ལྷན་སུ་སྐྱུར་སྤྱི་རྒྱ 5~10 བཞག་ན་ཕན་འབྲས་མངོན་གསལ་དོད་པོ་ཡིན།

➕ ནད་འབུའི་གནོད་པ་འགོག་བཅོས།

གཅིག ནད་ཀྱི་གནོད་པ་གཙོ་བོ་དང་འགོག་བཅོས།

1.ནག་ཐིག་ནད་དང་ནག་རུལ་ནད། ས་བོན་བཟང་པོ་འདེམས་སྒྲུབ་དང་ལུགས་མཐུན་བཀོད་སྒྲིག སོག་ཤུལ་རེས་འདེབས་བྱེད་པ་དང་། སྐྱེ་ལྡན་ལུད་རྫས་སྟོན་འཇོག་བྱེད་པ། ཡུར་མ་རྒྱག་པ། འབུའི་གནོད་པ་མེད་པའི་སྨྱུ་གུ……གསོས་ནས་ནད་འབུའི་འབྱུང་ཁུངས་ཀྱི་གྲངས་འབོར་ཇེ་ཉུང་དུ་གཏོང་དགོས། ས་བོན་རྩོ་འདེབས་མ་བྱས་པའི་སྔོན་ལ་སྨན་སོན་མཉམ་སྦྱོལ་བྱེད་པ་དང་ཡང་ན་ས་བོན 0.3%དང 70%ཏའེ་སིན་ལྷན་ཞིན་བསྲེས་སྦྱོར་བྱེད་དགོས། ནད་ལྡང……མ་ཐག་པའི་དུས་སུ 75%བརྒྱ་སྲིན་ཆིང་ཕྲན་རུང་ཕྱེ་རྫས་པའེ་ཡེ 600དང 50%སའོ་ཁེ་ལིང་ཕྲན་རུང་ཕྱེ་རྫས་པའེ་ཡེ 1 500~2 000ཡང་ན 50%པའོ་ཧྲེ་ཡིན་ཕྲན་རུང་ཕྱེ་རྫས1 000~1 500འདེམ་སྦྱོད་ཕྲངས་གཏོར་བྱེད་དགོས་ཤིང་། ཉིན 10རེའི་མཚམས་ལ་ཐེངས 1གཏོར་བ་དང་། བསྟུད་མར་ཐེངས 2~3ལ་གཏོར་དགོས། འཚོལ་བསྡུ་མ་བྱས་པའི་ཉིན 15སྔོན་ལ་སྨན་གཏོར་མཚམས་འཇོག……དགོས།

2. ཕྲ་སྲིན་རང་བཞིན་སྐྱི་རུལ་ནད། ཟླ6~8པ་ནི་མཚོ་སྔོན་ཞིང་ཆེན་ལ་མཚོན་ན་ས་ཆ་སོ་སོར་ཆར་ཆུ་མོད་པའི་དུས་སྐབས་ཡིན་པས། སྐྱི་རུལ་ནད་འབྱུང་སླ་བ་ཡིན། དེ་བས་རྣང་མཐོའི་འདེབས་འཛུགས་ཀྱི་ཐབས་ལམ་སྤྱོད་དགོས་པ……དང་། ནད་སྔོང་ཡོད་པ་ཤེས་ན་དུས་ཐོག་ཏུ་སྔོག་ཕྱུད་བྱེད་དགོས་པར་མ་ཟད།

རྗོ་ཐལ་གཏོར་བའམ་ཡང་ན་ཀྱི་མེ་སུའུ་པའི་ཡེ 400དང་། 72%ཞིང་སྦྱོད་ལིན་མེ་སུའུ་ཆ་རླན་རུང་ཕྱེ་རྫས་པའི་ཡེ 400སྣང་ས་གཏོར་བྱེད་དགོས།

3.སོ་འདབ་ནད། ཞིང་ཁའི་བདག་གཉེར་ལ་ཤུགས་སྣོན་བྱས་ཏེ། དུས་ཐོག་ཏུ་སྐྱེ་དངོས་གནོད་འབུ་འགོག་བཅོས་བྱེད་པ་དང་། འཚར་སྐྱེ་དུས་སྐབས་སུ་ཆུ་དང་ལུད་རྫས་མཁོ་སྤྲོད་བྱས་ནས་སྡོང་རྐང་འཚར་སྐྱེ་ཡོང་བར་སྐུལ་འདེད་བྱེད་པའི་ཁར། ནད་འགོག་ནུས་པ་ཇེ་ཆེར་གཏོང་དགོས་པ་ཡིན། ནད་ལྡང་མ་ཐག་པའི་དུས་སུ 20%ནད་དུག་ལི་ཁེ་དང་ཡང་ན 1.5%ཀྱི་ནད་ལིང་ཨང 2པའི་སྦྱིས་མ་པའི་ཡེ1 000སྣང་ས་གཏོར་བྱེད་དགོས། འཐོལ་བསྡུ་མ་བྱས་པའི་ཉིན 15སྔོན་ལ་སྨན་གཏོར་མཚམས་འཇོག་དགོས།

གཉིས། འབུའི་གནོད་འཚེ་གཙོ་བོ་དང་འགོག་བཅོས།

1.མདོན་མེད་གནོད་འབུ། འབུ་ལུད་དང་འབུ་རམ་པ་སོགས་ལ 50%སུ་སྤུར་ཞིན་པའི་ཡེ2 500 ~ 3 000དང་ཡང་ན་ལེ་སི་པིན་པའི་ཡེ2 000གཏོར་ནས་འགོག་བཅོས་བྱ་དགོས།

2.ལོ་མའི་མདོན་མེད་སྲང་ནག 20%རྫ་མའི་ཙའོ་ཀྱི་སྦྱིས་མ་པའི་ཡེ 2 000~3 000དང་ཡང་ན 10%ཕི་ཁྲིན་ལིན་སྦྱིས་མ་པའི་ཡེ 2 000 ~3 000སྣང་ས་གཏོར་བྱ་དགོས།

བདུན་པ། འཐོལ་བསྡུ་དང་གསོག་ཉར།

ལ་སེར་གྱི 80%ཡས་མས་ཀྱི་ལོ་མ་རྣམས་ལ་ལྷང་ཁྱུ་ནས་སེར་པོར་འགྱུར་ནས་རྗེད་སྐམ་དུ་འགྲོ་དུས། ལ་སེར་གྱི་ཤ་རྫས་རྩ་བ་ཆེར་སྦྲས་གང་ལེགས་བྱུང་ཡོད་པས་འཐོལ་བསྡུའི་དུས་སྐབས་ལ་སླེབས་ཡོད་པ་ཡིན། ཆེས་འཚམ་པའི་འཐོལ་བསྡུ་དུས་ཡུན་ནི་ཟླ 9བའི་ཟླ་སྟོད་དང་ཟླ 10བའི་ཟླ་སྨད་ཀྱི་བར་ཡིན་ཞིང་། དར་མ་ཆགས་པའི་སྔོན་ལ་འཐོལ་བསྡུ་བྱས་ཚར་དགོས།

འཚོལ་བསྡུ་བྱེད་པའི་སྐབས་སུ་ཡོ་བྱད་རྣམས་གཙང་མ་འབག་བཙོག……
མེད་པ་ཞིག་ཡིན་དགོས། རིམ་པ་བཀར་ནས་ལེགས་སྒྲིག་བྱེད་དགོས་ཏེ། ཡ་མ……
གཟུགས་ཅན་དང་གས་ཁ་ཅན། ཚུང་དྭགས་པའི་ལ་སེར་རྣམས་གཙོད་ལེན་བྱས་
མཐར། སྐྱོན་མེད་ཐོན་རྫས་བདམས་ནས་འཁྱིག་སྔོག་ནང་དུ་ཐུམ་ཚུང་རྒྱག་དགོས།
ལ་སེར་ནི་གསོག་ཉར་བྱེད་བདེ་སྟེ། དྲོད་ཚད 1℃ལས་དམའ་བ་དང་བརྗོས་
བཅས་རླན་ཚད 90%~95% ཡིན་པའི་ཁོར་ཡུག་ནང་དུ་ཟླ་བ 5~6ལ་གསོག་
ཉར་བྱེད་ཐུབ། (རི་མོ10−1དང་རི་མོ10−2)

རི་མོ10−1 འཕྲུལ་ཆས་ཀྱིས་ལ་སེར་འཚོལ་བསྡུ་བྱེད་པ།

རི་མོ10−2 འཕྲུལ་ཆས་ཀྱིས་ལ་སེར་འཚོལ་བསྡུ་བྱེད་པ།

ལེའུ་བཅུ་གཅིག་པ། ཚོད་དཀར།

དང་པོ། འཚོ་བཅུད་ཀྱི་རིན་ཐང་།

ཚོད་དཀར་ནང་དུ་ཕུན་སུམ་ཚོགས་པའི་ཚི་སྣ་རྩིང་པོ་འདུས་པ་ཡིན། ཕོ་བ་གསོ་བའི་ནུས་པ་ཐོན་ཐུབ་པར་མ་ཟད། དུག་རིགས་ཕྱིར་འདོན་ལ་སྐུལ་འདེད་ཀྱི་ནུས་པའང་ཐོན་ལ། ཕོ་རྒྱུ་ནུར་འགུལ་ལ་ཟུག་གཟེར་སློང་བ་དང་དྲི་ཆེན་ཕྱིར་འབུད་ལ་སྐུལ་འདེད་བྱེད་པའི་ཁར། འཇུ་ནུས་ལ་རོགས་འདེགས་བྱེད་པའི་ནུས་པའང་ལྡན། སྐྲན་ནད་སྔོན་འགོག་བྱེད་པར་ཕན་འབྲས་བཟང་པོ་ཐོན་པ་ཡིན། ཚོད་དཀར་ཁྲོད་དུ་ཕུན་སུམ་ཚོགས་པའི་འཚོ་རྒྱུ་C དང་འཚོ་བཅུད་E སོགས་འདུས་པ་དང་། ཚོད་དཀར་གྱི་རིགས་མང་བཟའ་བྱས་ན། ངོ་གདོང་གསོ་ཐུབ་པ་ཡིན། ཚོད་དཀར་ཁྲོད་དུ་ད་དུང་ཚད་ཅུང་གཞི་རྒྱུ་འགའ་ཤས་འདུས་པས། ནུ་མའི་འབྲས་སྐྲན་དང་འབྲེལ་བའི་མོ་སྐྱུལ་རྫི་ཕྲལ་གསེད་བྱེད་པར་རོགས་འདེགས་བྱེད་ཐུབ།

གཉིས་པ། ཁོར་ཡུག་གི་ལྷང་བྱ།

ཚོད་དཀར་ནི་རྒྱ་གྲམ་མེ་ཏོག་གི་ཚན་ཁོངས་ཀྱི་པད་ཁའི་རིགས་སུ་གཏོགས་ཤིང་ལོ་གཅིག་གམ་ལོ་གཉིས་ལ་སྐྱེ་བའི་རྩི་ཤིང་ཞིག་ཡིན། འདི་ལ་ཚོལ་ལོག་དང་ཚོལ་ལོག་མ་ཡིན་པ་སྟེ་རིགས་གཉིས་ཡོད། འདི་ནི་ཡུངས་དཀར་ནས་རིམ་བཞིན་འགྱུར་ནས་བྱུང་བ་ཞིག་ཡིན། སྐྱི་འཇམ་ལྡན་པའི་ལོམ་སྒྱི་ལོ་དང་། པདྨའི་གདན་འདབ་དང་འདྲ་བའི་ལོ་མ། ཡང་ན་མེ་ཏོག་སྡོང་ཁང་རྣམས་ཟས་རིགས་ལ་མཐོ…

སྤྲོད་བྱས་ཆོག ཚོད་དཀར་གྱི་རྩ་བ་ནི་ས་རིམ་ལ་ཟུག་མེད་ཅིང་། གཞུང་རྩ་སྤྲོམ་ཞིང་རྩ་ཕྲན་ཕྱུགས་སར་ཁྱབ་ཡོད།

ཚོད་དཀར་ནི་གྲང་བཟོད་ཕྱིད་ཀ་རང་བཞིན་གྱི་སྡོ་ཚལ་ཞིག་ཡིན་ལ། ཚ་གྲང་སྙོམ་པོ་དང་བསིལ་འཇམ་གྱི་གནམ་གཤིས་ལ་འགྲོད་པ་ཡིན། ས་བོན་ནས་རིགས་རྒྱུད་མང་ཆེ་བས་དྲོད་ཚད་མཐོན་པོ་དང་གྲང་ངར་བཟོད་མི་ཐུབ། འཚོ་བཙུད་འཚར་སྐྱེ་ལ་ཆེས་འཚམ་པའི་དྲོད་ཚད་ནི12~22℃ཡིན། དྲོད་ཚད་22℃ལས་མཐོ་ན་འཚར་སྐྱེ་ལ་གནོད་པ་དང་། དྲོད་ཚད་28℃ཡན་ཡིན་པའི་སྐབས་སུ་འཚར་སྐྱེ་ལ་བཀག་རྒྱ་བཟོ་བ་ཡིན། ཚོད་དཀར་གྱིས་དྲོད་ཚད་དམའ་མོ་བཟོད་མི་ཐུབ་ཅིང་། དྲོད་ཚད་5℃ལས་དམའ་བའི་སྐབས་སུ་འཚར་སྐྱེ་མཚམས་འཇོག་པ་དང་། དྲོད་ཚད་0℃ལས་དམའ་བའི་སྐབས་སུ་འཁྱག་སྐྱོན་གྱི་གནོད་འཚེ་ཐེབས་པ་ཡིན། ཚོད་དཀར་གྱི་སོན་སྨྱུག་དྲོད་ཚད་ནི 0~10℃མན་ཡིན། ཉིན15~25℃ འགོར་བའམ་དཔྱིད་དུས་སུ་ཁང་ཡུ་ཐོན་པ་དང་མེ་ཏོག་བཞད་ཀྱིན་ཡོད།

ཚོད་དཀར་ནི་དུས་ཡུན་རིང་པོར་ཉི་འོད་ཐོག་དགོས་པའི་ལོ་ཏོག་ཅིག་ཡིན། འོད་འགྲོའི་དུས་ཚོད་རིང་ན་འཚར་སྐྱེ་ལ་སྐུལ་འདེད་བྱེད་ཐུབ་པ་ཡིན། བརྟན་གཤེར་གྱིས་ཚོད་དཀར་འཚར་སྐྱེའི་གོ་རིམ་ཁྲོད་དུ་ནུས་པ་གལ་ཆེན་ཐོན་བཞིན་ཡོད། སྨྱུ་གུའི་དུས་སུ་ཆུའི་དགོས་མཁོ་ཙུང་ཉུང་བ་ཡིན། འོན་ཀྱང་ཆུ་ཆད་མི་རུང་། དེ་མིན་ས་རྒྱུ་མཁྲེགས་པོར་གྱུར་ནས་སྨྱུ་གུའི་འཚར་སྐྱེ་ལ་གནོད་པ་ཡིན། འདབ་མ་བཞག་པའི་དུས་ཀྱི་ཆུའི་དགོས་མཁོ་ཙུང་ཆེ་བ་དང་། འོན་ཀྱང་ཆུ་གཏོང་བའི་ཐེངས་གྲངས་མང་ན་མི་བཟང་། རབ་ཡིན་ན་ས་རྒྱུའི་སྐམ་རློན་སྙོམ་པོ་ཡིན་ན་བཟང་། འཚར་སྐྱེའི་བརྒྱུད་རིམ་ཁྲོད་དུ་སྡོ་ལོའི་གཟུགས་སུ་གྲུབ་པའི་དུས་སྐབས་ནི་ཆུའི་དགོས་མཁོ་ཆེ་ཤོས་ཡིན་པས། ཆུ་དཀོན་པའམ་རླན་ཚད་

འདང་ངེས་མིན་ན་ཐོན་འབབ་ཇེ་ཉུང་དུ་འགྲོ་སྲིད། འོན་ཀྱང་ཆུ་ཆེན་རང་དཀར་བཏང་ནས་ཚོད་དཀར་གྱི་འཚར་སྐྱེ་ལ་གནོད་སྐྱོན་བཟོ་མི་ཉུང་། ཚོད་དཀར་ནི་སྐྱུར་གཤིས་ཕྲ་མོ་དང་བ་ཚ་ཅན་གྱི་ས་གཤིས་ལ་འཕྲོད་ཅིང་། ས་རིམ་ཟབ་མོ་དང་གཤིན་སའམ་སྐྱེ་ལྡན་རྫས་བཅུད་འདུས་པའི་བྱེ་ས་སོབ་སོབ་སྟེང་དུ་འཚར་སྐྱེ་འབྱུང་སླ། ཚོད་དཀར་གྱི་ཏན་ལུད་མཁོ་ཚད་ཆུང་ཆེ་བ་ཡིན་ལ། འོན་ཀྱང་འོས་འཚམ་གྱིས་ལེན་རྒྱུད་ཧྭ་ལུད་བསྲེས་སྦྱོར་བྱས་ན། ནད་འགོག་ནུས་པ་ཇེ་མཐོར་འགྲོ་བ་དང་རྒྱུ་ཕྲུས་ལེགས་བཅོས་བྱེད་ཐུབ་པ་ཡིན། གཞན་ཡང་། ཚོད་དཀར་ཀྱི་ཀལ་བཅུད་ལེན་པར་ཚོར་སྣང་སྐྱེན་པོ་ཡིན་ལ། གལ་ཏེ་ས་རྒྱུའི་ཁྲོད་དུ་འདང་ངེས་ཀྱི་ཀལ་བཅུད་བསྡུ་ལེན་བྱེད་རྒྱུ་མེད་ན་ཚོད་དཀར་གྱི་སྙམ་བསྲེག་སེམས་ནད་སྐྱིད་པ་ཡིན།

གསུམ་པ། འདེབས་འཛུགས་ཀྱི་བཀོད་སྒྲིག

ཚོད་དཀར་ནི་སྟོན་དུས་ལ་འདེབས་འཛུགས་བྱ་རྒྱུ་གཙོ་བོར་འཛིན་པ་ཡིན། འོན་ཀྱང་ཁྲིམ་རའི་དགོས་མཁོ་སྐོང་ཆེད། ས་བོན་གྱི་རིགས་རྒྱུད་མི་འདྲ་བའི་བླང་བྱ་ལྟར། སྲུང་སྐྱོང་ས་གནས་ཀྱི་འདེབས་གསོ་དང་མཐོངས་ཡངས་སྤུ་སྒྲིན་ས་བོན་འདེབས་གསོ། དབྱར་དུས་འདེབས་གསོ་སོགས་ཀྱི་སོག་ཤུལ་ཇེ་མང་དུ་གཏོང་དགོས།

བཞི་པ། ས་བོན་གདམ་ག

མིག་སྔར། མཚོ་སྔོན་ཞིང་ཆེན་ནས་འདེབས་འཛུགས་བྱེད་པའི་ས་བོན་ནི། དཔྱིད་སྔོན 54 དང་དཔྱིད་དབྱར་རྒྱལ་པོ། དཔྱིད་སྔོན་རྒྱལ་པོ། དབྱར་རྒྱས། ཞའོ་ཙྭ 60 ཐའི་ཡོན་ཨང་དང་པོ། ཁྲུན་ཡུས་སེར་པོ། ཅིན་ཁྲུན་ཧྲོང་པྲ་པྲ་ཚལ་སོགས་ཡོད།

ལྔ་པ། འདེབས་གསོའི་དོ་དམ་ལག་རྩལ།

(གཅིག) ས་ཞིང་ཁོད་སྙོམ་དང་ལུད་འཇོག་པ།

ཚོད་དཀར་གྱི་རྩ་བའི་གཏིང་མི་ཟབ་པ་དང་འཚར་སྐྱེ་དུས་ཡུན་རིང་བར་མ་ཟད། སྐྱེ་ལྡན་ལུད་ཀྱང་མང་པོ་དགོས། སྤྱིར་བཏང་དུ་མུའུ་རེའི་སྟེང་དུ་སྐྱེ་ལྡན་ལུད་སྤྱི་རྒྱ5 000~10 000དང་། གའོ་ལིན་སོན་ཀལ་སྤྱི་རྒྱ 50 སུ་སྦྱར་ནུ་ལུད་སྤྱི་རྒྱ 15དང་འདྲེས་སྦྱོར་རྫས་ལུད་རྫས་སྤྱི་རྒྱ 30སོགས་གཏོར་འཇོག་བྱེད་དགོས། སྔོན་བཏབ་ལོ་ཏོག་འཚོལ་བསྡུ་བྱས་རྗེས། དུས་ཐོག་ཏུ་ས་ཞིང་གཙང་བཤེར་དང་ས་ཞིང་རྨོ་རློག ས་ཞིང་ཁོད་སྙོམ་བྱས་ཏེ་རྣང་མིག་འདེབས་གསོ་དང་གཤོང་སའི་འདེབས་གསོ་གང་རུང་བྱས་ཆོག གལ་ཏེ་རྣང་མིག་འདེབས་གསོ་བྱེད་ན་མཐོ་ཚད་ལ་ལི་སྨི 14~15དང་། ཞིང་ལ་ལི་སྨི 25རྣང་མིག་གི་བར་ཐག་ལ་ལི་སྨི 50~60ཡོད་དགོས།

(གཉིས) སོན་འདེབས།

ཚོད་དཀར་གྱི་སོན་འདེབས་དུས་ཚོད་ནི་ས་བོན་གྱི་རིགས་རྒྱུད་དང་གནམ་གཤིས་སོགས་ཀྱི་ཆ་རྐྱེན་ལ་གཞིགས་ནས་གཏན་འབེབས་བྱེད་དགོས། སོན་འདེབས་དུས་སྐབས་སྔ་དྲགས་ན་གནོད་འབུའི་གནོད་འཚེ་ཚབས་ཆེན་ཐེབས་པ་དང་། སོན་འདེབས་དུས་སྐབས་འཕྱི་དྲགས་ན་འཚར་སྐྱེའི་དུས་ཡུན་མི་འདང་བས་ནང་ཉིང་གྲུབ་དཀའ་བ་ཡིན། མཚོ་སྔོན་ཞིང་ཆེན་ནས་སྤྱིར་བཏང་དུ་སྟོན་དགུན་གྱི་སོག་ཞུལ་ཏེ། ཟླ 6པའི་ཟླ་སྨད་ནས་ཟླ 7པའི་ཟླ་སྟོད་དུ་ས་བོན་བཏབ་ན་ཆུང་འོས་འཚམ་ཡིན། ས་བོན་འདེབས་པ་ལའང་ཐད་ཀར་འདེབས་འཛུགས་དང་སྨྱུག་གསོ་སྤོས་འཛུགས་རིགས་གཉིས་ཡོད། ས་ཁོད་སྙོམས་ནས་རྣང་མིག་བཟོས་རྗེས་འགྱིག་ཤོག་འགེབས་དགོས་ཤིང་། འགྱིག་ཤོག་སྟེང་དུ་ཁུང་བུ་ཕུག་ནས་ས་བོན་ཕུར་འཛུགས་བྱེད་དགོས། ས་བོན་བཏབ་རྗེས་དེའི་སྟེང་དུ་ལི་སྨི 1 ཡོད་པའི་ས་འགེབས་དགོས་པར་མ་ཟད། ཤེད་ཤུགས་ཡང་མོས་བདེ་སྙོམ་བྱེད

དགོས། ཕྱི་མ་ནི་ཕྱིར་བཏང་དུ་ཐད་ཀར་འདེབས་འཛུགས་དང་བསྐུར་ན་ཉིན 2~3ཀྱི་སྔོན་ལ་འདེབས་དགོས་ཤིང་། འདེབས་གསོ་ས་ཞིང་མུའུ་རེའི་སྟེང་དུ་སྨི་གྲུ་བཞི་མ20~25ཡི་ལྗང་བུ་གསོ་ས་བཀོད་སྒྲིག་བྱེད་པ་ཡིན། ས་བོན་བཏབ་རྗེས་ཤེད་ཤུགས་ཡང་སོས་བདེ་སྐོམ་བྱས་ཏེ་ས་བོན་དང་ས་རྒྱུ་འདྲེས་བསྲེས་ཡོང་བར་བྱེད་དགོས། སྨུ་གུ་སར་བུད་རྗེས་ས་རྒྱུའི་བརྣན་གཤེར་རྒྱུན་སྲུང་བྱེད་དགོས་ཏེ། སྨུ་གུའི་གྲལ་བསྐར་འགྲིག་དུས་སྨུ་གུ་མཐུག་སེལ་ཐེངས 2ལ་བྱེད་དགོས་པ་དང་། སྨུ་གུའི་བར་ཐག་ནི་ལི་སྨི 6~7བར་དུ་རྒྱུན་འཛིངས་བྱེད་དགོས། ཕྱིར་བཏང་ཉིན 20ཡས་མས་སུ་འཚར་ལོངས་འབྱུང་བ་ཡིན།

(གསུམ) སྨུ་གུ་འབུས་པའི་དུས་སྐབས་དང་སྨུ་གུ་དུས་ཚོད་ཀྱི་དོ་དམ།

ཚོད་དཀར་གྱི་ས་བོན་བཏབ་པ་ནས་སྨུ་གུའི་གྲལ་བསྐར་འགྲིག་པོ་ཡོང་བའི་བར་དུ་ས་ཞིང་གི་ས་རྒྱུའི་རྣན་ཚད་རྒྱུན་སྲུང་བྱེད་དགོས་ཏེ། ཆར་ཆུ་ཤུང་བ་དང་དྲོད་ཚད་མཐོ་བའི་སྐབས་སུ་རྒྱུན་དུ་ཆུ་གཏོར་དགོས། ཆར་ཆུ་མོད་པའི་དུས་སུ་ཞོད་སྐྱོན་དང་ཞིང་ནང་དུ་ཆུ་འཁྱིལ་བར་སྔོན་འགོག་བྱེད་དགོས། སྨུ་གུ་སྐྱེ་ནས་ལོ་མ2 དང་ཡང་ན་ལོ་མ4 འབུས་པའི་སྐབས་སུ་ཐེངས་གཉིས་པར་སྨུ་གུ་མཐུག་སེལ་བྱེད་དགོས། ཐེངས་དང་པོའི་སྨུ་གུ་ནི་ལི་སྨི 7~8གྲུ་བཞི་ལྟར་སྨུ་གུ་སོར་འཇོག་བྱེད་པ་དང་། ཐེངས་གཉིས་པ་ནི་ལི་སྨི15ཡས་མས་ལྟར་སྨུ་གུ་སོར་འཇོག་བྱེད······དགོས། སྨུག་གསོ་སྲོས་འཛུགས་བྱེད་སྐབས་དུས་དང་མཐུན་པར་རྩ་སྲོས་རྒྱག་དགོས། ཚགས་དམ་ཚད་ནི་ཐད་ཀར་གསོ་འདེབས་ལ་ཟུར་ལྟ་བྱས་ཆོག

(བཞི) མེ་ཏོག་པདྨའི་འདབ་ལོ་གྲུབ་དུས་ཀྱི་དོ་དམ།

ཚོད་དཀར་འཚར་སྐྱེ་བྱུང་ནས་ལོ་མ8~10ཐོན་དུས་མྱུར་མོར་སྨུ་གུ་མཐུག་སེལ་བྱེད་དགོས། འདེབས་གསོ་ས་བོན་གྱི་ཁྱད་ཆོས་ལ་དམིགས་ཏེ་སོར་འཇོག་སྨུ་གུའི་བར་ཐག་དང་སྡོང་རྐང་གི་གྲངས་འབོར་ཐག་གཅོད་བྱེད་དགོས། ས་བོན་གྱི་

རིགས་རྒྱུད་ཆེ་གྲས་ནི་མུ་འུ་རེའི་སྟེང་དུ་སྡོང་ཀང་ལྡང་པ 1 700~2 000སྡུང་སྐྲུང་བྱེད་པ་དང་། ས་བོན་གྱི་རིགས་རྒྱུད་ཆུང་གྲས་ནི་མུ་འུ་རེའི་སྟེང་དུ་སྡོང་ཀང་ལྡང་བ2 000~2 400སྡུང་སྐྲུང་བྱེད་དགོས། སྨུ་གུ་གསེབ་འཕྲལ་བྱེད་དུས་གསོན་ཤུགས་རྒྱས་པའི་སྨུ་གུ་དང་སྨུ་གུ་ཆེ་བ་བདམས་ནས་སོར་འཇོག་བྱེད་ཅིང་། སྨུ་གུ་སྐྱོན་ཅན་དང་འབུས་རྨུགས་སྨུ་གུ་རྣམས་གཙང་སེལ་བྱེད་དགོས།

(ལྔ) ལོ་སྙོར་ཚོད་དཀར་དུས་ཚོད་ཀྱི་དོ་དམ།

ཚོད་དཀར་གྱི་ཕྱིའི་ལོ་འདབ་རྣམས་ཕྱོགས་གཅིག་ཏུ་འདུས་དུས་ཚོད་དཀར་གྱི་ལོ་སྙོར་དུས་སྐབས་ལ་སླེབས་པ་དང་། དུས་སྐབས་འདི་ནི་ཆུ་དང་ལུད་རྫས་ཤིན་ཏུ་མཁོ་བའི་གནད་འགག་གི་དུས་མཚམས་ཤིག་ཡིན་པས། རྒྱུན་དུ་ཆུ་བཏང་ནས་ས་རྒྱུ་དུས་དང་རྣམ་པ་ཀུན་ཏུ་བརླན་གཤེར་གྱིས་འཛིན་པར་བྱེད་དགོས་ལ། འཚོལ་བསྡུ་མ་བྱས་གོང་གི་ཉིན་འགའི་སྔོན་ནས་བཟུང་ཆུ་གཏོང་ཚད་མཚམས་བཞག་ཆོག ཚོད་དཀར་གྱི་ལོ་སྙོར་དུས་སྐབས་སུ་ཆུ་གཏོང་བ་དང་མཉམ་དུ་སྟེང་ལུད་ཐེངས 2ལ་འཇོག་དགོས་ཏེ། དུས་ཡུན་ནི་ཚོད་དཀར་གྱི་ལོ་སྙོར་མགོ་རྩོམ་པ་དང་དུས་འབྲིང་ཡིན། མུ་འུ་རེའི་སྟེང་དུ་ཨན་ལྡན་མུ་སྦྱར་དང་ཡང་ན་ལིན་སྦྱར་ཨེན་གཉིས་སྤྱི་ཀྲ20~25འཇོག་དགོས་པར་མ་ཟད། འོས་འཚམ་གྱིས་ཕྲ་ལུད་ཉུང་ཤས་གཏོར་འཇོག་བྱེད་དགོས།

(དྲུག) ནད་འབུའི་གནོད་འཚེ་དང་འགོག་བཅོས།

1.སྙི་རུལ་ནད། ཚོད་དཀར་གྱི་སྙི་རུལ་ནད་ལ་འབུར་རྡོག་རུལ་ཡང་ཟེར། འདི་ནི་ཚོད་དཀར་ལ་གནོད་པ་ཐེབས་པའི་ནད་རིགས་གཙོ་བོའི་གྲས་ཀྱི་གཅིག་ཡིན། ཞིང་ནང་དང་ཉར་ཚགས། འགྲུལ་སྐྱེལ་སོགས་བརྒྱུད་རིམ་གང་གི་ཁྲོད་དུ་ནད་ལྡང་ཡང་དཔལ་འབྱོར་ཐད་ལ་གྱོང་གུན་ཚབས་ཆེན་བཟོ་བ་ཡིན། ཞིང་ཁ་ནས་ནད་ལྡང་བ་ནི་མང་ཆེ་བ་དཀྱིལ་ཉིང་ཐིམ་པའི་སྐབས་སུ་འབྱུང་བ་ཡིན།

ནད་རིམས་འབྱུང་སར་དམར་སྐྱའི་མདོག་ཏུ་ཤར་བའི་སྦྲང་ས་ཆུའི་དབྱིབས་གཟུགས་ཚུལ་ལྡན་མིན་པའི་ནད་ཐིག་མངོན་པ་ཡིན། ཕྱི་ངོས་ཀྱི་ལོ་མ་མང་ཆེ་བ་ནི་གནམ་གཤིས་དྭངས་པའི་ཉིན་གུང་ལ་རྐྱབ་རྐྱེབ་ཏུ་འགྲོ་ཞིང་། ཞོགས་པ་དང་མཚན་མོར་སླར་གསོ་བྱེད་ཐུབ། རྒྱུན་མཐུད་ནས་ཉིན་འགའ་འགོར་རྗེས། ཕྱི་ངོས་ཀྱི་འདབ་ལྷེབ་ས་ངོས་ལ་ལྷུང་བ་དང་ལོ་མའི་སྤྱོ་ལོ་ཕྱིར་མངོན་པ་ཡིན། འདིར་ལོ་མ་ཕན་མེད་གོག་པ་ཡང་ཟེར། ཡུ་ཀང་གི་འོག་རིམ་དང་གཞུང་རྟའི་ནང་རིམ་རྣམས་རུལ་ནས་དྲི་ངན་ཕྱོགས་བཞིར་མཆེད་པ་ཡིན། ཕྱིའི་ལོ་མའི་མྱུ་འགྲམ་དང་ལོ་མའི་ཉིང་རྩེ་ནས་མགོ་བརྩམས་ཏེ་འོག་རིམ་ལ་མར་མཆེད་པ་ཡིན། འབུས་ལོ་མ་རྨས་ཡོད་པའི་ས་ནས་ཕྱོགས་བཞིར་ཁྱབ་ནས་སྡོང་ཀང་ཧྲིལ་པོ་རུལ་བར་འགྱུར་བ་ཡིན། དེའི་ནད་ལངས་པའི་ཕྲ་སྲིན་ནི་ཨའོ་ཧྲི་ཀན་འབུ་ཕྲའི་ཁོངས་སུ་གཏོགས་པའི་འབུ་ཕྲ་ཡིན། ནད་ལྡང་ཆ་རྐྱེན་ནི། སྐྱེ་རུལ་ནད་ཀྱི་འབུ་ཕྲ་ནི་དྲོད་ཚད 4~36℃བར་ནས་འཚར་སྐྱེ་ཐུབ། འོན་ཀྱང་ཆེས་འཚམ་པའི་དྲོད་ཚད་28~30℃ཡིན། ནད་འབུ་ནི་སྤྱིར་བཏང་དུ་ནད་རྨས་ཡོད་ས་ནས་བཙན་འཛུལ་བྱེད་པ་ཡིན། དཔེར་ན། སྡོང་ཀང་སྟེང་དུ་རང་བྱུང་གི་གས་སྲུབས་དང་། འབུ་རྨས། ནད་རྨས་དང་འཕྲུལ་ཆས་རྨས་སྐྱོན་སོགས་ཀྱིས་བསྐྱེད་པ་ཡིན། འོན་ཀྱང་ལོ་མའི་གཞུང་ཀང་སྟེང་གི་རང་བྱུང་གི་རྨ་ཁ་ནི་ནད་རིམས་འགོས་པའི་ཐབས་ལམ་གཙོ་བོ་ཡིན་ལ། དེའི་འཕྲོར་འབུ་རྨས་ཡིན། འགོག་བཅོས་བྱེད་ཐབས་ནི།

རིམས་འགོག་ས་བོན་འདེམས་སྒྲུབ་བྱེད་པ་དང་ས་བོན་གྱི་རིགས་རྒྱུད་སོ་སོའི་རིམས་འགོག་རང་བཞིན་ལ་ཁྱད་པར་མངོན་གསལ་ཡོད། སྔོན་བཏབ་ལོ་ཏོག་འཚོལ་བསྡུ་བྱས་ཏེ་དུས་ཐོག་ཏུ་རྨོ་སློག་དང་བསིལ་སྐམ་བྱེད་ཅིང་། ནད་རིམས་ཡོད་པའི་ལོ་མ་སྐྱོན་ཅན་རྣམས་གཙང་སེལ་བྱེད་དགོས། འོས་འཚམ་གྱི་དུས་སྐབས་བདམས་ནས་ལྷང་ལྷུག་ལེགས་གསོ་བྱེད་དགོས། ཆུ་གཏོང་དུས་ཆུ་ཆེན་ཤོར་བར་

སྔོན་འགོག་བྱེད་དགོས། སྨན་རྫས་འགོག་བཅོས། ནད་ཕྱུང་དུས་མགོར། 72% ཞིང་སྦྱོད་ཨུ་ཟེའི་སྨུར་ལེན་མེ་སུའུ་ཚན་ཏུང་ཕྱེ་རྫས་པའི་ཡི 3 000~4 000དང་། ཀྲི་མེ་སུའུ་གསར་བ་པའི་ཡི 4 000ཡང་ན 70%ཏའི་ཁྲུ་སོན་པའི་ཡི 600ཙ་བར་ལྷུག་དགོས།

2.སད་འདུའི་ནད། སྨར་སྲིན་ནད་ཀྱི་གནོད་པ་ཡིན། 50%ཏའི་སིན་ཨྣན་ཞིན་པའི་ཡི600~800དང་། 72%ཏུའུ་པང་ཁི་ལུའུ་པའི་ཡི 1 000དང་། ཡང་ན 77%ཁྲི་ཧྲ་ཏུག་པའི་ཡི 400རེས་མོས་ཆྭངས་གཏོར་འགོག་བཅོས་བྱེད་དགོས།

3.འབུའི་གནོད་འཚེ། གཙོ་བོ་ལ་སྐྱེ་དངོས་གནོད་འབུ་དང་། ཕྱེ་དཀར་ཤིག་དང་ཕྱེ་འབུ་སྔོ་ལོ། མང་ར་ཚལ་མཚན་འཕུར་ཕྱེ་མ་ལེབ་དང་ཞོ་ཚད་འབུ་མེ་ལྕེབས་སོགས་ཡོད།

སྐྱེ་དངོས་གནོད་འབུ་དང་ཕྱེ་དཀར་ཤིག་ནི་སྨིན་འབུ་དང་སྲིན་བུ་ཆ་མཐུན་གྱིས་ཚོད་དཀར་གྱི་གཤེར་ཁུ་འཇིབ་པ་ཡིན་པས། གནོད་འཚེ་ཐེབས་པའི་ལོ་མའི་ལྗང་མདོག་ཡལ་བ་དང་སེར་པོར་གྱུར་པ། རྒྱབ་རྙིབ་ཏུ་འགྱུར་བར་མ་ཟད། ཐ་ན་ཤིང་སྡོང་ཡོངས་རྫམ་ཤིར་འགྲོ་བའང་ཡོད། ཟགས་ཐོན་གཤེར་རྫས་ཀྱིས་ལོ་འདབ་ལ་འབབ་བཙོག་ཚབས་ཆེན་བཟོས་ནས། བཙོག་ཆྭམ་ནད་སྐྱེད་ནས་ཚོད་དཀར་གྱི་བཟའ་བྱའི་རིན་ཐང་ཤོར་བ་ཡིན་ལ། གཞན་ད་དུང་ནད་དུག་ནད་རིམས་ཀྱང་ཁྱབ་སྤེལ་བྱེད་པ་ཡིན། འགོག་བཅོས་བྱེད་ཐབས་ནི། སྐྱེ་དངོས་གནོད་འབུ་དང་ཕྱེ་དཀར་ཤིག་གི་སེར་སླེག་རང་བཞིན་བེད་སྤྱོད་བྱས་ཏེ། ཞིང་ཁ་ནས་སེར་མདོག་པང་ལེབ་བཙུགས་ནས་བསླུ་གསོད་བྱེད་དགོས། སྨུའུ་རེའི་སྟེང་དུ་སེར་མདོག་གི་པང་ལེབ 20~25བཙུགས་དགོས་ཤིང་། ཤིང་ལེབ་ཀྱི་སྟེང་དུ་གཏན་ཁེལ་བྱེད་པ་དང་པང་ལེབ་ཀྱི་མཐོ་ཚད་ནི་སྡོང་རྐང་རྩེ་མོ་ལས་ལི་སྨི 20

མཐོ་ན་བཟང་། སྨུཉུ་རེའི་སྟེང་དུ་སྐྱེ་དངོས་ལུད་རྫས 3%འབུ་སེལ་ཅའོ་སོ་བའི་སྣང་ཞན་སྲིས་མ་ཏའོ་ཧྲེང45ཆླངས་གཏོར་བྱས་ཏེ་འགོག་བཅོས་བྱེད་དགོས། ཡང་ན 10%ཕི་ཁྲིན་ལིན་གཤེར་ཆླན་ཙུང་སྦྱེ་རྫས་པའི་ཡེ 2 000དང་། ཏིག་ལེ་ཁུ་པའི་ཡེ1 500 98%པ་ཏན་ཁུ་ཆླན་ཙུང་སྦྱེ་རྫས་པའི་ཡེ 2 500རེས་མོས་ཆླངས་གཏོར་བྱེད་དགོས། གཟའ་འཁོར་རེར་ཐེངས1ལ་གཏོར་བ་དང་། བསྟུད་མར་ཐེངས 2~3ལ་གཏོར་དགོས། འོན་ཀྱང་དོ་སྣང་བྱེད་དགོས་རྒྱུ་ཞིག་ཡོད་པ་ནི་སྨན་རྫས་ནངས་དགོང་ལ་གཏོར་དགོས། སྦྱེ་འབུ་སྔོ་ལོ་དང་མངར་ཚལ་མཚན་འཕུར་སྦྱེ་མ་ལེབ། ཞོ་ཚད་འབུ་མེ་ལྕེབས་རྣམས་ནི་འབུ་ཕྲུག་གིས་ལོ་འདབ་ལ་གནོད་པ་གཏོང་བ་ཡིན། སྦྱེ་འབུ་སྔོ་ལོ་ནི་འབུ་ལོ 3སླེབས་རྗེས་སྨུག་ཐྲོས་བྱས་ཏེ་ལོ་མ་རྡིལ་འོར་གནོད་པ་ཡིན། ཚབས་ཆེན་ཡིན་ན་ལོ་མའི་རྩ་རིས་ལས་མི་ལྷག་པར་བྱེད་ཅིང་། ཚོད་དཀར་གྱི་འཚར་སྐྱེ་དང་ཉིང་བསྡུ་ལ་ཤུགས་རྐྱེན་ཚབས་ཆེན་བཟོ་བར་མ་ཟད། ཐོན་འབབ་ལའང་གནོད་པ་ཡོད། མངར་ཚལ་མཚན་འཕུར་སྦྱེ་མ་ལེབ་ནི་འབུ་ཕྲུག་རྣམས་ལོ་མའི་རྒྱབ་ཕྱོགས་ལ་འདུས་ནས་དར་སྐྱུད་སྐྱུགས་ནས་དྲ་རྒྱ་བཟོ་ཞིང་། དེའི་ནང་རིམ་ནས་ལོ་མའི་ཤ་ཟས་ཏེ་ཕྱི་ལྤགས་ནི་ཕྱི་གསལ་ནང་གསལ་གྱི་ཁུང་བུ་ཆུང་དུ་ཤུལ་འཇོག་བྱེད། འབུ་ལོ 4རྗེས་སུ་ཟ་ཚད་ཇེ་ཆེར་སོང་ནས་ལོ་མ་རྣམས་ཁུང་བུ་ཅན་དང་ཡང་ན་ལོ་མ་ཤ་རལ་དུ་འགྱུར་བ་ཡིན། ཚབས་ཆེ་བའི་སྐབས་སུ་ལོ་མའི་རྩ་རིས་དང་ལོ་མའི་ཡུ་བ་ལས་ལྷག་འཇོག་མི་བྱེད་པས། ཐོན་ཚད་དང་སྤུས་ཚད་ལ་གནོད་པ་ཆེན་པོ་ཡོད། ཞོ་ཚད་འབུ་མེ་ལྕེབས་ཀྱིས་ལོ་མ་ཐྲོས་ནས་ཁུང་བུ་ཅན་དང་ལོ་མ་ཤ་རལ་དུ་སྒྱུར་བ་ཡིན། ཚབས་ཆེ་བའི་སྐབས་སུ་ལོ་མ་དྲ་དབྱིབས་དང་འདྲ་བར་བཟོ་ཞིང་། ལྗང་པ་དོན་དུས་རྒྱུན་དུ་ལོ་མའི་ཉིང་ལྟེ་ལ་གནོད་པས་ཚོད་དཀར་གྱི་རླུམ་གཟུགས་གྲུབ་པར་གནོད་འཚེ་ཐེབས་པ་ཡིན། འགོག་བཅོས་བྱེད་ཐབས་ནི། གནོད་འབུ་འོད་སྒྲེག་རང་བཞིན་པེད་སྤྱད་

ནས་ཞིང་ཁའི་སྲུའུ 40~50རེའི་ནང་དུ་རྒྱུན་འདར་རང་བཞིན་གྱི་འབུ་གསོད་སྒྲིག་སྦྲོན་གྱིས་བསྲུ་གསོད་བྱེད་དགོས། ཡང་ན་མངར་ཚལ་མཚན་འཕུར་བྱེ་མ་ལེབ་དང་ཝོ་ཚད་འབུ་མེ་ལྕེབས་ཀྱི་འཁྲིག་འཕྲིན་ཕྱོགས་ཞེན་རང་བཞིན་པེད་སྤྱོད་བྱས་ཏེ། ཞིང་ཁའི་སྲུའུ་རེའི་སྟེང་དུ་གནོད་འབུ་བསྲུ་གསོད་ཡོ་ཆས་བཞག་འཛོག་བྱེད་དགོས། གནོད་འབུ་ཚེ་ལོ་དམའ་བའི་དུས་སུ་སྐྱེ་དངོས་ལས་སྣོན་སྨན་རྫས Btཔའི་ཡི250~500ཆང་ས་གཏོར་འགོག་བཅོས་བྱེད་དགོས། ཡང་ན 15%ཨན་དྷ་ཞན་སྤྲིས་མ་པའི་ཡེ 3 000དང་། ཨན་དྷ་ཨར་པའི་ཡེ 1 500~2 000 4.5%ནུས་མཐོ་ལའོ་ཆེན་ཅའོ་གྲི་སྤྲིས་མ 1 500~2 000ཆང་ས་གཏོར་འགོག་བཅོས་བྱ་དགོས།

དྲུག་པ། འཚོལ་བསྡུ།

ལོ་སྙོར་ཚོད་དཀར་གྱི་ལྷམ་གཟུགས་གྲུབ་རྗེས་ཕྱི་ངོས་འཚར་སྐྱེ་སྨིན་པ་ཡིན་པས། དུས་ཐོག་ཏུ་འཚོལ་བསྡུ་བྱས་ཏེ་ཚོང་རར་བཀྲམ་དགོས། ལེགས་སྨིན་དང་འཚོལ་བསྡུའི་བར་ཚོད་དུས་ཡུན་ནི་ཉིན 7~10ཡིན། ཉིན 10བརྒལ་རྗེས་དེའི་ཚོང་ཟོག་རང་བཞིན་དང་ཐོན་ཚད་ལ་ཤུགས་རྐྱེན་ཐེབས་པ་ཡིན།

ལེའུ་བཅུ་གཉིས་པ། ཚོད་ནག

དང་པོ། འཚོ་བཅུད་ཀྱི་རིན་ཐང་།

ཚོད་ནག་ནང་དུ་རྩི་ཤིང་གི་ཚི་རྣ་རྩིང་པོ་མང་པོ་འདུས་ཡོད་ཅིང་། རྒྱུ་མའི་ནུར་འགུལ་ལ་སྐུལ་འདེད་ཀྱི་ནུས་པ་ལྡན་པ་དང་། བཤང་ཕྱུད་ལ་ཕན་པར་མ་ཟད། གཤེར་མ་ཟགས་ཐོན་བྱེད་པར་སྐུལ་སློང་གཏོང་ཐུབ་པ་དང་། ཟས་འཇུ་བར་ཡང་རོགས་འདེགས་བྱེད་ཐུབ་པ་ཡིན། པོ་ཚལ་ནང་དུ་འདུས་པའི་ལ་སེར་རྒྱུ་ནི་མིའི་ལུས་པོའི་ནང་དུ་འཚོ་བཅུད་Aརུ་འགྱུར་བ་དང་། རྒྱུན་ལྡན་གྱི་མིག་དབང་དང་ཕྱི་སྐྱིའི་ཕྲ་ཕུང་གི་བདེ་ཐང་སྲུང་སྐྱོབ་བྱེད་ལ། རིམས་ནད་སྔོན་འགོག་བྱེད་པའི་ནུས་པ་ཇེ་མཐོར་གཏོང་བར་མ་ཟད། བྱིས་པ་འཚར་ལོངས་འབྱུང་བར་སྐུལ་འདེད་རང་བཞིན་གྱི་ནུས་པ་ཐོན་པ་ཡིན། ཚོད་ནག་ཁྲོད་དུ་ཕུན་སུམ་ཚོགས་པའི་འཚོ་བཅུད་Cདང་འཚོ་བཅུད་E ཀལ། ཞིན། དེ་མིན་ད་དུང་ཚད་ངེས་ཅན་གྱི་ལྕགས་སོགས་ཕན་ལྡན་གྲུབ་ཆ་མང་པོ་འདུས་པས། མིའི་ལུས་ཁམས་ལ་འཚོ་བཅུད་དངོས་ཟས་སྣ་ཚོགས་མཁོ་སྤྲོད་བྱེད་ཐུབ། ཚོད་ནག་ནང་དུ་འདུས་པའི་ཚད་ཅུང་གཞི་རྒྱུ་དངོས་པོས་མིའི་ལུས་ཁམས་ཀྱི་རྙིང་ཚབ་གསར་བརྗེ་བྱེད་པར་སྐུལ་སློང་གཏོང་ཐུབ་པ་དང་། ལུས་པོའི་བདེ་ཐང་ལ་ཕན་པ་ཆེན་པོ་ཡོད། ཚོད་ནག་མང་བཟའ་བྱས་ན། ཀླད་པའི་གཟའ་གྲིབ་ཐོག་པའི

ཉིན་ཁ་ཇེ་དམའ་རུ་གཏོང་བ་ཡིན། ཚོད་ནག་གི་བཅུད་ལེན་དངོས་པོར་ཕྲ་ཕུང་འཕེལ་སྐྱེ་གསོ་སྐྱོང་ལ་སྐྱུལ་འདེད་ཀྱི་ནུས་པ་ལྡན་པ་དང་། རྐྱས་འཁོགས་སྟོན་འགོག་དང་ལང་ཚོའི་གསོན་ཤུགས་སྤེལ་བའི་ནུས་པའང་ལྡན་ནོ། །

གཉིས་པ། ཁོར་ཡུག་གི་རླུང་བྱ།

ཚོད་ནག་ནི་གྲང་བཟོད་རང་བཞིན་ཆེས་ཆེ་བའི་སྒོ་ཚལ་གྱི་ཁོངས་སུ་གཏོགས་ཤིང་། ལོ་མ5～8ཡོད་པའི་སྡོང་རྐང་གིས15℃ཡས་མས་ཀྱི་དྲོད་ཚད་དམའ་མོ་བཟོད་ཐུབ། ཚོད་ནག་གི་སྨྱུ་གུ་འབུས་པའི་ཆེས་འཚམ་པའི་དྲོད་ཚད་ནི15～20℃ཡིན་པ་དང་། དྲོད་ཚད་དམའ་དྲགས་ན་སྨྱུ་གུའི་འབུས་སྟོབས་ཇེ་དམའ་རུ་གཏོང་བ་ཡིན། འཚར་སྐྱེའི་ཆེས་འཚམ་པའི་དྲོད་ཚད་ནི1 5～20℃དང་། 30℃ཡི་སྐབས་ཀྱི་སྨྱུ་གུ་འབུས་ཚད་ཀྱིས 30%ཟིན་མི་ཐུབ། ཚོད་ནག་ནི་དུས་ཡུན་རིང་པོར་ཉི་འོད་ཐོག་དགོས་པའི་ལོ་ཏོག་གི་ཁོངས་སུ་གཏོགས། ཉིན་རེའི་ཉི་ཟེར་ཐོག་ཡུན་ཆུ་ཚོད 12ལ་སླེབས་ཤིང་ཆ་སྙོམས་དྲོད་ཚད 5℃ཡིན་པའི་སྐབས་སུ། སྔ་སྨིན་ས་བོན་རྣམས་ཀྱི་རྐང་ཡུ་ཐོན་པ་རེད། འཕྱི་སྨིན་ས་བོན་གྱི་འོད་འཕྲོའི་དུས་ཚོད་སྔར་ལས་རིང་བ་དང་དྲོད་ཚད་སྔར་ལས་མཐོ་ན་ད་གཟོད་རྐང་ཡུ་ཐོན་པ་རེད། ཚོད་ནག་ནི་བརྟན་སའི་ནང་དུ་འཚར་སྐྱེ་བཟང་པོ་འབྱུང་ཐུབ་ཅིང་འཚར་སྐྱེའི་མྱུར་ཚད་ཇེ་མགྱོགས་འགྲོ་བས། ཚོད་ནག་གི་འཚར་སྐྱེའི་དུས་རིམ་ནང་དུ་བརྟན་གཤེར་འདང་ངེས་ཤིག་འདོན་སྤྲོད་བྱེད་དགོས། ཚོད་ནག་ནི་རང་བཞིན་སྙོམ་པའི་ས་རྒྱུ་དང་སྐྱུར་ལྡན་ས་རྒྱུ་ལ་འཕྲོད་པ་དང་། ཚྭ་ལྡན་བཟོད་ནུས་ཅུང་མཐོ་ལ། སྐྱེ་ལྡན་རྫས་བཅུད་འདུས་ཚད་མཐོ་བའི་ས་གཤིན་བཟང་པོའི་སྟེང་དུ་འཚར་སྐྱེ་ཡག་པོ་འབྱུང་ཐུབ། ལོ་འདབ་ཇེ་ཆེར་འགྲོ་བའི་འདང་ངེས་ཀྱི་ཏན་ལུད་མཁོ་སྤྲོད་བྱས་ཐོག ཏན་དང་ལིན། ཚྭ་ལུད་སོགས་བསྲེས་སྦྱར་གཏོར་འཛུག་བྱེད་དགོས།

གསུམ་པ། འདེབས་འཛུགས་ཀྱི་བཀོད་སྒྲིག

རྫོང་ཁང་ནང་དུ་འདེབས་གསོ་བྱས་ན་ལོ་ཧྲིལ་པོར་ཐོན་སྐྱེད་བྱས་ཆོག་པ་ཡིན། ཀྲོ་མ་གྲུ་དང་ཧོང་ཀྲ། སྤུར་པན་གྱི་སོག་ཤུལ་དང་སོག་སྟོན་གང་ཡིན་རུང་བཏབ་ཆོག མཐོང་ས་ཡངས་ཐོགས་མེད་ས་ཞིང་སྟེང་དུ་རྨོ་འདེབས་བྱེད་པའི་དུས་ཚོད་ནི་ཟླ 3~9བའི་བར་ཡིན།

བཞི་པ། ས་བོན་གདམ་ག

འཛར་པན་གྱི་ལོ་འདབ་ཆེན་པོ་དང་ལོ་མ་རྩེ་སྣེ་ཅན། སྔོར་འདབ་དང་ནུས་ཡོངས་ས་བོན་སོགས་འདེམས་སྤྱོད་བྱེད་དགོས།

ལྔ་པ། འདེབས་གསོའི་དོ་དམ་ལག་རྩལ།

(གཅིག) ས་ཁོད་སྐམ་པ།

ས་བོན་མ་བཏབ་གོང་གི་ཉིན 2 ~3གྱི་སྔོན་ལ་སྔོན་བཏབ་ལོ་ཏོག་ས་ཞིང་སྟེང་གི་ཡལ་ག་ལྷག་ལུས་ཅན་དང་རྩྭ་ཡན་གཙང་སེལ་བྱེད་པ་དང་། ས་རྒྱུ་གཏིང་རློག་བྱེད་དགོས། ཞིང་རྨོད་དང་ཟུང་འབྲེལ་བྱས་ནས་མུའུ་རེའི་སྟེང་དུ་ཕྲུས་ལེགས་བྲིམ་ལུད་སྤྱི་ཀྲུ 4 000~5 000བར་དང་། ཀའོ་ལིན་སོན་ཀལ་སྤྱི་ཀྲུ 15~20 གཏོར་དགོས་པར་མ་ཟད། 50%ཏའོ་ཅིན་ལིང་དང་ཡང་ན་ཐྭ་ཛེ་ཐའོ་ཕུ་ཅིན་སྤྱི་གྲ་བཞི་མ་རེའི་སྟེང་དུ་ཁེ 8རེ་གཏོར་དགོས། དེའི་འཕྲོར་རྣང་ངོས་ལ་ཤལ་རྒྱག་ཁོད་སྐམ་བྱས་ཏེ་ས་བོན་འདེབས་པར་གྲ་སྒྲིག་བྱེད་དགོས།

(གཉིས) སོན་འདེབས།

ས་བོན་འདེབས་པའི་དུས་སུ་ས་ཞིང་མུའུ་རེའི་སྟེང་དུ་གཏོར་དགོས་པའི་ས་བོན་གྱི་གྲངས་ཚད་ནི་སྤྱི་ཀྲུ4 ~5ཡིན། འདེབས་འཛུགས་བྱེད་དུས་གཏོར་འདེབས་བྱས་ཆོག་ཅིང་རོལ་འདེབས་བྱས་ནའང་ཆོག་པ་ཡིན། རོལ་འདེབས་བྱེད་དུས་འཕྲེད་བསྟར་བར་ཐག་ནི་ལི་སྨི 15ཡིན། ས་བོན་བཏབ་རྗེས་སྟེང་དུ་ལི་སྨི

1~1.5ཡོད་པའི་ས་འགེབས་དགོས།

(གསུམ) ཞིང་ཁའི་བདག་གཉེར།

སྨྱུ་གུ་འབུས་པའི་རྗེས་སུ་དྲོད་ཁང་ནང་གི་དྲོད་ཚད 30℃ཡན་ཆད་དུ་ཐོན་ན། རླུང་རྒྱུག་ཏུ་བཅུག་ནས་སད་འབུའི་ནད་འབྱུང་བར་འགོག་བཅོས་བྱེད་དགོས། འཚར་སྐྱེའི་སྐབས་སུ་སྐྱེ་ཚུལ་ལ་གཞིགས་ནས་ཆུ་གཏོང་ཞོར་དུ་འོས་འཚམ་གྱིས་གཅིན་རྒྱུ་སྟེང་ལུད་འཛོག་དགོས་ཤིང་། མུའུ་རེའི་སྟེང་གི་སྟེང་ལུད་འཛོག་ཚད་ནི་སྤྱི་རྒྱ 10~15ཡིན།

(བཞི) ནད་རིམས་འགོག་བཅོས།

1.སད་འབུའི་ནད། གནོད་འཚེ་ཐེབས་པའི་ལོ་མའི་སྟེང་དུ་ལྷང་སྐྱའི་ཁ་དོག་ཅན་གྱི་ནད་ཐིག་མངོན་པ་དང་། ནད་ཤུལ་ཐིག་ལེའི་མུ་འགྲམ་མངོན་གསལ་མིན། དེའི་འཁོར་ནད་ཐིག་ཇེ་ཆེར་སོང་སྟེ་ཚུལ་ལྡན་མིན་པའི་དབྱིབས་གཟུགས་གྲུབ་པ་ཡིན། ལོ་མ་རྒྱབ་ངོས་ཀྱི་བང་རིམ་སྟེང་དུ་སྐྱ་མདོག་མངོན་ནས་མཐུག་མཐར་སྨུག་སྐྱར་འགྱུར་བ་ཡིན། ནད་ཐིག་ནི་སྡོང་ རྐང་གི་འོག་རིམ་ནས་གོང་རིམ་ལ་ཁྱབ་ཅིང་། ཚབས་ཆེ་བའི་སྐབས་སུ་ཤིང་སྡོང་ཡོངས་རྫབ་རྙིབ་ཏུ་འགྱུར། ཐན་སྐྱོན་བྱུང་དུས་སྐྱོན་ལྡན་ལོ་མ་སེར་ཞིང་སྐམ་པ་དང་། བརླན་གཤེར་ཆེ་དུས་ཝལ་བར་འགྱུར་ལ། རྒྱབ་ངོས་སུ་མདོག་སྨུག་སྐྱ་རླམ་རིམ་འཐོར་ཆེན་འབྱུང་། རིམས་ནད་འདི་ནི་ཆུ་སྔོ་དབྱིབས་སྦྲིན་གྱི་སྙིར་དང་། སད་འབུ་ཐོར་འགྲེམས་ཀྱི་རིགས་སུ་གཏོགས་པའི་འབུ་ཕྲ་ངོ་མས་གནོད་འཚེ་ཡིན། དྲོད་ཚད་མཐོན་པོ་དང་དྲོད་ཚད་དམའ་མོ་ནི་ནད་རིམས་འབྱུང་བའི་ཆ་རྐྱེན་གཙོ་བོ་ཡིན། གཞན་ཡང་། སྡོང་རྐང་གི་བར་ཐག་སྟུག་པ་དང་རླུང་རྒྱུག་ཚད་དམ་འོད་འཁྲོ་ཚད་མི་བཟང་བའི་སྐབས་སུའང་ནད་རིམས་ལྷོ་མོ་འབྱུང་བ་ཡིན། འགོག་བཅོས་བྱེད་ཐབས་ནི། ནད་ལྡང་མ་ཐག་པའི་དུས་སུ 25%ཐ་ཧྲིང་ལིང་རླན་ཧྲང་ཕྱེ་རྫས་པའི་ཡེ 800

དང 75%བཀྲ་ཤིན་ཆེང་རླན་ཐུང་ཕྱེ་རྫས་པའི་ཡེ 600　90%རྫོང་ཡེ་ལིང་རླན་ཐུང་ཕྱེ་རྫས་པའི་ཡེ 600ཡང་ན 69%ཨན་ཁུ་སྣན་ཞིན་རླན་ཐུང་ཕྱེ་རྫས་པའི་ཡེ 500རླངས་གཏོར་བྱས་ཏེ་འགོག་བཅོས་བྱ་དགོས།

2.ས་སྐྱོན། གཙོ་བོ་སྔོང་བོའི་གཞུང་རྐང་དང་ལོ་མར་གནོད་འཚེ་ཐེབས་པ་ཡིན། ལོ་མར་ནད་ཕོག་དུས། ཐོག་མར་ནད་སེར་སྐྱའི་ཁ་དོག་མདོན་པའི་ཐིག་པ་འབྱུང་ཞིང་། རིམ་བཞིན་རྒྱ་སྐྱེད་པའམ་ཇེ་ཆེར་གྱུར་ནས་ཁམ་མདོག་མདོན་པ་ཡིན། ནད་ཐིག་ནི་སྒོར་དབྱིབས་སམ་འཇོང་དབྱིབས་སུ་གྱུབ་ཅིང་འཁོར་ལོའི་ཁྲ་རིས་མདོན་ལ། དབུས་གཞུང་ནས་ནག་ཐིག་ཆུང་ངུ་ཡོད་པ། ཆར་རླུང་ལ་བརྟེན་ནས་ཁྱབ་སྤེལ་བྱེད་པ་དང་། རྩ་ཁ་ཡོད་པའམ་ཕྱི་ལྤགས་ནང་ནས་ཐད་ཀར་འཛུལ་བ་ཡིན། ཆར་ཆུ་མང་བ་དང་། གཤོང་སར་ཆུ་འཁྱིལ་བ། འདེབས་འཛུགས་སྟུག་དྲགས་པ། སྔོང་རྐང་འཚར་སྐྱེ་ཞན་པའི་སྐབས་སུ་ནད་ལྡང་བ་ཡིན། ནད་ལྡང་མ་ཐག་པའི་དུས་སུ། 50%ཏའོ་ཅིན་ལིང་རླན་ཐུང་ཕྱེ་རྫས་པའི་ཡེ 700དང 40%ཏའོ་ལིག་ཞན་སྦྱིས་མ་པའི་ཡེ600　50%ཐུ་ཇེ་ཐའོ་ཕུ་ཅིན་རླན་ཐུང་ཕྱེ་རྫས་པའི་ཡེ 500གཏོར་ནས་འགོག་བཅོས་བྱེད་དགོས། རིམས་ནད་འདི་ནི་སྔོན་འགོག་བྱ་རྒྱུ་གཙོ་བོར་འཛིན་དགོས། འཚོལ་བསྡུ་མ་བྱས་པའི་ཉིན 10~15སྔོན་ལ་སྨན་གཏོར་མཚམས་འཇོག་དགོས།

དྲུག་པ། འཚོལ་བསྡུ།

ཚོད་ནག་སྐྱེས་ནས་མཐོ་ཚད་ལ་ལི་སྨི 30ཡོད་པའི་དུས་སུ། ཁྲོམ་རའི་དགོས་མཁོར་གཞིགས་ནས་གཅིག་རྗེས་གཉིས་མཐུད་ངང་འཚོལ་བསྡུ་བྱས་ཏེ་ཚོང་རར་འདོན་སྤྲོད་བྱས་ཆོག

ལེའུ་བཅུ་གསུམ་པ། ཀན་ལན།

དང་པོ། འཚོ་བཅུད་ཀྱི་རིན་ཐང་།

ཀན་ལན་ནི་འཛམ་གླིང་འཕྲོད་བསྟེན་ཚ་འཛུགས་ཀྱིས་ངོ་སྤྲོད་བྱས་སྒྲོང་བའི་སྔོ་ཚལ་ཡག་ཤོས་གྲས་ཀྱི་གཅིག་ཡིན། འདི་ལ་རང་བྱུང་གི"ཕོ་བ་ཚལ"ཞེས་པའི་མཚན་སྙན་ཡང་ཐོབ་ཡོད་པ་རེད། དེའི་ནང་དུ་འདུས་པའི་འཚོ་བཅུད C དང་འཚོ་བཅུད U ཡིས་ཕོ་བའི་རལ་ཟགས་འགོག་རྐོལ་བྱེད་ཐུབ་པར་མ་ཟད། ཕོ་བའི་འབྱར་སྐྱི་མ་ལག་སྲུང་སྐྱོབ་དང་ཉམས་གསོ་བྱེད་པ་དང་། ཕོ་བའི་ཕྲ་ཕུང་དར་འཕེལ་རྒྱུན་སྲུང་བྱེད་ཅིང་། ནད་འགྱུར་ཚད་གཞི་ཇེ་དམའ་རུ་གཏོང་བ་ཡིན། ཀན་ལན་གྱི་ནང་དུ་འདུ་བའི་འཚོ་བཅུད C ཡིས་རུས་རྐང་གི་ཚགས་དམ་ཚད་སྲུང་འཛིན་རྒྱུན་འཁྱོངས་བྱེད་པར་ནུས་པ་གལ་ཆེན་འདོན་བཞིན་ཡོད། ཀན་ལན་ནང་དུ་འདུས་པའི་ལོ་མའི་སེར་རྒྱུ་ལ་དབྱང་འགྱུར་སྐྲུལ་ཟས་སྔོན་འགོག་བྱེད་པའི་ནུས་པ་ལྡན་པའི་ཆ་ནས། མིག་དབང་དྲ་སྐྱི་སེར་ཁྲ་ཇེ་ཞན་དུ་འགྱུར་བར་སྔོན་འགོག་བྱེད་ཐུབ། དུས་རྒྱུན་དུ་སྔོ་ཚལ་འདི་རིགས་ཟས་ན་ལིང་ཏོག་དང་ཞང་ཕུག་སྐྲན་ནད་འབྱུང་ཚད 40% ཇེ་ཉུང་དུ་གཏོང་ཐུབ།

གཉིས་པ། སོར་ཡུག་གི་ལྷང་བྱ།

ལོ་སྒོར་ཀན་ལན་ནི་ལོ་གཅིག་ལ་སྐྱེ་བའི་རྩི་ཤིང་གི་རིགས་ཤིག་ཡིན། དྲོད་ཚད་དམའ་བ་དང་སོན་བཞའ་འགུག་པའི་རྗེས་སུ། དེའི་ཕྱི་ལོ་རྐང་ཡུ་ཐོན···

པའམ་མེ་ཏོག་བཞད་ནས་ས་བོན་ཆགས་པར་བྱེད་དགོས། ཀན་ལན་ནི་དྲོད་འཇམ་གྱི་གནམ་གཤིས་ལ་ཆགས་ཤིང་། གྲང་ངར་འགོག་པ་དང་ཚ་བ་འགོག་པའི་ནུས་པ་ངེས་ཅན་ཞིག་ལྡན་པ་ཡིན་ལ། འཕྲོད་ཤུགས་ཀྱང་ཅུང་ཆེ་བའི་སྔོ་ཚལ་ཞིག་ཡིན་པས། རྒྱལ་ཡོངས་ཀྱི་ས་གནས་སོ་སོ་ནས་གསོ་འདེབས་བྱེད་ཐུབ་པ་ཡིན། ཀན་ལན་གྱི་སྦུ་གུ་འབུས་དུས་ཀྱི་ཆེས་འཚམ་པའི་དྲོད་ཚད་ནི16~20℃ཡིན། ལོ་མ་རླུམ་པོའི་འཚར་སྐྱེ་ཆེས་འཚམ་པའི་དྲོད་ཚད་ནི17~20℃ཡིན། དྲོད་ཚད 25℃ ལས་མཐོ་བའི་སྐབས་སུ། གཞུང་རྟའི་འོག་ཏུམ་གྱི་ལོ་མ་རྐྱེབ་སྐམ་དུ་འགྱུར་བ་དང་གཞུང་རྐང་ཇེ་རིང་དུ་འགྲོ་བ། ལོ་སྒོར་རླུམ་པོ་ཐར་ཐོར་དུ་འགྱུར་བ། གཤིས་སྐྱུས་དང་ཐོན་ཚད་ཇེ་ཞན་དུ་འགྲོ་བ་ཡིན། ཀན་ལན་ལོ་སྒོར་རླུམ་པོར་གྲུབ་དུས་བརླན་གཤེར་གྱི་ས་རྒྱུ་དང་མཁའ་དབུགས་ཀྱི་ཁོར་ཡུག་ཅིག་ཡོད་དགོས། ས་རྒྱུའི་བཞའ་རླན་འདང་ངེས་མིན་པ་དང་ཡང་ན་སྐམ་ཤས་ཆེ་དུས་གཞུང་རྟའི་འོག་རིམ་གྱི་ལོ་མ་རྣམས་གོག་བྲུལ་དུ་འགྲོ་ལ། ལོ་སྒོར་རླུམ་པོ་ཆུང་ཞིང་ཐར་ཐོར་ཡིན་པ། ཐ་ན་ལོ་སྒོར་རླུམ་པོ་གྲུབ་དཀའ་བའི་གནས་ཚུལ་ཡང་ཡོད། ལོ་སྒོར་ཀན་ལན་གྱིས་ལུད་རྫས་ཐེག་ཐུབ་པས། ས་རྒྱུ་གཤིན་པོ་དང་འདང་ངེས་ཀྱི་ཏན་དང་ལྡན། ཙྲ་ལུད་འཛོམ་པའི་ས་རྒྱུ་མཁོ་འདོན་བྱས་ན། ཀན་ལན་གྱི་ཐོན་འབབ་ཇེ་ལེགས་སུ་འགྲོ་བར་ཕན་པ་ཡོད།

གསུམ་པ། འདེབས་འཛུགས་ཀྱི་བཀོད་སྒྲིག

ཉི་འོད་དྲོད་ཁང་ནང་དུ་ཀན་ལན་འདེབས་གསོ་བྱེད་དུས། སོག་ཤུལ་གྱི་བཀོད་སྒྲིག་ནི་ཁྲིམ་རའི་དགོས་མཁོ་དང་ས་བོན་གྱི་རིགས་སྣ་སོ་སོའི་ཁྱད་ཆོས་ལ་གཞིགས་ནས། འོས་ཤིང་འཚམ་པའི་སྔོ་འདེབས་ཉིན་མོ་གདམ་གསེས་བྱེད་དགོས། དཔྱིད་དུས་མཐོངས་ཡངས་ཐོགས་མེད་འདེབས་གསོ་ནི་སྤྱིར་བཏང་དུ་ཟླ 2པའི་ཟླ་དཀྱིལ་ལམ་ཟླ་སྨད་ལ་ལྡང་བུ་གསོ་བ་དང་། ཟླ 4པའི་ཟླ་དཀྱིལ་ལམ་ཟླ་སྨད་དུ་

ཚ་སྲོས་རྒྱག་དགོས།

བཞི་པ། ས་བོན་གདམ་ག

ཀན་ལན་འདེབས་གསོ་བྱེད་དུས་སྔ་སྨིན་ས་བོན་འདེམ་དགོས། མིག་སྔར་ཡོངས་ཁྱབ་ཏུ་བཀོལ་སྤྱོད་བྱེད་པ་ནི 8393དང 933 གྲུང་ཀན 11 གྲུང་ཀན 21 ཆེན་ཀན་ཨང་རྟགས 1པོ། ཡུན་ཁྲིན་སོགས་ཡོད།

ལྔ་པ། འདེབས་གསོའི་དོ་དམ་ལག་རྩལ།

(གཅིག) སྨུག་གསོ།

1.ས་བོན་གཙང་སེལ་ཐག་གཅོད། ས་བོན་སྔོ་འདེབས་མ་བྱས་གོང་དུ། ས་བོན་གྱི་ལྗིད་ཚད 0.4%ཟིན་པའི་ རྫི་མའི་རྫོང་བསྲེས་ནས་སྤྱོད་པ་དང༌། ཡང་ན་དྲོད་ཚད55℃ཡོད་པའི་ཆུ་དྲོན་མོའི་ནང་དུ་ས་བོན་སྐར་མ10~15ལ་སོན་སྦངས་བྱེད་ཅིང༌། རྒྱུན་མི་ཆད་པར་སྲུབ་དཀྲུག་བྱེད་པ་ཡིན། ཆུའི་དྲོད་ཚད 30℃སླེབ་དུས། ས་བོན་ཡང་བསྐྱར་དུས་ཚོད 2~4ལ་སོན་སྦངས་བྱེད་པ་ཡིན། དེའི་འཕྲོར་གཙང་དག་གི་སེང་རས་རྣོན་པས་ཐུམ་རྗེས་དྲོད་ཚད 20℃ཡོད་པའི་ཁོར་ཡུག་ཁྲོད་དུ་བཞག་ནས་སྨྱུ་གུ་སྐྱེ་འདེད་བྱེད་དགོས། ཉིན་མ་རེ་རེར་གཙང་བཀྲུ་དང་གཏིང་སློག་ཐེངས 1བྱེད་དགོས། 60%ས་བོན་གྱི་མགོ་འབུས་རྗེས་སྔོ་འདེབས་བྱས་ཆོག

2.སྨུག་གསོ། ས་བོན་བཏབ་རྗེས་ཉིན་མོར་དྲོད་ཚད 20~25རྒྱུན་འཁྱོངས་བྱེད་ཅིང༌། མཚན་མོའི་དྲོད་ཚད 15℃ལས་མི་དམའ་བར་བྱེད་དགོས། སྨྱུ་གུ་འབུས་རྗེས་ཉིན་དཀར་གྱི་དྲོད་ཚད 20℃དང་མཚན་མོའི་དྲོད་ཚད 10℃ཡིན་དགོས། སྙིང་འདབ་བྱུང་བའི་དུས་སུ་ཉིན་མོའི་དྲོད་ཚད15 ~18℃དང༌། མཚན་མོའི་དྲོད་ཚད10℃ལས་མི་དམའ་བར་བྱེད་དགོས། གཞུང་རྩའི་སྦོམ་ཚད་ལི་སྨི 0.5ཡན་ཡོད་པའི་སྐབས་སུ། དུས་ཡུན་རིང་པོའི་དྲོད་ཚད 10ཡི་མན་

ཚད་དུ་ལྷུང་བར་སྔོན་འགོག་བྱ་དགོས། དེ་མིན་སོན་བཞའ་འགུག་པའི་དུས་སུ་ཀང་ཡུ་སྔོན་ལ་ཐོན་པ་ཡིན། ཙ་སྦྱིས་རྒྱག་པའི་གཟའ་འཁོར་གཅིག་གི་སྔོན་ལ་སོན་ཁྲུལ་ཟློག་ནས་རླུང་རྒྱུག་ཏུ་འཇུག་དགོས་ཤིང་། དྲོད་ཚད 7~8℃ཡི་དྲོད་ཚད་དམའ་མོའི་ཁོར་ཡུག་ནང་དུ་ཉུ་གུ་འདེམ་སྒྲུག་བརྒྱབ་སྟེ། ཙ་སྦྱིས་བརྒྱབ་རྗེས་ཀྱི་གསོན་ཚད་ཇེ་མཐོར་གཏོང་དགོས།

(གཉིས) ཙ་སྦྱིས་རྒྱག་པ།

ཙ་སྦྱིས་རྒྱག་པའི་སྔོན་རོལ་དུ་ས་ཞིང་མུའུ་རེའི་སྟེང་དུ་ཞིང་ཁྱིམ་ཕྲུས་ལེགས་ལུད་རྫས་སྤྱི་ཀྲ 5 000དང་ཀའོ་ལིན་སོན་ཀལ་སྤྱི་ཀྲ 20~30གཏོར་འཇོག་བྱེད་དགོས། ལུད་སྨན་གཏོར་རྗེས་གཏིང་ཚད་ལ་ལི་སྨི 30ཡོད་པའི་ས་བསློགས་ནས་རྣང་མིག་བཟོ་དགོས་ཤིང་། རྣང་མའི་ཞེང་གི་ཆེ་ཆུང་ལ་སྨི 3ཡོད་དགོས་པ་དང་རིང་ཐུང་ནི་ས་གནས་ཀྱི་ཁྱད་ཆོས་ལ་དམིགས་ནས་ཐག་གཅོད་བྱེད་དགོས། སྡོང་ཀང་གི་བར་ཐག་ནི་ལི་སྨི40×ལི་སྨི 35ཡི་ཚད་གཞི་ལྟར་ཙ་སྦྱིས་རྒྱག་པ་ཡིན། མུའུ་རེའི་སྟེང་དུ་སྡོང་ཀང 5 500ཡས་མས་ཁག་ཐེག་བྱེད་དགོས། ཙ་སྦྱིས་བརྒྱབ་པའི་རྗེས་སུ་དུས་ཐོག་ཏུ་ཆུ་གཏོང་དགོས།

(གསུམ) ཞིང་ཁའི་བདག་གཉེར།

ཙ་སྦྱིས་བརྒྱབ་པའི་རྗེས་སུ་དུས་ཐོག་ཏུ་ཆུ་གཏོར་ན་སྡོང་ཀང་གི་འཚར་སྐྱེ་ལ་སྐུལ་འདེད་ཀྱི་ནུས་པ་ཐོན་ཞིང་། དེའི་རྗེས་ནས་བཟུང་ས་རྒྱུར་ཆུ་མི་འདང་བའི་སྐབས་སུ་མྱུར་མོར་ཆུ་གཏོར་དགོས། དུས་རྒྱུན་གྱི་ས་རྒྱུའི་རླན་ཚད་ནི 70% ~ 80%བར་དུ་རྒྱུན་འཁྱོངས་བྱེད་ཐུབ་དགོས། ཆུ་གཏོང་ཞོར་དུ་ཟེ་སྐྱུར་ཨན་སྤྱི་ཀྲ 10གཏོར་བ་ཡིན། ལོ་ཏོག་ཆུང་དུ་གྲུབ་པའི་སྐབས་སུ་མུའུ་རེའི་སྟེང་དུ་ལིན་སྐྱུར་ཨན་གཉིས་སྤྱི་ཀྲ10 ~15གཏོར་ན། ལོ་ཏོག་ཟླུམ་ཆུང་ཆེ་རྒྱགས་སུ་འགྲོ་བར་སྐུལ་འདེད་གཏོང་བ་ཡིན། ས་རྒྱུའི་སྨུག་ས་ཚོ་སྐམ་དུ་འགྲོ་བར་སྔོན་འགོག་དང་རླུང་

རྒྱུག་རང་བཞིན་ཇེ་ལེགས་སུ་གཏོང་ཆེད། དུས་ཐོག་ཏུ་ཡུར་མ་ཡུར་ནས་ས་རྒྱུའི་དྲོད་ཚད་ཇེ་མཐོར་དང་རྩ་བའི་ཡན་ལག་འཚར་སྐྱེ་ཡོང་བར་སྐུལ་འདེད་གཏོང་དགོས།

(བཞི) ནད་འབུའི་གནོད་སྐྱོན་འགོག་བཅོས།

1.སྨྱུ་གུའི་ཐོལ་སོག་ནད། ནད་ལྷང་དུས་མགོར། སྨྱུ་གུའི་རྩ་བ་ནི་ཆུས་སྦངས་པ་ལྟ་བུའི་དབྱིབས་མངོན་ཞིང་ཁམ་སེར་གྱི་ཁྲ་ཐིག་འབྱུང་། ཐིག་དབྱིབས་འཁྱུམ་བཙིངས་ཅན་དུ་འགྱུར་བ་ཡིན། ནད་བྱུང་སྨྱུ་གུ་སྔོང་མདོག་ཏུ་གྱུར་ནས་ལོ་ཏོག་རྡིབ་སྐམ་དུ་འགྱུར་ཞིང་། བརླན་གཤེར་ཆེ་བའི་སྐབས་སུ་འབུ་སྤྲ་དཀར་པོ་ཐོན་པ་ཡིན། ས་རྒྱུའི་དྲོད་ཚད་དམའ་བར་མ་ཟད་བརླན་ཚད་མཐོ་དྲགས་པ་དང་། ཉི་མའི་འོད་ཟེར་འཕྲོས་ཚད་མི་འདང་བའི་སྐབས་སུ་ནད་རིམས་འདི་འབྱུང་བ་ཡིན། སྔོན་འགོག་བྱེད་ཐབས་ནི། 50%ཏའོ་ཅིན་ལིང་རླན་རུང་ཕྱེ་རྫས་དང 70%ཐ་ཇི་ཐའོ་པུ་ཅིན་རླན་རུང་ཕྱེ་རྫས་འདྲེམ་སྦྱོད་བྱས་ཏེ་དུག་སེལ་བྱེད་པ། སྨི་ངོས་གྲུ་བཞི་མ་རེའི་སྟེང་དུ་ཁེ8~10དང་འོས་འཚམ་གྱི་ས་རྡུལ་བསྲེས་སྙོམས་བྱས་ནས་སྐྱེ་འདེབས་བྱེད་པའི་དུས་སུ་འོག་འདིང་སྟེང་འགེབས་བྱེད་དགོས། སྨན་རྫས་འགོག་བཅོས་ནི། ནད་ལྷང་མ་ཐག་པའི་དུས་སུ་སྦྱིད་རུང་ཐངས་ཨན་འདྲེས་རྫས་ཀྱི་འགོག་བཅོས་བྱེད་དགོས། སྦེབ་སྦྱོར་ཐབས་ལམ་ནི་ཐངས་ལྷན་སྨུ་སྐྱུར་སྤྱི་རྒྱ 1ནང་དུ་ཐུན་སྐྱུར་ཆེང་ཨན་སྤྱི་རྒྱ 6.5བསྲེས་སྦྱོར་བྱེད་ཅིང་། ཞིབ་འཐག་ཚད་བསྲེས་ཆ་སྙོམས་བྱས་རྗེས་འགྱིག་ཁུག་ནང་དུ་བླུགས་ནས་ཁ་དམ་པར་སྦྱུར་ནས་ཆུ་ཚོད 24ལ་འཇོག་དགོས། དེའི་འཕྲོར་ཕྱིར་བཏོན་ནས་ཆུ་པའི་ཡེ 400བསྣན་ཏེ་རླངས་གཏོར་བྱེད་དགོས། ཡང་ན། སྨྱུ་གུ་འབུས་རྗེས 75%པད་ཅིན་ཆེང་པའི་ཡེ 600དང 70%ཏའི་སེན་སྨན་ཞིན་རླན་རུང་ཕྱེ་རྫས་པའི་ཡེ 500གཏོར་ནས་ནད་རིམས་འགོག་བཅོས་བྱེད་དགོས།

2.སྙི་རུལ་ནད། ནད་འབུ་ནི་གཙོ་བོ་རྨ་ཁ་ནས་བཙན་འཛུལ་ཐེབས་པ་ཡིན། ནད་ལྡང་དུས་མགོར་ཆུ་སྙིགས་ཀྱི་དབྱིབས་སུ་ཆགས་པ་དང་། ཉིན 2~3བར་ནས་ཕྱི་ལྤགས་མར་བརྡེབས་པའམ་སར་ལྷུང་ཞིང་དེའི་སྟེང་དུ་ཕྲ་སྲིན་དཀར་པོའི་བེ་སྣབས་མངོན། ནང་ཁུལ་གྱི་རྩ་འཛུགས་ཡོད་ཚད་རུལ་བར་གྱུར་ནས་དྲི་ངན་ཞིག་ཡོད་པ་དང་། དེའི་རྗེས་སུ་རྩ་བ་རུལ་ནས་ཕྱི་འདབ་ལྷུང་བ། སོ་རླུམ་ཕྱི་ཤོར། སྡོང་རྐང་རུལ་བ་ཡིན། འདི་ནི་ཕྲ་སྲིན་རང་བཞིན་གྱི་ནད་ཀྱི་གནོད་པ་ཡིན། ཚ་བ་ཆེ་ཞིང་ཆར་ཆུ་མོད་པ་དང་། འབུ་སྲིན་མང་ན་ནད་རིམས་འབྱུང་སླ་བ་ཡིན། འགོག་བཅོས་བྱེད་ཐབས་ནི། རིམས་འགོག་ས་བོན་འདེམ་སྤྱོད་བྱེད་པ་དང་ཞིང་ཁའི་བདག་གཉེར་སྐྱར་ལ་ཤུགས་སྣོན་བྱེད་དགོས། ནད་ལྡང་མ་ཐག་པའི་དུས་སུ། 72%ཞིང་སྤྱོད་ལེན་མེ་སུའུ་རྣོན་རུང་ཕྱེ་རྫས་པའི་ཡི 3 000~4 000དང་། ཡང་ན་ཀྲི་མེ་སུའུ་གསར་བ་པའི་ཡི 4 000 70%ཏའི་ཁུ་སུན་པའི་ཡི 800རེས་མོས་བེད་སྤྱོད་བྱེད་དགོས། ཉིན 7~10བར་ནས་ཐེངས 1གཏོར་བ་དང་། བསྟུད་མར་ཐེངས 2~3གཏོར་དགོས།

3. འབུའི་གནོད་འཚེ།

(1)ཞོ་ཚད་མེ་ལྕེབ། འོད་སྐྱིག་རང་གཤིས་ཡོད། དར་འབུ་འབྱུང་དུས་ས་ཞིང་སུའུ 10རེའི་སྟེང་དུ་འོད་ནག་གློག་སྒྲོན་གཅིག་རེ་བཙུགས་ནས་ཞོ་ཚད་འབུ་འཕོར་ཆེན་བསླུ་གསོད་བྱས་ཆོག སྐྱེ་དངོས་འགོག་བཅོས་ནི། འབུ་ཕྲའི་འབུ་གསོད་སྨན་རྫས Btསྤྱད་དེ་ཞོ་ཚད་འབུ་མེ་ལྕེབས་འགོག་གསོད་བྱེད་དགོས། ནད་ལྡང་མ་ཐག་པའི་དུས་སུ། 25%དང 30%མའི་ཡུག་ཉོད་ཨང་རྟགས 1དང་ཡང་ན་ཨང་རྟགས 3པའི་ཡི 5 00~1 000དང་། 50%ཨར་ཙོན་ཞུན་སྦྲིས་མ་པའི་ཡི 1 500 5%ཡང་ཐའི་པའོ་སྦྲིས་མ་པའི་ཡི 2 000 5%ཁྲི་སི་ཁི་སྦྲིས་མ་པའི་ཡི 2 000འདེམ་སྤྱོད་བྱས་ཏེ་རྣངས་གཏོར་འགོག་བཅོས་བྱེད་དགོས་ཏེ། སྨན་

གཏོར་དུས་ལོ་མའི་རྒྱབ་ངོས་ལ་གཏོར་དགོས་པའམ་ཡང་ན་གསར་འབུས་ལོ་འདབ་སྟེང་དུ་གཏོར་དགོས། ཉིན 5~7བར་ནས་ཐེངས་རེར་གཏོར་དགོས་ཤིང་། བསྟུད་མར་ཐེངས 3~5ལ་གཏོར་དགོས།

(2)མངར་ཚལ་མཚན་འཕུར་ཕྱེ་མ་ལེབ། དར་འབུ་ནི་འོད་སྙེག་རང་བཞིན་ཆུང་ཆེ་བས་ཞིང་ཁ་ནས་འདར་འགྱུལ་རང་བཞིན་གྱི་འབུ་གསོད་གློག་སྒྲོན་བཙུགས་ཆོག སྨན་རྫས་ནི15%ཨན་ཏ་ཞན་གཡེང་འཕྱོ་སྨན་རྫས་པའི་ཡི 2 000~3 000འདེམ་སྤྱོད་བྱས་ཆོག འགོག་བཅོས་དུས་ཡུན་ནི་འབུ་ཕྲུག་གི་སྒོང་འཐོར་དུས་དང་འབུ་ལོ་གཅིག་གི་འབུ་ཕྲུག་མང་བའི་དུས་སུ་ཞིང་སྨན་གཏོར་དགོས། སྨན་གཏོར་དུས་ཞིབ་ཚགས་ལྡན་དགོས་ཤིང་ལོ་འདབ་ཀྱི་ཕྱི་ནང་ངོས་གཉིས་ཀར་སྨན་རྫས་གཏོར་དགོས། འབུ་འདིའི་སྨན་གློག་ནུས་པ་ཆུང་ཆེ་བས་སྨན་རྫས་རྣམས་རེས་མོས་ཀྱིས་གཏོར་དགོས། མངར་ཚལ་མཚན་འཕུར་ཕྱེ་མ་ལེབ་ལ་ཉིན་གབ་མཚན་བསྐྱོད་ཀྱི་གོམས་གཤིས་ཡོད་པས། འགོག་བཅོས་བྱེད་ན་ས་རུབ་དུས་འགྱུལ་སྐྱོད་བྱེད་དགོས། དྲོད་ཚད་མཐོ་བའམ་ཐན་པ་བྱུང་བའི་སྐབས་སུ་འགོག་བཅོས་བྱེད་ན་ཆུའི་སྤྱོད་ཚད་ཇེ་མང་དུ་གཏོང་དགོས།

(3)གསེག་རིས་མཚན་འཕུར་ཕྱེ་མ་ལེབ། འགྱུལ་འདར་རང་བཞིན་གྱི་འབུ་གསོད་གློག་སྒྲོན་དང་། ཆགས་སྤྱོད་ཆ་འཕྲིན་གཞི་རྒྱུ། འོད་ནག་སྒྲོན་མེ་ཡང་ན་མངར་སྐྱུར་ཀ་ཏོ་རས་དར་འབུ་བསླུ་གསོད་བྱས་ཆོག 5%རའི་ཅིན་ཐིག་པའི་ཡི1 500~2 000དང 10%ཁྲའོ་ཅིན་དཔྱང་གཡེང་སྨན་རྫས་པའིཡི1 000~1 500འདེམ་སྤྱོད་བྱས་ཏེ་ཧྲངས་གཏོར་འགོག་བཅོས་བྱས་ཆོག

(4)འབུ་ལྕང་ནག འབུ་ཕྲའི་འབུ་གསོད་སྨན་རྫས་སྤྱོད་པ་སྟེ། དཔེར་ན། འབུ་སྔོན་སྲིན་དྲུག་གསེར་རྫས་པའི་ཡི500~800དང་། ཡང་ན 2.5%པའོ་ཏུག་ཐྲིས་མ་པའི་ཡི 2 000 5%རའི་ཅིན་ཐིག་དཔྱང་གཡེང་བྱེད་རྫས་པའི་ཡི 2 500

སོགས་འདེམ་སྦྱོད་བྱས་ཏེ་འགོག་བཅོས་བྱས་ཆོག གཞན་ད་དུང 20%དང 25% མའི་ཡུག་ཉིད་ཨང་རྟགས 1དང་ཡང་ན་ཨང་རྟགས 3པའི་ཡི 500~1 000 སྦྱིད་དེ་འགོག་བཅོས་བྱས་ཀྱང་ཆོག ཡིན་ནའང་། སྨན་རྫས་འདི་རིགས་ཀྱི་བྱེད་ནུས···ཕན་འབྲས་ཅུང་དལ་བས། ནམ་རྒྱུན་དུ་འབུ་ལོ་བསྒྱུར་དུས་ད་གཟོད་གནོད་འབུ་ཞི་བ་ཡིན། དེ་བས་སྨན་རྫས་སྔ་མོ་ནས་གཏོར་དགོས།

དྲུག་པ། འཚོལ་བསྡུ།

ཀན་ལན་ལོ་སྔོར་ལེགས་ཐུམ་བྱུང་ཚེ་གཅིག་རྗེས་གཉིས་མཐུད་དང་འཚོལ···བསྡུ་བྱས་ཏེ་ཚོང་རར་བཀྲམ་ཆོག

ལེའུ་བཅུ་བཞི་པ། ཆིན་ཚལ།

དང་པོ། འཚོ་བཅུད་ཀྱི་རིན་ཐང་།

ཆིན་ཚལ་གྱི་ནང་དུ་འཚོ་བཅུད་ཕུན་སུམ་ཚོགས་པ་འདུས་ཤིང་། ཆིན་ཚལ་ཁེ 100ནང་དུ་སྤྲི་དཀར་གྱི་བཅུད་ཁེ 2.2དང་ཟས་བཅུད་ཏའོ་ཁེ 8.5དང་། ལིན་ཏའོ་ཁེ 61དང་ལྕགས་ཏའོ་ཁེ 8.5སོགས་འདུས་པ་ཡིན། དེའི་ནང་དུ་སྤྲི་དཀར་གྱི་འདུས་ཚད་ནི་ཤིང་ཏོག་དང་སྔོ་ཚོད་ཀྱི་རིགས་གཞན་དག་དང་བསྡུར་ན་སྦྱོར་བཏང་དུ་ལྷབ 1གི་མཐོ་བར་མ་ཟད། ལྕགས་འདུས་ཚད་ནི་ཀྲོ་མ་ཀྲུ་ལས་ལྷབ 20ཡས་མས་ཀྱི་མཐོ་བ་ཡིན། ཆིན་ཚལ་ནང་དུ་ད་དུང་ལ་སེར་གྱི་རྒྱུ་དང་འཚོ་བཅུད་སྣ་མང་ཕུན་སུམ་ཚོགས་པ་འདུས་པས། མིའི་ལུས་ཁམས་བདེ་ཐང་ལ་ཕན་ཐོགས་ཆེན་པོ་ཡོད། ཆིན་ཚལ་ལ་ད་དུང་མཆིན་ནད་དང་ཁྲག་ཤེད་ཇེ་དམའ་རུ་གཏོང་བའི་ནུས་པ་ལྡན་ཞིང་། ནད་ཐོག་སྨན་བཅོས་ཐོག་ནས་བཤད་ནའང་གདོད་འབྱུང་རང་བཞིན་དང་སྨྱུམ་མའི་རང་བཞིན། དེ་བཞིན་དུ་ལོ་འགྱུར་དུས་སྐབས་དང་ཁྲག་ཤེད་མཐོ་བའི་ནད་སོགས་ལའང་ནུས་པ་ཆེན་པོ་ཐོན་པ་ཡིན། ཆིན་ཚལ་ནི་ཚོ་སྣ་མཐོ་བའི་ཟས་རིགས་ཤིག་ཡིན་པས་སྨན་ནད་འགོག་བཅོས་ཐད་ལའང་ཕན་ཡོན་ལྡན་པ་དང་། དེ་ཉིད་རྒྱ་མའི་ནང་བརྒྱུད་དུས་འཇུ་བའི་བྱེད་ནུས་ལྡན་ཞིང་དབྱང་འགྱུར་སྐྱུད་རྫས་འགོག་བྱེད་ཀྱི་རྒྱུ་རྩི་དང་རྒྱུ་ཞག་ཐོན་པས། གར་ཚད་མཐོ་བའི་སྐབས་སུ་རྒྱ་མའི་ནང་གི་ཕྲ་སྲིན་ལས་བྱུང་བའི་སྨན་སྐྱེད་དངོས་རྫས་ཚོད

འཛིན་དང་འགོག་བཅོས་བྱེད་ཐུབ།

གཉིས་པ། ཁོར་ཡུག་གི་ལྷང་ཅ།

ཆེན་ཚལ་ནི་ལོ་མ་ཟུང་ལྡན་གྱི་རྩེ་ཤིང་གི་རིགས་སུ་གཏོགས་པ་དང་། གདུགས་དབྱིབས་ཚན་པའི་ལོ་གཉིས་ལ་སྐྱེས་པའི་ཕྱེད་གྲང་བཟོད་འཐུས་ཀྱི་སྔོ་ཚལ་ཞིག་ཡིན། རྩ་བ་དྲང་ཞིང་བསིལ་གྲང་དང་བརྟན་གཤེར་གྱི་གནམ་གཤིས་ལ་ཆགས་པ་ཡིན། ས་བོན་སྨྱུ་གུ་འབུས་དུས་ཀྱི་ཆེས་འཚམ་པའི་དྲོད་ཚད་ནི15~18℃ཡིན། དྲོད་ཚད 15℃ལས་དམའ་དུས་སྨྱུ་གུ་འབུས་པ་དལ་བ་དང་། དྲོད་ཚད 25℃ཡན་ཆད་ཡིན་པའི་སྐབས་སུ་སྨྱུ་གུ་འབུས་ཚད་ཇེ་དམའ་རུ་འགྲོ་བ་ཡིན། དྲོད་ཚད 30℃ཡན་ཡིན་པའི་སྐབས་སུ་སྨྱུ་གུ་ཧ་ལམ་འབུས་དཀའ་བ་ཡིན། འཚོ་བཅུད་འཚར་སྐྱེ་ཉིན་མོའི་ཆེས་འཚམ་པའི་དྲོད་ཚད་ནི 20~25℃ དང་། མཚན་མོའི་ཆེས་འཚམ་པའི་དྲོད་ཚད་ནི 10~18℃ཡིན་ན་བཟང་། སའི་དྲོད་ཚད་ནི 10~23℃ཡིན་ན་རབ་ཡིན། གལ་ཏེ་དྲོད་ཚད 15℃ལས་དམའ་བ་ཡིན་ན་འཚར་སྐྱེ་དལ་བ་དང་། བསྟུད་མར་ཉིན 5~10ལ་དྲོད་ཚད 10℃ལས་དམའ་བའི་སྐབས་སུ་ཧང་ཡུ་ཐོན་པའམ་མེ་ཏོག་བཞད་སླ་བ་ཡིན། དྲོད་ཚད 25℃ལས་མཐོ་བའི་སྐབས་སུ་སྡོང་ཧང་ཤིང་རྒྱུ་ཅན་དུ་འགྱུར་ཚད་ཇེ་མགྱོགས་སུ་སོང་བའི་ཁར། སྲབ་འགྱུར་ཕྲ་ཕུང་གས་འཐོར་དུ་གྱུར་ནས་ལོ་ཧང་ཁོག་སྟོང་ཅན་དུ་འགྱུར་བ་དང་། གཤིས་རྒྱུད་ཀྱང་ཇེ་ཞན་དུ་འགྲོ་བ་ཡིན། དཔེར་ན། ཕྱི་ཆེན་གྱི་ལོ་འདབ་ནི་ཉི་འོད་ཐོག་ཡུན་ཐུང་བའི་དུས་སུ་འཚར་སྐྱེ་ཙུང་ལེགས་ཤིང་། ཉི་འོད་ཐོག་ཡུན་རིང་དུས་རྩ་བའི་འཚར་སྐྱེ་ལ་བཀག་རྒྱ་ཐེབས་པ་ཡིན། ཕྱི་ཆེན་གྱི་འཚར་སྐྱེའི་དུས་མགོར་ཉི་མའི་འོད་ཟེར་འདང་ངེས་ཤིག་ཐོག་དགོས་པ་དང་། འཚར་སྐྱེ་དུས་མཇུག་ཏུ་སླེབ་དུས། ཉི་འོད་ཐོག་ཡུན་ཐུང་བ་དང་ཉི་ཟེར་ཙུང་ཞན་ན་འདི་ཉིད་ཀྱི་འཚར་སྐྱེ་ལ་ཕན་ཐོགས་ཧ་ཅང་ཆེན་པོ་ཡོད། དེ་བས། ཕྱི་ཆེན་ནི་

སྤྱིར་བཏང་དུ་སྟོན་དུས་དང་དགུན་དུས་སུ་འདེབས་གསོ་བྱས་ན་སྐྱེ་ཚུལ་ཤིན་ཏུ་ལེགས། ཕྱི་ཆེན་ནི་བརྟན་གཤེར་ཅན་གྱི་མཁའ་རླུང་དང་ས་རྒྱུ་ཆ་ལ་དགའ་བ་སྟེ། རྒྱུ་མཚན་ནི་ཕྱི་ཆེན་གྱི་རྩ་ལག་དང་པགས་སྐྱེ་རྩ་འཛུགས་ཁྲོད་ཀྱི་སྐྱེལ་འདྲེན་མ་ལག་དར་ཞིང་རྒྱས་ལ། སའི་ཐོག་རིམ་དང་འོག་རིམ་ལ་དབྱུང་སྐྱེལ་ཐུབ་པས། ས་རྒྱུའི་ནང་གི་ཆུ་རྫུལ་འཛོམ་ཚད་ཕུན་སུམ་ཚོགས་པ་དང་འཚར་སྐྱེ་ཡང་ཤིན་ཏུ་ལེགས་པ་ཡིན། ཕྱི་ཆེན་གྱི་འཚར་སྐྱེ་བརྒྱུད་རིམ་ཁྲོད་དུ་འདང་ངེས་ཀྱི་ལུད་རྫས་དགོས་ཤིང་། ཏན་ལུད་ཀྱིས་ལོ་མའི་གྲངས་ཀ་དང་ལྗི་ཚད་ལ་ཤུགས་རྐྱེན་ཆེ་བ་དང་། ཏན་ཆད་ན་ལོ་མའི་གྲངས་ཀ་མང་བ་དང་ལྗིད་ཚད་ཡང་བར་འགྱུར་བ་ཡིན། ལིན་ལུད་ནི་ལོ་མ་ཁ་ཕྱོར་དུ་འགྲོ་བར་ཕན་པ་ཡོད་ཅིང་། ལིན་ཉུང་ན་ལོ་འདབ་དང་ཉིང་འདབ་ཀྱི་འཚར་སྐྱེ་ལ་ཤུགས་རྐྱེན་ཆེན་པོ་ཡོད། ཀ་ལུད་ཀྱིས་ལོ་ཀང་རྗེ་སྦོམ་དང་རྗེ་ལྗིར་འགྲོ་བར་ཤུགས་རྐྱེན་ཆེན་པོ་ཐེབས་པར་མ་ཟད། ད་དུང་ལོ་ཀང་འོད་མདངས་ཅན་དང་གཤིས་རྒྱུད། སོས་གཉེན། ཚོ་སྣ་རྗེ་ཉུང་དུ་འགྲོ་བ་སོགས་ལ་ཕན་པ་ཡོད།

གསུམ་པ། འདེབས་འཛུགས་ཀྱི་བཀོད་སྒྲིག

སྟོན་དུས་སྤྱིལ་བུ་འདེབས་གསོ་དང་། སྟོན་ཁ་དང་དགུན་ཁར་དྲོད་ཁང་འདེབས་གསོ། དཔྱིད་དུས་མཐོངས་ཡངས་ཐོགས་མེད་འདེབས་གསོ་བྱེད་པ་ཡིན་ནོ། །

བཞི་པ། ས་བོན་གདམ་ག

བུན་ཐའོ་ལྔ། སོས་མཉེན་ཕྱི་ཆེན། སྦྱོ་ལའོ་ལི་ཏྲ 683 ཅེན་ནན་ཧྲི་ཆེན་སོགས་ཡོད།

ལྔ་པ། འདེབས་གསོའི་དོ་དམ་ལག་རྩལ།

(གཅིག) སོན་འདེབས་དུས་སྐབས།

སྟོན་དུས་སྤྱིལ་བུ་འདེབས་གསོ་བྱེད་དུས་ཟླ་6པའི་ཟླ་དཀྱིལ་ལམ་ཟླ་སྨད་ལ་སོན་འདེབས་བྱེད་པ། སྟོན་ཁ་དང་དགུན་ཁར་དྲོད་ཁང་འདེབས་གསོ་བྱེད་དུས་ཟླ་7པའི་ཟླ་སྟོད་ནས་ཟླ་8པའི་ཟླ་སྟོད་བར་ལ་སོན་འདེབས་བྱེད་པ། དཔྱིད་དུས་མཐོང་ཡངས་ཐོགས་མེད་འདེབས་གསོ་བྱེད་དུས་ཟླ་2པའི་ཟླ་སྟོད་ནས་ཟླ་2པའི་ཟླ་སྨད་བར་དུ་དྲོད་ཁང་སྨུག་གསོ་བྱེད་དགོས།

(གཉིས) ས་བོན་གཙང་སེལ་ཐག་གཅོད།

ཁྱི་ཆེན་ས་བོན་གྱི་པགས་སྐྱི་མཐུག་ཅིང་མཁྲེགས་པོ་ཡིན་པར་མ་ཟད། ལྷམ་གྱི་གཤེར་རྨེན་ཡང་ཡོད་པས་ཆུ་འཛིབ་དཀའ་བ་ཡིན། ས་བོན་སྔོ་འདེབས་མ་བྱས་གོང་ལ་ཆུ་ནང་དུ་སྦངས་ནས་སྨྱུ་གུ་སྐྱེ་འདེད་བྱེད་དགོས་ཏེ། དང་ཐོག་དྲོད་ཚད་50℃ཅན་གྱི་ཆུ་དྲོན་མོའི་ནང་དུ་སྦངས་ནས་དུས་ཚོད་སྐར་མ་30ལ་འཛོག་དགོས་ཤིང་། རྒྱུན་དྲོད་ཆ་རྐྱེན་འོག་ཏུ་དུས་ཚོད་8 ~12ལ་འཛོག་དགོས་པར་མ་ཟད། ཟམ་མི་ཆད་པར་བཀྲུ་བཤལ་བྱེད་དགོས། དེའི་འཕྲོར། རས་རློན་པས་བཏུམས་ནས་དྲོད་ཚད་15~22℃ཡི་ཁོར་ཡུག་གི་ཆ་རྐྱེན་འོག་ཏུ་ཉིན་7~10བཞག་ནས་སྨྱུ་གུ་སྐྱེ་འདེད་བྱེད་དགོས་ཤིང་ས་བོན་མང་ཆེ་བས་དཀར་མདངས་མངོན་རྗེས་ས་བོན་སྔོ་འདེབས་བྱེད་དགོས།

(གསུམ) སྨྱུ་གུ་གསོ་ས་གྲ་སྒྲིག་བྱེད་པ།

སྔོ་འདེབས་མ་བྱས་པའི་ཉིན་3~5ཡི་སྔོན་ལ་སྨྱུ་གུ་གསོ་ས་སྔོ་སྒྲིག་རྒྱག་དགོས་ཤིང་། གཏིང་ལུད་འདང་ངེས་ཤིག་བཞག་པའི་ཁར་ས་ཞིང་ཁོད་སྙོམ་དགོས། སྨི་གྲུ་བཞི་མ་རེའི་སྨྱུ་གུ་གསོ་སའི་སྟེང་དུ་རུལ་བསྐལ་ལངས་པའི་ཞིང་ཁྱིམ་ལུད་རྫས་ཁེ15དང་། ལིན་སྦྱར་ཨེན་གཉིས་ཁེ25བཞག་པའི་ཁར། གཞན་ད་དུང50%ཐའོ་ཕུ་ཅིན་དང50%ཏའོ་སྲིན་ལིན་ཁེ10ཡིས་ས་རྒྱུ་དུག་སེལ་བྱེད་དགོས། དེ་ནས་གཏིང་ཆུ་འདང་ངེས་ཤིག་གཏོར་ནས་ཆུ་ས་འོག་ཏུ་ཐིམ་རྗེས་སྔོ་འདེབས

བྱུས་ཚོག

(བཞི)སོན་འདེབས།

གཏོར་འདེབས་དང་རོལ་འདེབས་གང་རུང་བྱུས་ཚོག ཕྱི་ཆེན་གྱི་སྨུག་གསོ་དུས་ཡུན་རིང་བའི་དབང་གིས། སྔ་འདེབས་བྱེད་དུས་ཕྱིར་བཏང་གི་ཆེན་ཚལ་ལས་སྔབ་འདེབས་བྱེད་ཅིང་། སྤྱི་གྲུ་བཞི་མ་རེའི་སྨུ་གུ་གསོ་ས་སྟེང་དུ་ས་བོན་ཁ 2~3སྒྱིད་དགོས། དེའི་འཕྲོར་མཐུག་ཚད་ལ་ལི་སྨི 0.3 ~0.5ཡོད་པའི་ས་འགེབས་དགོས་ཤིང་། མཇུག་མཐར་འཁྱིག་ཤོག་འགེབས་དགོས།

(ལྔ) ལྡང་པ་དོན་དུས་ཀྱི་དོ་དམ།

སྨུ་གུ་ས་འོག་ནས་ཡར་སའི་ཁར་ཐོན་པའི་རྗེས་སུ་དུས་ཐོག་ཏུ་དེའི་སྟེང་གི་འཁྱིག་ཤོག་བཤུས་དགོས་ཤིང་། དྲོད་ཁང་ནང་གི་དྲོད་ཚད་20℃ཡས་མས་རྒྱུན་འཁྱོངས་བྱེད་དགོས། སྨུ་གུ་ལ་ལོ་མ་གཉིས་པ་སྐྱེས་པའི་རྗེས་སུ་སྨུར་མོར་སྨུ་གུ་མཐུག་སེལ་བྱེད་དགོས། སྨུ་གུའི་བར་ཐག་ལི་སྨི 12ཡོད་དགོས་པ་དང་། སྨུ་གུའི་སྙོམ་ཚད་ཁག་ཐེག་བྱེད་དགོས། ལོ་འདབ3~4ཐོན་རྗེས་སྨུ་གུ་གསེབ་འཕྲུལ་བྱེད་པ་དང་། སྨུ་གུའི་བར་ཐག་ལི་སྨི 6ཡོད་དགོས་པར་མ་ཟད། འོས་འཚམ་གྱིས་ཆུ་ཚོད་འཛིན་བྱས་ནས་ལོ་མ་སྐྱེས་དྲགས་པར་འགོག་བཅོས་བྱེད་དགོས། ཕྱིར་བཏང་གི་སྨུ་གུའི་འཚར་སྐྱེའི་དུས་ཡུན་ནི་ཉིན 60~70བར་ཡིན་ལ། སྨུ་གུ་སྐྱེས་ནས་ལོ་འདབ 5~6ཐོན་པའི་རྗེས་སུ་ཟ་སྦྱོས་རྒྱག་དགོས། ཕྱི་ཆེན་གྱི་སྨུ་གུ་དོན་དུས་གཙོ་བོ་འདང་ངེས་ཀྱི་བཞའ་ཚན་ལ་བརྟེན་ནས་འཚར་སྐྱེ་འབྱུང་བ་དང་། སྐྱེ་རྟེན་ལོ་མ་སྙོམས་པོར་བརྫལ་ནས་ཟིལ་སྙིང་མ་བཏོན་པའི་སྔོན་ལ་ཆུ་འདྲེན་མི་རུང་། སྨུ་གུར་ལོ་འདབ1~2ཐོན་དུས་སྨུ་གུ་མཐུག་སེལ་བྱེད་པ་དང་བསྟུན་ནས་ས་སྲབ་མོ་རིམ་པ་གཅིག་འགེབས་དགོས། ཟ་སྦྱོས་བརྒྱབ་པའི་རྗེས་སུ་ཆུ་འདྲེན་པ་དང་བསྟུན་ནས་སྤྱི་གྲུ་བཞི་མ་རེའི་སྟེང་དུ་ལིན་སྐྱུར་ཨེན་གཉིས་ཁ 20འཇོག་དགོས། རྩེ

ཤིང་རྡུལ་ནད་བྱུང་ཡོད་པ་ཤེས་མ་ཐག་ཞིང་སྤྱོད་ལེན་མེ་སྒུའུ་གཏོར་བ་དང་རྩ་སྤྲོས་མ་བརྒྱབ་པའི་ཉིན5~7བར་གྱི་སྔོན་ལ་དྲོད་ཚད་ཇེ་དམའ་རུང་བཏང་ནས་སྨུག་འདེམ་བྱེད་དགོས།

(དྲུག) རྩ་སྤྲོས་རྒྱག་པ།

སྔོན་དུས་སྨིལ་བུ་འདེབས་གསོ་བྱེད་དུས་ཟླ 8པའི་ཟླ་དཀྱིལ་ལམ་ཟླ་སྨད་ལ་རྩ་སྤྲོས་རྒྱག་པ་དང་། སྔོན་ཁ་དང་དགུན་ཁར་དྲོད་ཁང་འདེབས་གསོ་བྱེད་དུས་ཟླ9པའི་ཟླ་སྟོད་དམ་ཟླ་དཀྱིལ་ནས་ཟླ10བའི་ཟླ་སྟོད་བར་དུ་རྩ་སྤྲོས་རྒྱག་པ་ཡིན། དཔྱིད་དུས་མཐོང་ས་ཡངས་ཐོགས་མེད་འདེབས་གསོ་བྱེད་དུས་ཟླ 4པའི་ཟླ་དཀྱིལ་ལམ་ཟླ་སྨད་བར་དུ་རྩ་སྤྲོས་རྒྱག་པ་ཡིན། མཐོང་ས་ཡངས་ཐོགས་མེད་འདེབས་གསོ་བྱེད་དུས། ཉིན་ཕྱོགས་ཀྱི་ས་བབ་དང་ས་རྒྱུ་གཤིན་པོ། ཆུ་འདྲེན་སྟབས་བདེ་ཡིན་པའི་ས་ཆ་འདེམ་དགོས། རྩ་སྤྲོས་མ་བརྒྱབ་པའི་ཉིན5~7སྔོན་ལ་དུས་ཐོག་ཏུ་རྩྭ་ངན་དང་སྡོང་ཆག་ལ་སོགས་པ་གཙང་སེལ་བྱེད་དགོས་ཤིང་། ས་ཞིང་སྨུའུ་རེའི་སྟེང་དུ་རུལ་བསྐལ་ལངས་པའི་ཕྱུས་ལེགས་ཁྱིམ་ལུད་སྤྱི་ཀྲ 5 000~6 000དང་། སྣུམ་སྙིགས་སྤྱི་ཀྲ 100དང་། ལིན་སྦྱར་ཨེན་གཉིས་སྤྱི་ཀྲ 20~25བར་དང་། ཕྲན་སྦྱར་ཆེང་ཨན་སྤྱི་ཀྲ 20བསྲེས་སྙོམས་བྱས་ནས་གཏོར་དགོས། དེའི་འཕྲོར། གནམ་གཤིས་དྭངས་ཤིང་རླུང་མེད་པའི་ཉིན་མོ་འདེམས་ནས་རྩ་སྤྲོས་རྒྱག་དགོས། སྨུ་གུ་སོན་འདེབས་བྱེད་དུས་སྟོང་ཀང་པན་ཚུན་གྱི་བར་ཐག་ལི་སྨི15~20ཡོད་དགོས་ཤིང་། སྨུ་གུ་ཆེ་བ་དང་ཆུང་བ་རྣམས་སོ་སོ་ལོགས་སུ་འབྱེད་པ་དང་། སྨུ་གུ་འདེབས་པའི་སྐབས་སུ་གཟབ་གཟབ་བྱས་ཏེ་སྨུ་གུའི་ཉིང་འདབ་ས་འོག་ཏུ་འགེབས་པར་དོ་སྣང་བྱེད་དགོས། སྨུའུ་རེའི་སྟེང་དུ་སྨུ་གུ 5 000~10 000ཁག་ཐེག་བྱེད་དགོས་ཤིང་། རྫོ་འདེབས་བྱས་རྗེས་ས་ཐོག་ཏུ་ཆུ་གཏོར་དགོས།

(བདུན) ཞིང་ཁའི་བདག་གཉེར།

ཆ་སྒྲོས་བརྒྱབ་རྗེས་ཉིན3~4བར་ལ་ཆུང་རྒྱུག་ཏུ་འཇུག་མི་རུང་། ཉིན་མོའི་དྲོད་ཚད20℃ཡས་མས་དང་མཚན་མོའི་དྲོད་ཚད13~18རྒྱུན་འཁྱོངས་བྱེད་དགོས། དགུན་ཁ་གྲང་ངར་ཆེ་དུས་དྲོད་ཚད་དམའ་ནའང5℃རྒྱུན་འཁྱོངས་བྱེད་དགོས། ཕྱི་ཆེན་གྱི་འཚར་སྐྱེ་དུས་མགོའི་དུས་ཚོད་རིང་བ་དང་འཚར་སྐྱེ་དལ་བ་ཡིན་པས། ཞིང་ནང་དུ་རྩྭ་ངན་ཐོན་སླ་བ་དང་། ཡུར་མ་ཡུར་བ་དང་ཟུང་འབྲེལ་གྱིས་རྩྭ་ངན་གཙང་སེལ་བྱེད་དགོས། ཕྱིར་བཏང་དུ་འཚར་སྐྱེ་བརྒྱུད་རིམ་ཁྲོད་དུ་ཡུར་མ་ཐེངས2~3ལ་ཡུར་བ་དང་། ཡུར་མ་ཡུར་དུས་ས་གཏིང་རིམ་ལ་སློག་མི་རུང་བར་རྩ་བ་ལ་རྨས་སྐྱོན་འབྱུང་བར་སྔོན་འགོག་བྱེད་དགོས་ཤིང་དང་། ཡུར་མ་ཡུར་རྗེས་དུས་ཐོག་ཏུ་ས་སྐྱོར་རྒྱག་དགོས། ཆ་སྒྲོས་བརྒྱབ་ནས་ཉིན1~2འགོར་རྗེས་ཡང་བསྐྱར་ཐེངས1ལ་ཆུ་གཏོར་བ་དང་། ཕྱིར་བཏང་དུ་བསྡུད་མར་ཐེངས3~4ལ་ཆུ་གཏོར་དགོས། ལོ་ཉིང་ལྗང་མདོག་ཏུ་འགྱུར་ཡོད་པ་དང་རྩ་བ་གསར་པ་སར་ཐོན་རྗེས། ཡུར་མ་ཡུར་ནས་ལྗང་པ་རྩ་ཟབ་སྡོང་རྒྱས་ཡོང་བར་བྱས་ཏེ་ལོ་མ་སྐྱེས་དྲགས་པ་སྔོན་འགོག་བྱ་དགོས། སྡོང་རྐང་ཡར་སྐྱེས་ནས་མཐོ་ཚད་ལ་ལི་སྨི15ཡས་མས་ཡིན་པའི་དུས་སུ་སྟེང་ལུད་འཇོག་མགོ་རྩོམ་དགོས་པ་དང་། ས་ཞིང་མུའུ་རེའི་སྟེང་དུ་ཞའོ་ཟུང་ཨེན་སྤྱི་རྒྱ15~20དང་ཡང་ན་ཟེ་སྒྱུར་ཨན་སྤྱི་རྒྱ25~30གཏོར་དགོས། ཆ་སྒྲོས་བརྒྱབ་ནས་ཉིན60~70འགོར་རྗེས་ལོ་ཉིང་དྲང་སྐྱེ་དུས་སྐབས་སུ་སླེབས་ཡོད་པས། ས་ཞིང་མུའུ་རེའི་སྟེང་དུ་གཅིན་རྒྱ་སྤྱི་རྒྱ15དང་ཟེ་སྒྱུར་ཙྭ་སྤྱི་རྒྱ4~5གཏོར་དགོས། སྟེང་ལུད་ཐེངས་རེར་བཞག་རྗེས་ཆུ་བཏང་ནས་ས་རྒྱུའི་བརླན་གཤེར་རྒྱུན་འཁྱོངས་བྱེད་དགོས་པ་དང་། ལྷག་པར་དུ་ལོ་ཉིང་འབུས་པའི་སྐབས་སུ་བརླན་གཤེར་འདོན་སྤྲོད་བྱེད་པར་ཁག་ཐེག་བྱེད་དགོས།

(བརྒྱད) ནད་འབུའི་གནོད་སྐྱོན་འགོག་བཅོས།

1.ཁྲ་རྙིད་ནད། ཆེན་ཚལ་གྱི་ཁྲ་རྙིད་ནད་ལ་ཞོག་ཁོག་ཕྱི་རིམས་ཀྱང་ཟེར། ནད་རིམས་འདིའི་རིགས་ནི་སྲུང་སྐྱོབ་ས་ཁུལ་གྱི་འདེབས་གསོའི་ཁྲོད་དུ་ཧུང་ཚབས་ཆེན་གྱི་རིགས་ཡིན་ལ། གཙོ་བོ་ལོ་འདབ་དང་ལོ་ཡུ་དང་སྡོང་རྐང་སོགས་ལ་གནོད་པ་ཡིན། ལོ་མའི་སྟེང་དུ་ནད་ལྷང་དུས་ནད་ཐིག་ཆེ་ཆུང་གཉིས་ཡོད་དེ། ཐོག་མར་ནད་ལྷང་དུས་སྨུག་ནག་ཁམ་མདོག་མངོན་པ་དང་། ནད་ཐིག་ཆེ་བའི་ཆེ་ཆུང་ནི་ཧའོ་སྨི 3~10བར་དང་ནད་ཐིག་ཆུང་བའི་ཆེ་ཆུང་ནི་ཧའོ་སྨི 0.5~0.2ཡིན།ནད་ཐིག་གི་ཕྱི་རིམ་ནས་སེར་མདོག་གི་འཁྱིམས་གདུབ་ཅིག་ཡོད་པ་ཡིན། ལོ་ཡུ་དང་སྡོང་པོའི་གཞུང་རྟའི་སྟེང་དུ་ནད་ལྷང་དུས་འཛོང་དབྱིབས་རིང་པོའི་ནད་ཤུལ་མངོན་པ་དང་། ནད་ཐིག་ངོས་སུ་ནད་ཐིག་ཁྲ་རིལ་འབྱུང་བ་ཡིན། འབུ་སྦྲ་དང་ས་བོན་གྱི་སྐྱི་མོའི་སྟེང་དུ་ཡིབ་ནས་སྡོད་པའམ་ས་བོན་ཐོག་ཏུ་འབྱར་བ་དང་། ནད་གཞིའི་ལྷག་རོ་དང་ས་བོན་འཚོལ་བསྡུ་བྱས་ཚར་བའི་རྩ་བའི་སྟེང་དུ་གབ་ནས་དགུན་སྐྱོལ་བ་ཡིན། ནད་གཞིའི་ལྷག་རོའི་སྟེང་དུ་དགུན་སྐྱོལ་བའི་ནད་འབུ་ནི་དྲོད་ཚད་དང་རླན་ཚད་ཚད་ངེས་ཅན་ཞིག་ལ་སླེབས་རྗེས། གྱེས་སྐྱེས་ཐུམ་རྡུལ་ཐོན་ཆས་དང་གྱེས་སྐྱེས་ཐུམ་རྡུལ་ཁྲོད་དུ་འབྱུང་ཞིང་། རླུང་རྒྱུན་དང་ཆུ་གཏོང་བ་བརྒྱུད་ནས་ཁྱབ་སྤེལ་དུ་འགྲོ་བ་ཡིན། གཙོ་བོ་ནི་རླན་ཚད་མཐོན་པོ་དང་ལོ་མའི་ཆུ་ཐིགས་སྟེང་དུ་གནས་ཡོད་པ་དང་། ཡང་ན་ཧུང་གྲང་བསིལ་གྱི་ཁོར་ཡུག་གི་ཆ་རྐྱེན་འོག་ཏུ་འབྱུང་བ་ཡིན། འཚར་སྐྱེ་ཞན་པ་ནི་ས་བོན་གྱི་རིམས་འགོག་ནུས་པ་ཞན་པའི་དབང་གིས་བསྐྱེད་པ་ཡིན། འགོག་བཅོས་བྱེད་ཐབས་ནི། རིམས་འགོག་ས་བོན་འདེམས་སྒྲུབ་བྱེད་པ་དང་ས་བོན་ལ་དུག་སེལ་བྱ་དགོས། ཞིང་ཁའི་བདག་གཉེར་ལ་ཤུགས་སྣོན་བྱེད་པ་སྟེ། དཔེར་ན་མཐུག་འཇུགས་འོས་འཚམ་བྱེད་ཅིང་ཞིང་ནང་གི་རླན་ཚད་སོགས་ཚོད་འཛིན་བྱེད་དགོས། སྦུ་གུའི་མཐོ་ཚད་

ལི་སྨི 2 ~3ཡོད་པ་དང་ཡང་ན་ནད་ལྡང་མ་ཐག་པའི་དུས་སུ 75%པའི་ཅིན་ཆེང་པའི་ཡེ 600~800དང 50%ཏའོ་ཅིན་ཞིང་ཆྭན་ཙུང་ཕྱེ་རྫས། 64%དུག་གསོད་མཚུར་པའི་ཡེ 500འདྲེས་སྦྱོད་བྱས་ཏེ། བསྟུད་མར་ཆྭངས་གཏོར་ཐེངས 2~3ལ་བྱེད་དགོས།

2.སྙེ་ཙུལ་ནད། གཙོ་བོ་སོ་ཡུ་དང་ཡང་ན་སྟོང་པོའི་གཞུང་རྟའི་སྙེང་དུ་ཐོན་པ་ཡིན། ནད་ཐོག་མར་ལྡང་དུས་སུ་ཆུ་སྙིགས་ཀྱི་དབྱིབས་དང་། སྔོ་མདོག་འཕང་ལོའི་དབྱིབས་དང་ཚུལ་ལྡན་མིན་པའི་ནད་ཤུལ་མངོན་ཞིང་། དེའི་འཕྲོར། ནང་ཁུལ་གྱི་རྩ་འཛུགས་ཙུལ་བསྐལ་དུ་གྱུར་ནས་དྲི་ངན་འབྱུང་བ་ཡིན། ལ་སེར་མཉེན་པའི་ཙུལ་སྲུངས་ནད་སྐྱེད་རིགས་སྣ་དང་འདྲ་བར་འབུ་ཕྲའི་གནོད་པའི་རིགས་སུ་གཏོགས། སྤྱིར་བཏང་དུ་སྟོང་ཁང་འཚར་སྐྱེ་དུས་དཀྱིལ་ལམ་དུས་མཇུག་ཏུ་རྩོས་བསིལ་གྲིབ་དང་ས་བརླན་ཆེ་ན་ནད་རིམས་འདི་ཉིད་འབྱུང་སླ་བ་ཡིན། སྐབས་འགར་འཁྱགས་སྐྱོན་དང་གཞན་པའི་གནོད་འཚེ་དང་བསྲེས་སྡེལ་བྱེད་ཅིང་། བསྟུད་འདེབས་བྱས་ན་ནད་ལྡང་ཚད་ཚབས་ཆེན་ཡིན། འགོག་བཅོས་བྱེད་ཐབས་ནི། ནད་མེད་ས་ཆ་འདེམས་ནས་འདེབས་གསོ་བྱེད་པ་དང་། ཡང་ན་ལོ་གཉིས་འགོར་ཚུན་ནས་རེས་འདེབས་བྱེད་པ། དོ་དམ་ལ་ཤུགས་སྣོན་རྒྱག་པ། རྩྭ་ངན་འཐུ་བའམ་ཡུར་མ་ཡུར་བའི་སྐབས་སུ་རྩ་བར་རྨས་སྐྱོན་མི་འབྱུང་བར་བྱས་ཏེ། རྨ་ཁར་ཕྲ་སྲིན་གྱིས་བཙན་འཛུལ་བྱེད་པར་སྔོན་འགོག་བྱེད་དགོས། ས་སྐྱོར་རྒྱག་སྐབས་ལོ་ཁང་ས་འོག་ཏུ་འཇུག་པར་གཡོལ་དགོས་ཤིང་། ནད་སྟོང་ཡོད་པ་ཤེས་ན་དུས་ཐོག་ཏུ་གཙང་སེལ་བྱས་ནས་དེའི་འཕྲོར་རྫེ་ཐལ་ཞུང་དུ་གཏོར་ནས་དུག་སེལ་བྱེད་དགོས། གལ་ཏེ་འཚོལ་བསྡུ་བྱས་པའི་རྗེས་སུ་སྟོང་ཁང་སྙེང་དུ་སོད་ན། གསོག་འཇོག་བྱེད་དུས་སྔར་བཞིན་ཙུལ་ཉེན་ཆེ་བ་ཡིན། ནད་ལྡང་མ་ཐག་པའི་དུས་སུ་ཀྱི་མི་སུའུ་གསར་བ་པའི་ཡེ 3 000~4 000དང་། 30%

DTསྤྲིན་གཡེང་སྨན་རྫས་པའི་ཡེ 500　72%ཞིང་སྦྱོད་ལེན་མེ་སུའུ་ཧྣན་རུང་ཕྱེ་རྫས་པའི་ཡེ 3 000རེས་སྦྱོད་བྱེད་ཅིང་། བསྟུད་མར་ཐེངས 2~3ལ་ཧྣངས་གཏོར་བྱེད་དགོས།

3.ཆིན་ཚལ་ལོ་མའི་ར་རི་ནད། ཆིན་ཚལ་ལོ་མའི་ར་རི་ནད་ལ་སྦྲ་རིམས་ནད་ཀྱང་ཟེར། གཙོ་བོ་ལོ་འདབ་ལ་གནོད་འཚེ་ཐེབས་པ་ཡིན། ལོ་འདབ་སྟེང་དུ་ཐོག་མའི་དུས་སུ་ལྷང་མདོག་གི་ཆུ་སྣིགས་དབྱིབས་གཟུགས་ཀྱི་ནད་ཐིག་མངོན། དེའི་འཁོར་ཐླུམ་པོ་དང་ཡང་ན་ཚུལ་ལྡན་མིན་པའི་དབྱིབས་སུ་འགྱུར་བ་ཡིན། ཆེ་ཆུང་ནི་ཧ་འོ་སྨི 4~10བར་དང་ནད་ཤུལ་ནི་ཁམ་སྐྱའི་མདོག་ཡིན། ཚབས་ཆེ་བའི་སྐབས་སུ་ནད་ཤུལ་ཇེ་ཆེར་གྱུར་ནས་ཁྲ་རྡོག་ཏུ་འདྲེས་ཤིང་། མཇུག་མཐར་ལོ་མ་བསྐམས་ནས་ཤི་འགྲོ་བ་རེད། སྡོང་པོའི་གཞུང་རྐང་དང་ཡང་ན་ལོ་ཡུ་སྟེང་གི་ནད་ཤུལ་ནི་འཛོང་དབྱིབས་སུ་གྲུབ་པ་དང་། ཆེ་ཆུང་ཧ་འོ་སྨི 3~7ཡིན་ལ་ཁམ་མདོག་དང་ཙུང་ཙམ་མར་རྗེབ་ཡོད་པ་ཡིན། ནད་ལྡང་ནས་ཚབས་ཆེ་བའི་དུས་སུ་ཤིང་སྡོང་སར་འགྱེལ་བ་ཡིན། བརླན་གཤེར་ཆེ་བའི་སྐབས་སུ། ནད་འབུ་གྱེས་སྐྱེས་ཐུམ་རྫུལ་འབྱུང་བ་ཡིན། ནད་ལྡང་མ་ཐག་པའི་དུས་སུ 50%ཏའོ་ཅིན་ལིང་ཧྣན་རུང་ཕྱེ་རྫས་པའི་ཡེ 800དང་། ཡང་ན50%ཐྲ་ཧྲི་ལིག་ཅིན་ལིང་ཧྣན་རུང་ཕྱེ་རྫས་པའི་ཡེ 500　77%ཁི་ཧྲ་ཧྲིག་ཧྣན་རུང་ཕྱེ་རྫས་པའི་ཡེ 500འདེམ་སྦྱོད་བྱེད་དགོས།

4.ནང་སྙིང་སེར་པོར་གྱུར་པ། ལུས་ཁམས་ནད་ཀྱི་གནོད་པ་ཡིན། མགོ་བརྩམས་དུས་ལོ་ཉིང་དང་ལོ་མའི་རྩ་རིས་ཁམ་མདོག་ཏུ་འགྱུར་ཞིང་། དེའི་འཁོར་ལོ་མའི་མཐའ་རིས་ཀྱི་ཕྲ་ཕུང་རིམ་བཞིན་ཤི་འགྲོ་ལ། ཁམ་སྐྱའི་མདོག་མངོན་པ་ཡིན། འཚར་སྐྱེའི་དུས་མགོར་འབྱུང་ཚད་ཆུང་ཞུང་བ་དང་།སྲིར་བཏང་དུ་གཙོ་བོ་ལོ་འདབ་11~12 ཐོན་དུས་ནད་རིམས་འདི་ཉིད་ཐོག་པའམ་བྱུང་བ་རེད། ནད་

རིམས་ཐོག་པའི་རྒྱུ་རྐྱེན་ནི། གཙོ་བོ་ནི་ཀ་ལ་ཉམས་པའམ་ཞུང་བའི་དབང་གིས་བསླངས་པ་ཡིན། རྫས་ལུད་སྦྱོད་ཚད་མང་དྲགས་པའི་རྗེས་སུ་ས་རྒྱུ་སྐྱུར་ཅན་དུ་བསྒྱུར་ནས་ཀ་ལ་བཙུད་མི་འདང་བར་གྱུར་པ་དང་། ལུད་གཏོར་ཚད་མང་དྲགས་པ་སྟེ། ལྷག་པར་དུ་ཏན་ལུད་དང་ཐྭ་ལུད་མང་དྲགས་ན་རྩ་ལག་གིས་ཀ་ལ་བཙུད་རྒྱུན་ལྡན་ལྟར་འཇུ་ལེན་བྱེད་པར་གནོད་པ་ཡོད། གཞན་ཡང་། དྲོད་ཚད་དམའ་བ་དང་ཚ་བ་རྒྱས་པ། ཐན་སྐྱོན་སོགས་བྱུང་ནའང་རྩ་ལག་གི་གསོན་ཤུགས་ཇེ་དམའ་རུ་འགྲོ་ཞིང་། རྩ་ལག་གིས་ཀ་ལ་བཙུད་འཇུ་ལེན་བྱེད་པའི་ནུས་པ་ཇེ་དམའ་རུ་གཏོང་བ་ཡིན་པས། ཀ་ལ་བཙུད་མི་འདང་བ་ཇེ་ལྷི་རུ་འགྲོ་བ་ཡིན། འགོག་བཅོས་བྱེད་ཐབས་ནི། རང་བཞིན་སྙོམ་པའི་ས་རྒྱུ་བདམས་ནས་ཆེན་ཚལ་འདེབས་འཛུགས་བྱེད་དགོས། སྐྱུར་གཤིས་ས་རྒྱུ་སྟེང་དུ་ཚད་དང་རན་པའི་རྡོ་ཐལ་གཏོར་ནས། ཞིང་སའི་སྐྱུར་དང་བུལ་གཤིས་རང་བཞིན་སྙོམ་པོར་སྟེབ་སྦྱོར་བྱེད་དགོས། སྐྱེ་ལྡན་ལུད་རྫས་མང་གཏོར་བྱེད་དགོས་ཤིང་། ཏན་ལུད་དང་ཐྭ་ལུད་ཚད་ལས་བརྒལ་ནས་གཏོར་བར་གཡོལ་ཐབས་བྱེད་དགོས། ལྷག་པར་དུ་ཐེངས་གཅིག་ལ་ནུས་མྱུར་ཏན་ལུད་འབོར་ཆེན་བཀོལ་མི་རུང་། ཚ་བ་ཆེན་པོ་དང་ཐན་སྐྱོན་སྔོན་འགོག་བྱེད་དགོས། དྲོད་ཚད་མཐོ་དྲགས་པའི་སྐབས་སུ་ཆླུང་རྒྱུག་ཏུ་བཙུག་ནས་དྲོད་ཚད་ཇེ་དམའ་རུ་གཏོང་དགོས། དུས་རྒྱུན་དུ་ས་རྒྱུའི་བརླན་གཤེར་རྒྱུན་སྲུང་བྱས་ཏེ། ཆུ་ཞུང་ཐེངས་མང་ལ་གཏོར་བ་ལས་གློ་བུར་དུ་སྐམ་ཤིས་ཆེ་བ་དང་གློ་བུར་དུ་བརླན་གཤེར་ཆེ་བའི་གནས་ཚུལ་བྱུང་མི་རུང་། ནང་སྙིང་སེར་པོར་འགྱུར་བའི་སྐབས་སུ། དུས་ཐོག་ཏུ་ལོ་འདབ་སྟེང་དུ 0.5%ལའི་ཏ་ཀ་ལ་དང་ཞོ་སོན་ཀ་ལ་ཆུ་ཞུན་མ་གཏོར་དགོས་ཤིང་། ལའི་ཕྱིན་ཕེ་ཨང3པ་སོགས་ཀ་ལ་ལུད་གཏོར་ནའང་ཆོག

5. ཁོག་སྟོང་། ཆེན་ཚལ་ཁོག་སྟོང་དུ་འགྱུར་བ་ནི་རྩ་འཛུགས་རྒྱས་འགྱུར་

ཀྱི་སྣང་ཚུལ་ཞིག་ཡིན། སོ་མའི་ཡུ་བའི་འོག་རིམ་ནས་ལོག་སྟོང་དུ་འགྱུར་མགོ་བཙམས་ནས་རིམ་བཞིན་གོང་དུ་འཕེལ་བ་ཡིན། ལོག་སྟོང་དུ་གྱུར་པའི་གནས་ཤུལ་དུ་དཀར་མདོག་གི་སྐྱིགས་རོ་ཤིང་སོབ་ཅན་རབ་དང་རིམ་པ་འབྱུང་བ་ཡིན། ནད་རིམས་འདིའི་རིགས་འབྱུང་སའི་གནས་མང་ཆེ་བ་ནི་ས་རྒྱུ་ཞན་པའི་ས་ཞིང་སྟེང་དུ་ཡིན། ལྷག་པར་དུ་དུས་དཀྱིལ་ལམ་དུས་མཇུག་ཏུ་ཚ་བ་ཐན་སྐྱོན་དང་ལུད་རྫས་མི་འདང་བ། ནད་འབུའི་གནོད་འཚེ། ལུད་མང་རྩ་སྲེག ཕོན་རྒྱུ་མི་འདང་བ། ཆེན་ཚལ་གྲང་འཁྱག འཚོལ་བསྡུ་འཕྲི་དྲགས་པ་སོགས་ཀྱི་རྒྱུ་རྐྱེན་དང་འཕྲད་དུས། ཆེན་ཚལ་གྱི་རྩ་ལག་གི་ལུད་རྫས་དང་ཆུ་འཇུ་ལེན་བྱེད་པའི་ནུས་པ་ཇེ་ཞན་དུ་སོང་ནས་སའི་སྟེང་གི་འཚོ་བཅུད་མི་འདང་བར་གྱུར་ན། སོ་མ་ལུས་ཁམས་ཀྱི་ནུས་པ་ཇེ་ཆུང་དུ་འགྲོ་བ་དང་། འཚོ་བཅུད་དངོས་རྫས་སྤྲོར་བཟོ་བྱེད་པའང་མི་འདང་བར་འགྱུར་བ་ཡིན། གནས་ཚུལ་དེ་འདྲའི་འོག་ཏུ། སོ་མའི་ཡུ་རྐང་ཐོག་མར་རྟེད་འཁྱེམ་རལ་གས་སུ་སོང་ནས་ལོག་སྟོང་དུ་འགྱུར་བ་ཡིན། འགོག་བཅོས་བྱེད་ཐབས་ནི། ①ཕྲུས་ཚད་མཐོ་བ་དང་རིགས་རྒྱུད་བཟང་པོའི་ཆེན་ཚལ་གྱི་འབྲུལ་མེད་ས་བོན་འདེམ་སྤྱོད་བྱེད་པ། ②འོས་ཤིང་འཚམ་པའི་འདེབས་འཛུགས་ས་ཞིང་གདམ་ག་བྱེད་ཅིང་། ལྷག་པར་དུ་སྐྱེ་ལྡན་རྫས་བཅུད་འདུས་པ་དང་། ཆུ་དང་ལུད་སྲུང་འཛིན་བྱེད་ནུས་བཟང་བ་དང་ཞིང་ཆུ་འདྲེན་འབུད་ཀྱི་ཆ་རྐྱེན་བཟང་བའི་བྱེ་ས་སོབ་སོབ་གདམ་ག་བྱེད་དགོས། ས་གཤིན་གྱི་སྐྱུར་བུལ་ཚད་གཞི་རང་བཞིན་སྙོམ་པོ་དང་སྐྱུར་གཤིས་ཀྱི་རིགས་སུ་གཏོགས་ན་བཟང་། ས་སྨྱུགས་དང་ཡང་ན་བྱེ་ས་ཡིན་པའི་ས་རྒྱུ་སྟེང་དུ་འདེབས་འཛུགས་བྱེད་མི་རུང་། ③དྲོད་ཚད་སྙོམ་སྒྲིག་དང་ཚོད་འཛིན་བྱེད་པ། ཆེན་ཚལ་ནི་བསིལ་གྲང་དང་བརྟན་གཤེར་ཅན་གྱི་ཁོར་ཡུག་ལ་འཚམ་པ་དང་། ཆེན་ཚལ་དྲོད་ཁང་ནང་དུ་འདེབས་གསོ་བྱེད་པའི་སྐབས་སུ་ཉིན་མོའི་ཆེས་འཚམ་པའི་དྲོད་ཚད་ནི15 ~20℃

ཡིན་ན་བཟང་། ཆེས་མཐོ་བའི་དྲོད་ཚད་ནི་25℃ལས་བརྒལ་མི་རུང་། མཚན་མོའི་དྲོད་ཚད་ནི10℃ཡས་མས་རྒྱུན་འཁྱོངས་བྱེད་དགོས་ཤིང་། སྤྱིར་བཏང་དུ5℃ལས་དམའ་མི་རུང་། དུས་རྒྱུན་དུ་རླུང་འོས་འཚམ་གྱིས་རྒྱུ་བར་བྱས་ཏེ་མཁའ་རླུང་གི་རླན་ཚད་ཇེ་དམའ་རུ་གཏོང་དགོས། ④འོས་འཚམ་གྱིས་ལུད་འཇོག་པ་དང་ཆུ་གཏོར་བ། གཏིང་ལུད་འདང་ངེས་ཤིག་འཇོག་དགོས་ལ་ལུད་རྫས་གཏོར་དུས་དོ་སྙོམ་ཡིན་དགོས། སྨུའུ་རེའི་སྟེང་དུ་རུལ་བསྐོལ་ལངས་པའི་ཕྲུས་ལེགས་ཀྱི་སྐྱེ་ལྡན་ལུད་སྤྱི་གྲུ 5 000གཏོར་དགོས་པར་མ་ཟད། རབ་ཡིན་ན་ད་དུང་སྐྱུར་བསྐོལ་ལངས་ཡོད་པའི་བྱ་བྲུན་སྤྱི་གྲུ 100~200དང་ཡང་ན་ལིན་སྐྱུར་ཨེན་གཉིས་སྤྱི་གྲུ15གཏོར་དགོས། ཙ་སྦྱོས་བརྒྱབ་པའི་རྗེས་སུ་སྨྱུ་གུའི་འབུས་པར་རོགས་འདེགས་བྱེད་པའི་ལུད་རྫས་འཇོག་དགོས་ཤིང་། སྨུའུ་རེའི་སྟེང་དུ་ཆུ་གཏོར་ཞོར་དུ་ཨན་ལྡན་ལུ་སྐྱུར་སྤྱི་གྲུ 15དང་སྐྱུར་བསྐོལ་ལངས་ཡོད་པའི་མིའི་གཅིན་སྐྱག་ལུད་རྫས་གཏོར་འཇོག་བྱེད་དགོས། འཚར་སྐྱེ་དུས་སྐབས་སུ་སྟེང་ལུད་འཇོག་ན་ནུས་མྱུར་ཏན་ལུད་གཙོ་བོར་བཟུང་ནས་གཞོགས་འདེགས་སུ་ཐ་ལུད་བསྲེས་སྦྱོར་གཏོར་འཇོག་བྱེད་དགོས་ལ། ཐེངས་རེར་སྨུའུ་རེའི་སྟེང་དུ་སྤྱི་གྲུ 20ཡས་མས་འཇོག་པ་ཡིན། སྟེང་ལུད་ཉིན 15བར་ནས་ཐེངས 1ལ་གཏོར་འཇོག་བྱ་དགོས། ཕོན་ཆད་པ་དང་ཁོག་སྟོང་དུ་འགྱུར་བར་སྔོན་འགོག་བྱེད་ཆེད། 0.3% ~0.5%ཕོན་ཧྲ་ཞུན་མ་ལོ་འདབ་སྟེང་དུ་གཏོར་དགོས། ཆུ་ཉུང་ཐེངས་མང་ལ་གཏོར་ནས་དུས་དང་རྣམ་པ་ཀུན་ཏུ་ས་རྒྱུ་བརླན་གཤེར་རྒྱུན་འཁྱོངས་བྱེད་དགོས། གཞན་ཡང་། དུས་ཐོག་ཏུ་འབུའི་གནོད་འཚེ་འགོག་བཅོས་བྱེད་པ་དང་དུས་ཐོག་ཏུ་འཚོལ་བསྡུ་བྱེད་དགོས།

6.ལོ་མའི་ཡུ་བ་ཁ་གས་པ། མངོན་ཚུལ་གཙོ་བོ་ནི་སྡོང་རྐང་གི་གཏིང་རིམ་དང་ལོ་མའི་ཡུ་བ་འཐོར་གས་སུ་འགྲོ་བ་ཡིན། ནད་ཐོག་པའི་རྒྱུ་རྐྱེན་ནི། གཅིག་

ནི་པོན་ཆད་པ། གཉིས་ནི་དྲོད་ཚད་དམའ་ཞིང་ཐན་སྐྱོན་གྱི་ཆ་རྐྱེན་འོག་ཏུ་འཚར་སྐྱེ་ལ་འགོག་ཤུགས་ཐེབས་པ་ཡིན། གཞན་ཡང་། ཐོལ་བྱུང་རང་བཞིན་གྱི་ཚ་ཚད་མཐོ་བ་དང་བརླན་གཤེར་ཆེ་བའི་དབང་གིས་སྔོང་ཁང་གི་ཆུ་འཇེབ་ཚད་མང་དྲགས་ན་རྩ་འཛུགས་རྣམས་ལ་མགྱོགས་མྱུར་དུ་ཆུས་བཀང་ནས་འཐོར་གས་སུ་འགྲོ་བ་ཡིན། འགོག་བཅོས་བྱེད་ཐབས་ནི། འདང་ངེས་ཀྱི་ཧུལ་བསྐྱལ་ལངས་པའི་སྐྱེ་ལྡན་ལུད་རྫས་འཇོག་པ། ཞུའུ་རེར་པོན་ཧྲ་སྤྱི་རྒྱ 1ནི་སྐྱེ་ལྡན་ལུད་རྫས་དང་བསྲེས་སྙོམ་གང་ལེགས་བྱེད་པ། གཉིས་ནི་ལོ་འདབ་སྟེང་དུ 0.1% ~0.3%པོན་ཧྲ་ཆུའི་ཞུན་མ་གཏོར་བ། ཉོ་དམ་ཁྲིད་ནས་ཆུ་སྙོམས་གཏོར་བྱེད་པར་མཉམ་འཇོག་དགོས།

7.སྐྱེ་དངོས་གནོད་འབུ། པང་ལེབ་སེར་པོས་བསླུ་གསོད་བྱེད་པ། ས་ཞིང་ཞུའུ་རེའི་སྟེང་དུ་པང་ལེབ30~40བཀལ་བ།5%ལའོ་ཆིན་ཙའོ་གྲི་པའེ་ཡེ 2 000 དང 10%ཕི་ཁྲིན་ལིན་པའེ་ཡེ4 000~6 000རེས་མོས་རླངས་གཏོར་བྱེད་དགོས།

8.ཁྲ་བོ་མདོན་མེད་སྦྲང་ནག འགོག་བཅོས་བྱེད་ཐབས་ནི་སྐྱེ་དངོས་གནོད་འབུ་དང་འདྲ་མཚུངས་ཡིན།

དྲུག་པ། འཚོལ་བསྡུ།

ཆིན་ཚལ་འཚོལ་བསྡུ་མ་བྱས་པའི་གཟའ་འཁོར་གཉིས་ཀྱི་སྔོན་ལ་ཞིང་སྣན་གང་ཉུང་བཀོལ་སྤྱོད་བྱེད་པར་བཀག་སྡོམ་བྱེད་དགོས། སྔོང་ཁང་གི་མཐོ་ཚད་ལི་སྨི 70ཡས་མས་ཟིན་པ་དང་། སྔོང་ཁང་རེའི་ལྗིད་ཚད་ཁེ 1 000ཡན་ལ་སླེབས་པའི་དུས་སུ་འཚོལ་བསྡུ་བྱས་ཆོག་ལ། འཚོལ་བསྡུ་བྱས་རྗེས་ཆིན་ཚལ་ཕྱི་རིམ་གྱི་ལོ་བ་སེར་པོ་འཐོག་སྟེ་བསྡམས་བཀྱིགས་བྱས་ནས་ཕྱིར་འཚོང་བྱེད་པ་ཡིན། སྤྱིར་བཏང་གི་ཞུའུ་རེའི་ཐོན་ཚད་སྤྱི་རྒྱ7 500~8 000ལ་སླེབས་ཐུབ།

ལེའུ་བཅོ་ལྔ་པ། པད་ཚུང་།

དང་པོ། འཚོ་བཅུད་ཀྱི་རིན་ཐང་།

པད་ཚུང་ནང་དུ་སྤྲི་དཀར་དང་ཚིལ། མངར་རྒྱུའི་རིགས། བཟའ་བཅའི་ཚི་སྣ་དང་ཀལ། ཞིན། ལྕགས། གུང་ལ་ཕུག་རྒྱུ། འཚོ་བཅུད་B1 འཚོ་བཅུད་B2 དུད་སྐྱུར། འཚོ་བཅུད་Cསོགས་འདུས་ཡོད། དེའི་ནང་དུ་ཀལ་གྱི་འདུས་ཚད་ཅུང་མཐོ་བ་དང་། ཏ་ཅང་ཚོད་དཀར་ནང་དུ་འདུས་ཚད་ཀྱི་ལྡབ 2~3ཡིན། གུང་ལ་ཕུག་གི་བཅུད་འཕོར་ཆེན་འདུས་ཡོད་དེ་སྨན་མའི་རིགས་དང་ཀྲུ་མ་ཀྲུ། ཀྭ་རིགས་སོགས་ལས་ཀྱང་མང་བར་མ་ཟད། ད་དུང་ཕུན་སུམ་ཚོགས་པའི་འཚོ་བཅུད་Cའདུས་ཡོད། ལུས་ཕུང་གི་ནད་འགོག་ནུས་པ་ཤུགས་ཆེ་རུ་གཏོང་བར་ཕན་པ་ཡོད་ཅིང་། ཁྲག་རྩའི་ལྡེམ་གཤིས་རྒྱུན་འཁྱོངས་དང་འཕར་རྩ་འཛམ་འདྲའི་སྲ་འགྱུར་ཆགས་ཚད་ཇེ་ཞུང་དུ་གཏོང་བ་ཡིན་པས། ཁྲག་རྩའི་ལྡེམ་གཤིས་རྒྱུན་འཁྱོངས་དང་། དེ་བཞིན་པགས་སྐྱི་སྟུམ་བག་ལྡན་པ་དང་གཉས་འཁོགས་སུ་འགྲོ་ཚད་ཇེ་དལ་དུ་གཏོང་བ་ཡིན། པད་ཚུང་ནང་དུ་འདུས་པའི་འཚོ་རྒྱུ་C ནི་ལུས་པོག་ཏུ་དྭངས་གསལ་སྐྱུར་བཟོ་ཚོད་འགོག་དངོས་རྫས་སུ་གྱུར་པ་ཡིན་ལ། དེར་འབྲས་སྐྲན་སྔོན་འགོག་གི་ནུས་པ་ཡོད་པར་མ་ཟད། སྐྲན་འབྲས་ཕྲ་ཕུང་གསོན་ཤུགས་མེད་པར་སྒྱུར་ཐུབ་པ་རེད། གཞན་ཡང་། པད་ཚུང་ནང་དུ་འདུས་པའི་ཚི་སྣ་རྩིང་པོས་ཕོ་བའི་དལ་འགུལ་ལ་སྐུལ་འདེད་དང་། ཕོ་བའམ་རྒྱུ་མའི་

ནང་གི་དུག་རྒྱུ་ཕྱིར་འདོན་ཐུབ་པས། འབྲས་སྨན་སྔོན་འགོག་གི་ནུས་པ་འདོན་ཐུབ་པ་ཡིན།

གཉིས་པ། ཁོར་ཡུག་གི་བླང་བྱ།

པད་ཚུང་ནི་བསིལ་གྲང་གནམ་གཤིས་ལ་འཕྲོད་ཅིང་། གྲང་བཟོད་རང་བཞིན་ཅུང་ལེགས་པར་མ་ཟད། ཚ་བའང་བཟོད་ཐུབ། དྲོད་ཚད་ 5~8℃ཡིན་ན་སྨྱུ་གུ་འབུད་ཐུབ། འོན་ཀྱང་དྲོད་ཚད་ 20~25℃བར་ཡིན་པའི་སྐབས་སུ་སྨྱུ་གུ་འབུས་ཚད་ཆེས་མགྱོགས་པ་ཡིན། འཚར་སྐྱེ་དུས་སྐབས་ཀྱི་ཆེས་འཚམ་པའི་དྲོད་ཚད་ནི་ 15~20℃ཡིན་ལ། དྲོད་ཚད་ 25℃ལས་བརྒལ་ན་འཚར་སྐྱེ་ལ་གནོད་འཚེ་ཐེབས་པ་ཡིན། ས་བོན་གྱི་སྣ་ཁ་མི་འདྲ་བའི་དབང་གིས་གྲང་ཐུབ་རང་བཞིན་ལ་ཡང་ཁྱད་པར་ཡོད། ཕྱིར་བཏང་དུ་ 0~3℃བར་ཡིན་པའི་དྲོད་ཚད་དམའ་མོའང་བཟོད་ཐུབ། པད་ཚུང་ནི་དུས་ཡུན་རིང་པོར་ཉི་འོད་ཕོག་དགོས་པའི་ལོ་ཏོག་གི་ཁོངས་སུ་གཏོགས། འོད་གསལ་མ་འདང་ན་ལོ་མ་སྐྱེས་དྲགས་པ་དང་ཡང་ན་སོག་ཚིགས་རིང་དུ་བསྐྱེད་པ་ཡིན་པས་རྒྱུད་སྤྲོས་ལ་ཤུགས་རྐྱེན་ཐེབས་པ་ཡིན། པད་ཚུང་ནི་ས་ཞིང་ལ་འཕྲོད་ཤུགས་ཅུང་ཆེ་བ་ཡིན། འོན་ཀྱང་ས་རྒྱུ་གཤིན་པོ་དང་བྱེ་ས་སོབ་སོབ་སྟེང་དུ་སྩོ་འདེབས་བྱས་ན་ལེགས། བརླན་གཤེར་མཐོ་ཚད་ཅུང་ཆེ་སྟེ་ཆུ་རྡུལ་མི་འདང་ན་འཚར་སྐྱེ་དལ་བ་དང་ཚི་སྣ་ཇེ་མང་དུ་འགྲོ་ལ་རྒྱུད་ཕྲུས་ཀྱང་ཇེ་དམའ་རུ་འགྲོ་བ་ཡིན། ལོ་མའི་འཚར་སྐྱེ་དར་པའི་སྐབས་སུ་འདང་ངེས་ཀྱི་བརླན་གཤེར་དང་ཏན་ལུད་འདོན་སྤྲོད་བྱེད་དགོས་ཏེ། དེ་མིན་ལོ་མ་ཚུང་ཞིང་སེར་པོར་འགྱུར་བ་ཡིན། པད་ཚུང་ལ་ཚ་བ་བཟོད་ཐུབ་པ་དང་གྲང་ངར་འགོག་ཐུབ་པའི་ཁྱད་ཆོས་ཡོད།

གསུམ་པ། འདེབས་འཛུགས་ཀྱི་བཀོད་སྒྲིག

སྲུང་སྐྱོབ་ས་ཁུལ་དུ་ལོ་ཕྱིལ་པོར་འདེབས་གསོ་བྱས་ཆོག མཐོངས་ཡངས་

ཐོགས་མེད་སྟེང་དུ་འདེབས་གསོ་བྱེད་སྐབས། དཔྱིད་དུས་དང་དབྱར་དུས་འདེབས་འཛུགས་བྱས་ན་བཟང་།

བཞི་པ། ས་བོན་གདམ་ག

དྲོད་ཁང་འདེབས་གསོར་འཚམ་པའི་པད་ཚུང་ནི་ལོ་རྐང་གི་ཁ་དོག་ལྟར་ན་སྔོན་པོ་དང་དཀར་པོ་གཉིས་ཡོད། རྒྱུན་དུ་སྤྱོད་པ་ནི་ཧྲང་ཧའི་སི་ཡོས་མན། བའོ་ཡོས་མན། ཏུན་ཁྲིན་ཆེན། ཐུག་ཨའི་ཆེན། ཨའི་ཙི་ཆེན། ཨར་ཡོས་མན། ཧྲང་ཧེ་ཆེན་སོགས་ཡོད།

ལྔ་པ། འདེབས་གསོའི་དོ་དམ་ལག་རྩལ།

(གཅིག) ལྗང་པ་དོན་དུས་ཀྱི་དོ་དམ།

ཉི་འོད་དྲོད་ཁང་གི་པད་ཚུང་འདེབས་གསོ་བྱེད་དུས། ཐད་ཀར་སོན་འདེབས་བྱས་ན་ཆོག་ཅིང་སྨྱུ་གུ་སྦྱོས་འཛུགས་བྱས་ཀྱང་ཆོག ས་བོན་འདེབས་པའི་དུས་ཡུན་ནི་དྲོད་ཁང་གི་ཆ་རྐྱེན་དང་ཁྲིམ་རའི་དགོས་མཁོ་ལ་དམིགས་ནས་གཏན་ཁེལ་བྱེད་དགོས། གལ་ཏེ་སྨྱུ་གུ་སྦྱོས་འཛུགས་བྱེད་པ་ཡིན་ན། སྔོ་འདེབས་མ་བྱས་པའི་སྔོན་ལ་དྲོད་ཚད 20~30℃ཅན་གྱི་ཆུ་དྲོན་མོ་ནང་དུ་དུས་ཚོད 2~3 བར་ལ་སོན་སྦང་བྱས་རྗེས། དྲོད་ཚད15~20℃ཡི་ཆ་རྐྱེན་འོག་ཏུ་སྨྱུ་གུ་སྐྱེ་འཕེལ་འབྱུང་བར་སྐུལ་འདེད་བྱེད་དགོས། 70%ས་བོན་དཀར་མདངས་མངོན་རྗེས་སྔོ་འདེབས་བྱས་ཆོག ས་བོན་སྔོ་འདེབས་མ་བྱས་གོང་ལ་ལྗང་བུ་གསོ་ས་གྲ་སྒྲིག་བྱེད་དགོས། ས་ཞིང་སྨི་གྲུ་མ་རེའི་སྟེང་དུ་སྐྱེ་ལྡན་ཕྱིམ་ལུད་སྤྱི་རྒྱ 10རེ་གཏོར་དགོས་པ་དང་། ཤལ་རྒྱག་ཁོད་སྙོམ་དང་བཙག་བཙག་བྱས་རྗེས་ཆུ་འདྲེན་དགོས། ས་སྲུབ་བུ་རིམ་པ་གཅིག་གཏོར་རྗེས་ས་ཞིང་སྨི་ངོས་གྲུ་རེར་ས་བོན་ཁེ 3 རེ་སྔོ་འདེབས་བྱེད་དགོས། དེ་ནས་མཐུག་ཚད་ལ་ལི་སྨི 0.5 ~1ཡོད་པའི་ས་རྡུལ་རིམ་པ་གཅིག་གཏོར་དགོས། གལ་ཏེ་གཏོར་འདེབས་བྱེད་པ་ཡིན་ན་ས་ཞིང་མུའུ་

རེའི་སྟེང་དུ་ཁེ 300~400 ཡི་ཚད་གཞི་ལྟར་ས་བོན་གྲ་སྒྲིག་བྱེད་དགོས། ས་བོན་བཏབ་རྗེས་ཉིན་མོའི་དྲོད་ཚད 20~25℃ བར་རྒྱུན་སྲུང་བྱེད་དགོས། སྨྱུ་གུ་འབུས་རྗེས་ཉིན་དཀར་གྱི་དྲོད་ཚད་ནི 15~20℃ཡིན་དགོས། སྨྱུ་གུ་དོ་སྙོམ་གྱིས་སའི་ཁར་བུད་རྗེས་གནམ་གཤིས་ལེགས་ཤིང་ཟིལ་བ་མེད་པའི་ཉིན་མོ་བདམས་ནས་ས་རྡུལ་རིམ་པ་གཅིག་གཏོར་ཏེ་གས་སྲུབས་རྣམས་འགེབས་དགོས། སྨྱུ་གུ་ཆུང་དུའི་ལོ་མ་གཉིས་སོ་སོར་གྱིས་དུས་སྨྱུ་གུ་མཐུག་སེལ་བྱེད་དགོས་པ་ཡིན། དེར་འཁྲིར་ད་དུང་སྨྱུ་གུར་མཐུག་སེལ་ཐེངས་གཅིག་བྱས་ཆོག་ལ། སྨྱུ་གུའི་བར་ཐག་ནི་ལི་སྨི3~4བར་ཡིན། ལྡང་པ་དོན་དུས། སྤྱིར་བཏང་དུ་ཐན་སྐྱོན་མི་འབྱུང་བས་ཆུ་མི་གཏོར་བ་ཡིན། ས་བོན་བཏབ་ནས་ཉིན 30~40འགོར་བ་དང་སྨྱུ་གུར་ལོ་མ 3~4ཐོན་རྗེས་རྩ་སྤོས་རྒྱག་དགོས། རྩ་སྤོས་མ་བརྒྱབ་པའི་ཉིན 7གྱི་སྔོན་ལ་དྲོད་ཚད 5℃ཡས་མས་ཀྱི་དྲོད་ཚད་དམའ་མོའི་ཁོར་ཡུག་ནང་དུ་བཞག་ནས་སྨྱུག་འདེམ་བྱས་ཆོག རྩ་སྤོས་མ་བརྒྱབ་པའི་སྔོན་ལ་སྐྱེ་ལྡན་ཁྱིམ་ལུད་སྤྱི་རྒྱ4 000~5 000དང་ལིན་སྐྱུར་ཨེན་གཉིས་སྤྱི་རྒྱ20~30འཛོག་དགོས། ས་བསློགས་ནས་ཞལ་རྒྱག་ཁོད་སྙོམ་བྱས་རྗེས་ལི་སྨི18~20ཡི་ཚད་གཞི་ལྟར་རྣང་མིག་ནང་དུ་ཤུར་མོ་སློག་དགོས་ལ། དེའི་འཁྲིར་སྟོང་རྐང་ཕན་ཚུན་གྱི་བར་ཐག་ལི་སྨི 10ཡི་ཚད་གཞི་ལྟར་སྨྱུ་གུ་འདེབས་འཛུགས་བྱེད་དགོས། རྩ་སྤོས་བརྒྱབ་པའི་རྗེས་སུ་ཆུ་གཏོར་དགོས།

(གཉིས) ཞིང་ཁའི་བདག་གཉེར།

རྩ་སྤོས་བརྒྱབ་པའི་རྗེས་སུ་ཉིན་དཀར་གྱི་དྲོད་ཚད་ནི 25℃མཚན་མོའི་དྲོད་ཚད 10℃རྒྱུན་འཁྱོངས་བྱས་ནས་སྨྱུ་གུ་འཛུགས་རྒྱུར་སྐྱུལ་འདེད་གཏོང་དགོས། ལོ་ཉིང་འཚར་སྐྱེ་བྱུང་མགོ་བརྩམས་པ་ནས་བཟུང་དྲོད་ཚད་ཇེ་དམའ་རུ་བཏང་ནས། ཉིན་མོའི་དྲོད་ཚད20~25℃དང་མཚན་མོའི་དྲོད་ཚད 8~10℃ཡིན་

དགོས། ཉིན་མོའི་དྲོད་ཚད 25℃ལས་བརྒལ་བའི་དུས་སུ་རླུང་རྒྱུག་ཏུ་འཇུག་དགོས། ཙ་སྤྲོས་བརྒྱབ་ནས་ཉིན 10ཡས་མས་འགོར་རྗེས་ཆུ་ཐེངས་གཅིག་ལ་གཏོར་ནས་སྨྱུ་གུ་སྐྲར་གསོས་འབྱུང་བར་བྱེད་དགོས་པར་མ་ཟད། ཆུ་གཏོར་ཞོར་དུ་གཅིན་རྒྱུ་སྦྱི་རྒྱ10~15℃དང་ཨན་ལྷན་སུ་སྦྱར་སྦྱི་རྒྱ15~20གཏོར་འཇོག་བྱེད་དགོས། གཏིང་ལུད་དང་སེར་ལངས་ཚད་བཟང་ན་ཆུ་གཏོང་བ་དང་ལུད་འཇོག་པའི་དུས་ཚོད་ནར་འགྱངས་བྱས་ཆོག་པ་ཡིན།

(གསུམ) རྒྱུན་མཐོང་ནད་རིམས།

1.ནག་ཐིག་ནད། ནད་ཤུལ་ནི་ལོ་མའི་ངོས་གཉིས་སུ་འབྱུང་བ་དང་། ཟླུམ་པོ་དང་སྒོར་དབྱིབས་སུ་གྲུབ་ཅིང་སྐྱ་མདོག་གམ་ཁམ་མདོག་མདོན་གསལ་ལྡན་ལ། སྙིང་རིས་འཁོར་ལོའི་མཐའ་འཁོར་དུ་སེར་མདོག་གདུབ་གཟུགས་གྲུབ་པར་མ་ཟད། བརླན་གཤེར་ཆེ་བའི་སྐབས་སུ་ནད་ཤུལ་དུ་སུར་ནག་ཟེགས་མ་ཕྲ་མ་ཡོད། ལོ་མའི་ཡུ་རྐང་ཆ་ཤས་སྐམ་འགྲོ་བ་དང་། ཚབས་ཆེ་བའི་སྐབས་སུ་ནད་ཤུལ་ཡུག་འབྲེལ་ཡིན་ཞིང་ཕྱི་འདབ་མར་ཟགས་འགྲོ་བ་ཡིན། བརླན་གཤེར་ཆེ་བའི་སྐབས་སུ་ནད་རིམས་གནོད་འཚེ་ཚབས་ཆེན་ཡིན། ནད་ལྡང་དུས་ཆེས་འཚམ་པའི་དྲོད་ཚད་ནི 17℃ཡིན། འོན་ཀྱང་དྲོད་ཚད10 ~35℃བར་མཚམས་ཡིན་པའི་སྐབས་སུ་འཚར་ལོངས་འབྱུང་ཐུབ་པ་ཡིན། འགོག་བཅོས་བྱེད་ཐབས་ནི། ①ས་བོན་ལ་དུག་སེལ་བྱེད་པ། 40%སྦྱི་མེ་ཧྲོང་དང་ཡང་ན 40%མའི་ཅིན་ཏན་བསྲེས་ནས་སྦྲོ་འདེབས་བྱེད་པ། སྨན་རྫས་ཀྱི་གྲངས་ཚད་ནི་ས་བོན་གྲངས་ཚད་ཀྱི 0.4%ཡིན། ཡང་ན་དྲོད་ཚད 50℃ཅན་གྱི་ཆུ་དྲོན་མོའི་ནང་དུ་དུས་ཚོད་སྐར་མ 20ལ་སོན་སྦང་བྱེད་པ། ②ཞིང་ཁའི་བདག་གཉེར་ལ་ཤུགས་སྣོན་རྒྱག་པ། ཆུ་གཏོར་བའི་རྗེས་སུ་རླུང་རྒྱུག་པ་དང་བརླན་གཤེར་སེལ་བར་མཉམ་འཇོག་བྱས་ནས། ཁང་པ་ནང་ཁུལ་གྱི་རླན་ཚད་མཐོ་དྲགས་པར་སྔོན་འགོག་བྱེད་དགོས། རྒྱུ་

ཁྲམ་མེ་ཧོག་གི་རིགས་ཚན་དུ་གཏོགས་པ་མ་ཡིན་པའི་སྔོ་ཚལ་དང་ལོ་གཉིས་རེའི་བར་ནས་ཐེངས་རེར་འདེབས་རེས་བྱེད་པ་དང་། དུས་ཐོག་ཏུ་ཞིང་ནང་གི་སྔོང་ཆགས་དང་ལྷག་རོ་ལ་སོགས་པ་གཙང་སེལ་བྱེད་དགོས། ③སྨན་རྫས་འགོག་བཅོས། ནད་ལྡང་མ་ཐག་པའི་དུས་སུ 75%པའི་ཅིན་ཆེང་རླན་ཐུང་ཕྱེ་རྫས་དང་ཡང་ན 75%ཏའི་སེན་སླན་ཞིན་རླན་ཐུང་ཕྱེ་རྫས་པའི་ཡེ 500དང་། 40%མེ་ཅིན་ཏན་པའི་ཡེ 400 64%དུག་གསོད་མཚུར་རླན་ཐུང་ཕྱེ་རྫས་པའི་ཡེ 500 རེས་མོས་བེད་སྤྱོད་བྱེད་ཅིང་། ཉིན 7བར་ནས་ཐེངས 1ལ་གཏོར་བ་དང་། བསྟུད་མར་ཐེངས 2~3ལ་གཏོར་དགོས།

2.སད་འབུའི་ནད། ལྗང་སྨྱུག་འབུས་པའི་དུས་སུ་ནད་རིམས་འགོས་པ་དང་ལོ་མར་གནོད་འཚེ་ཐོག་པ་ཡིན། སྐྱེ་རྟེན་ལོ་མའི་རྒྱབ་ངོས་སུ་ནད་ཤུལ་སེར་སྐྱ་འབྱུང་བ་དང་། ཚབས་ཆེ་བའི་སྐབས་སུ་སྨུ་གུའི་ཡུ་ཀང་སེར་པོར་གྱུར་ནས་སྐམ་ཤི་རུ་འགྲོ་བ་ཡིན། འཚར་སྐྱེ་བྱུང་བའི་སྔོང་ཀང་ལ་ནད་རིམས་འགོས་ན། ལོ་མའི་རྒྱབ་ངོས་སུ་སད་འབུ་དཀར་པོ་འབྱུང་བ་རེད། ལོ་མའི་དྲང་ཕྱོགས་ནས་ལྗང་སྐྱའི་ཁ་དོག་མདོན་པའི་ནད་ཤུལ་འབྱུང་བ་དང་། རིམ་བཞིན་སེར་པོ་ནས་ཁམ་སེར་དུ་འགྱུར་བ་ཡིན། ནད་ཤུལ་རྒྱ་ཆེ་རུ་སོང་རྗེས་ལོ་མའི་ཡུ་ཀང་ལ་ཚོད་འཛིན་ཐེབས་པའི་དབང་གིས་ཟུར་མང་དབྱིབས་གཟུགས་ཅན་དུ་འགྱུར་ཞིང་། ནད་རིམས་ཇེ་ལྷོད་དུ་སོང་བ་དང་བསྟུན་ནས་ནད་ཤུལ་ཡུག་འབྲེལ་ཡང་ཇེ་མང་དུ་འགྲོ་བ་དང་ལོ་མ་རྣམས་ཀྱང་སྐམ་ཤི་རུ་འགྲོ་བ་རེད། གལ་ཏེ་སྲུང་སྐྱོང་ས་གནས་ལ་ཏན་ལུད་འཇོག་ཚད་མང་དྲགས་པ་དང་སྦུག་ཚད་ཆེ་དྲགས་པ། རླུང་རྒྱུག་མི་ལེགས་པ་དང་བརླན་གཤེར་ཆེ་བ། དྲོད་ཚད15℃ཡས་མས་ཡིན་པའི་སྐབས་སུ་ནད་རིམས་འབྱུང་ཚད་ཚབས་ཆེན་ཡིན། འགོག་བཅོས་བྱེད་ཐབས་ནི། སོན་འདེབས་མ་བྱས་པའི་གོང་ལ 75%པའི་ཅིན་ཆེང་དང་ཡང་ན 35%ཙའི་དུག་མའི་

ས་བོན་དང་བསྲེས་དགོས་ཤིང་། སྨན་རྫས་ཀྱི་གྲངས་ཚད་ནི་ས་བོན་ལྗིད་ཚད་ཀྱི་1.3%ཡིན་ན་བཟང་། ནོ་དམ་ལ་ཤུགས་སྐྱོན་རྒྱག་པ། འདེབས་གསོའི་སྟུག་ཚད་དང་ལུད་རྒྱག་པ། ཆུ་གཏོང་བ། རླུང་རྒྱུག་ཏུ་འཇུག་ཚད་སོགས་འོས་ཤིང་འཚམ་པ་ཞིག་ཡིན་དགོས་ལ། དུས་ཐོག་ཏུ་སྡོང་ཁང་ནད་རིམས་ལྷག་རོ་རྣམས་གཙང་སེལ་བྱས་ཏེ། ནད་རིམས་བསྐྱར་གློས་མི་ཡོང་བར་བྱེད་དགོས། སྨན་རྫས་འགོག་བཅོས་ནི་སད་འབུའི་ནད་ལ་ཟུར་ལྟ་བྱས་ཏེ་དེ་ཉིད་ཀྱི་འགོག་བཅོས་བྱེད་ཐབས་བཀོལ་སྤྱོད་བྱས་ཆོག

3.གཙའ་དཀར་ནད། ནད་ལྡང་བའི་ཐོག་མའི་དུས་སུ་ལོ་མའི་རྒྱབ་ངོས་སུ་སྔོར་དབྱིབས་དཀར་པོ་ཆུང་འབུར་ཞིང་ཚུལ་ལྡན་མིན་པའི་དབྱིབས་སུ་གྲུབ་པའི་ཆུ་བུར་ཁྲ་ཐིག་མངོན་པ་དང་། འདིར་མཚན་མེད་འཕེལ་ནུས་ཕྲ་ཕུང་ཡང་ཟེར། དེའི་ཕྱི་ངོས་སུ་འོད་མདངས་བཀྲ་ཞིང་། ལོ་མའི་ཁ་ཤས་སྟེང་དུ་ཆུ་བུར་ཁྲ་ཐིག་བཅུ་ཕྲག་མངོན་པའང་ཡོད། འཚར་སྐྱེ་བྱུང་བའི་ཆུ་བུར་ཁྲ་ཐིག་གི་སྐྱི་ལྤགས་གས་འཐོར་དུ་སོང་ནས་ཕྱེ་རྡུལ་དཀར་མདོག་མཆེད་པ་དང་། དེར་ནད་འབུ་མཚན་མེད་འཕེལ་ནུས་ཕྲ་ཕུང་ཐུམ་སྣོད་ཀྱང་ཟེར། དྲང་ཕྱོགས་ཀྱི་ལོ་མའི་སྟེང་དུ་ལྗང་སེར་མུ་འགྲམ་ཁ་གསལ་མ་ཡིན་པ་དང་ཚུལ་ལྡན་མིན་པའི་ཁྲ་ཐིག་མངོན་ཞིང་། སྐབས་འགར་རྡུལ་སྐྱེ་ལ་སྦྲིད་ནས་ཐུམ་སྲིན་ནི་དེ་ཉིད་སྟེང་དུ་རྡུལ་རྫས་ལ་བརྟེན་ནས་འཚོ་བ་དང་། ནད་ཐིག་ཀྱང་རིམ་བཞིན་ཁ་དོག་ནག་པོར་འགྱུར་བ་ཡིན། ལྗང་ཁང་མི་རྟག་གི་ཡལ་ག་དང་མི་རྟག་གི་འདེབས་ཆས་ལ་གནོད་འཚེ་ཐོག་དུས་སུ། རྣམ་སྨིན་ཡ་མ་གཟུགས་དང་གུག་འཁྱོག་རྒྱུགས་ཆེ་བ་བྱུང་ནས། དེའི་ཆུ་བུར་ཤ་རྫས་སྡོང་པོའི་སྟེང་དུ་འོ་མ་ལྟར་དཀར་པོ་ཁ་དོག་མངོན་པའི་ཆུ་བུར་ཁྲ་ཐིག་འབྱུང་བ་ནི་ནད་འདིའི་ཁྱད་ཆོས་གལ་ཆེན་ཞིག་ཏུ་གྱུར་ཡོད།

དཀར་པོ་བཙའ་སྲིན་ནི་དྲོད་ཚད་0~25℃བར་ནས་བསྐྱེད་ཐུབ་པ་དང་།

ནད་རྟགས་མི་མངོན་པའི་དུས་ཡུན་ནི་ཉིན 7~10བར་ཡིན། དེ་བས། ནད་རིམས་འདི་རིགས་ནི་མང་ཆེ་བ་ནི་འཕྲེད་ཐུག་གི་ཏུའུ་གྲངས་དང་ཡང་ན་རྒྱ་མཚོའི་ངོས་ལས་མཐོ་བའི་གྲང་འཁྱགས་ས་ཁུལ་ལམ་དྲོད་ཚད་དམའ་བའི་ལོ་གྲངས་ནང་དུ་འབྱུང་ཞིང་ནད་རྟགས་མངོན་པ་ཡིན། ས་ཁུལ་དེ་དག་ནས་དཔེར་ན་དྲོད་ཚད་དམའ་བ་དང་ཆར་ཆུ་མོད་པ། ཉིན་མཚན་གྱི་དྲོད་གྲང་ལ་ཁྱད་པར་ཆེ་བ། ཟིལ་བ་ལྕི་བ། བསྟུད་འདེབས་བྱེད་པ་ཡང་ན་ཏན་ལུད་མང་དུ་གཏོར་བ། སྡོང་རྐང་བཙུགས་པ་སྟུག་པོར་གྱུར་པ། རླུང་རྒྱུག་ཚད་མི་ལེགས་པ་དང་ས་བབ་དམའ་བ། ཆུ་འབུད་ཆ་རྐྱེན་མི་བཟང་བའི་ཞིང་ནང་དུ་ནད་རིམས་འབྱུང་ཚད་མཐོ་བ་ཡིན། འགོག་བཅོས་བྱེད་ཐབས་ནི། ནད་ལྷང་མ་ཐག་པའི་དུས་སུ 25%ཙྪ་རྫོང་ལིང་ཀླན་ཙུང་ཕྱེ་རྫས་པའི་ཡི 800དང 50%ཙྪ་རྫོང་ཐུན་ཀླན་ཙུང་ཕྱེ་རྫས་པའི་ཡི 600ཡང་ན 58%ཙྪ་རྫོང་ལིང་མྣན་ཞིན་ཀླན་ཙུང་ཕྱེ་རྫས་པའི་ཡི 500དང་། ཡང་ན 64%དུག་གསོད་མཚུར་ཀླན་ཙུང་ཕྱེ་རྫས་པའི་ཡི 500སོགས་ཞིང་སྨན་འདེམ་སྤྱོད་བྱས་ཏེ། སྨུའུ་རེའི་སྟེང་དུ་ཁེ 50~60གཏོར་བ་དང་། ཉིན 10~15བར་ནས་ཐེངས 1ལ་གཏོར་དགོས་ཤིང་། བསྟུད་མར་ཐེངས 2ལ་གཏོར་ན་སྔོན་འགོག་ཕན་འབྲས་མཐོ་བའོ། །

དྲུག་པ། འཚོལ་བསྡུ།

དྲོད་ཁང་དུ་ཙ་སྔོས་བརྒྱབ་ནས་ཉིན 40འགོར་རྗེས་འཚོལ་བསྡུ་བྱས་ཆོག དེ་བཞིན་དུ་ཁྲིམ་རའི་དགོས་མཁོར་གཞིགས་ནས་དུས་རིམ་བཀར་ནས་འཚོལ་བསྡུ་བྱས་ཆོག་ཅིང་། ཡང་ན་ཐེངས་གཅིག་རང་བཞིན་གྱིས་འཚོལ་བསྡུ་བྱས་ཀྱང་ཆོག

ལེའུ་བཅུ་དྲུག་པ། ཨ་སྲུ།

དང་པོ། འཚོ་བཅུད་ཀྱི་རིན་ཐང་།

ཨ་སྲུའི་འཚོ་བཅུད་ཕུན་སུམ་ཚོགས་པ་དང་། ཆུ་རྫུལ་འདུས་ཚད་ཀྱང་ཧ་ཅང་མཐོ་སྟེ་སྤྱི་གྲངས་ཀྱི་90%ཟིན་ཡོད། ཨ་སྲུའི་ནང་དུ་འཚོ་རྒྱུ་Cདང་། གྲུང་ལ་ཕྲུག་རྒྱུ། འཚོ་བཅུད་B1 འཚོ་བཅུད་B2སོགས་དང་། དུས་མཚུངས་སུ་ད་དུང་ཕུན་སུམ་ཚོགས་པའི་གཏེར་རྫས་ཏེ། དཔེར་ན། ཀལ་དང་ལྕགས། ཞིན། ཀླི་སོགས་འདུས་ཡོད། ཨ་སྲུའི་ནང་དུ་ཀྱུ་ཤུ་སྐྱུར་ལྡ་དང་། བདུད་རྩི་མངར་རྒྱུ་སོགས་འདུས་ཡོད། ཨ་སྲུའི་ནང་དུ་འདུས་པའི་འཚོ་བཅུད་Cནི་སྟོ་ཚལ་དཀྱུས་མ་ལས་མཐོ་བ་དང་། སྤྱིར་བཏང་གི་མིའི་བཟའ་ཆས་སུ་ཨ་སྲུ་ཁ་7~10ཡོངས་སྤྱོད་བྱས་ན་མིའི་ལུས་ཕུང་གི་འཚོ་བཅུད་Cཡི་དགོས་མཁོ་སྐོང་ཐུབ་པ་ཡིན། ཨ་སྲུ་ནང་དུ་འདུས་པའི་ལ་སེར་གྱི་རྒྱུ་ནི་ཀྲོ་མ་ཀྲུ་དང་ཚལ་ཧོ་ཨུ་སྤྲན་མ། རྟོང་ཀྱ་ལ་སོགས་ལས་ལྡབ་10ལྷག་ཙམ་མཐོ་བ་ཡིན། ཨ་སྲུ་ལ་རྩུལ་ནག་འདོན་པ་དང་སེབ་ནད་འབྱིན་པ། གཞན་ད་དུང་ཟས་ཞུ་བའི་ཕན་ནུས་ལྡན་པ་དང་། གཙོ་བོ་དུས་མགོའི་སེབ་བུའམ་སྐམ་ནད་འགོག་བཅོས་བྱེད་པའི་ཁར། ཚ་རྒྱུ་བདེ་བགྲོད་མ་ཡིན་པ་དང་ཁ་ཟས་གསོག་འགག བཟའ་འདོད་མེད་པ། རྫི་ཤ་ལུག་པ་ལ་སོགས་པའི་ནད་རིགས་འགོག་བཅོས་བྱེད་ཐུབ།

གཉིས་པ། ཁོར་ཡུག་གི་བླང་བྱ།

ཨུ་སུ་ནི་གྲང་བཟོད་རང་བཞིན་གྱི་སྔོ་ཚལ་གྱི་རིགས་སུ་གཏོགས། གྲང་བསིལ་བསྟུན་གཤེར་ཅན་གྱི་ཁོར་ཡུག་གི་ཆ་རྐྱེན་ལ་འཕྲོད་པ་དང་། དྲོད་ཚད་མཐོན་པོ་དང་ཐན་སྐམ་བྱུང་བའི་ཁོར་ཡུག་འོག་ཏུ་འཚར་སྐྱེ་འབྱུང་དཀའ་བ་ཡིན། ཨུ་སུའི་སྨུ་གུ་ནི 2~5℃ཡི་དྲོད་ཚད་དམའ་བའི་འོག་ཉིན 10~20འགོར་ན་སོན་བཞའ་འགུག་ཐུབ་པ་ཡིན། དེའི་འཕྲོར་དུས་ཡུན་རིང་པོར་ཉི་འོད་ཐོག་པའི་ཆ་རྐྱེན་འོག་ཏུ། འོད་ཟེར་འཁོར་ཡུན་བརྒྱུད་ནས་རྐང་ཡུ་ཐོན་པ་རེད། ཨུ་སུ་ནི་རྩ་ལག་སའི་གཏིང་རིམ་ལ་ཟུག་མེད་པའི་སྔོ་ཚལ་ཞིག་ཡིན་ལ། བསྡུ་ལེན་བྱེད་པའི་ནུས་པ་ཞན་ཞིང་། ས་རྒྱུའི་བཞའ་རླན་དང་འཚོ་བཅུད་སོགས་ཀྱང་ཤིན་ཏུ་ལེགས་དགོས་པར་མ་ཟད། ཆུ་སྲུང་བ་དང་ལུད་རྫས་སྲུང་ཐུབ། སྐྱེ་ལྡན་རྫས་བཅུད་ཕུན་སུམ་ཚོགས་པའི་ས་རྒྱུ་སྟེང་དུ་སོན་འདེབས་བྱས་ན་ཤིན་ཏུ་འོས་པ་ཡིན། ས་རྒྱུའི་སྐྱུར་བུལ་ཚད་གཞི་ནི pH6.0~7.6ཡིན།

གསུམ་པ། འདེབས་འཛུགས་ཀྱི་བཀོད་སྒྲིག

ཨུ་སུ་ཡིས་དྲོད་ཚད་མཐོན་པོ་མི་བཟོད་པ་དང་གྲང་བསིལ་གྱི་གནམ་གཤིས་ལ་འཕྲོད་པ་ཡིན། ཚ་བ་ཆེ་བའི་དུས་ཚིགས་སུ་ཨུ་སུ་འདེབས་གསོ་བྱས་ན་སྔོ་དྲིག་ཐོན་སླ་བས། ཐོན་ཚད་དང་གཤིས་ཁྱུས་ལ་གནོད་པ་འབྱུང་བའི་དབང་གིས་སྤྱིར་བཏང་དུ་སྟོན་དུས་སྐྱ་འདེབས་བྱས་ན་བཟང་། མཚོ་སྔོན་ཞིང་ཆེན་ནས་དཔྱིད་ཀ་དང་དབྱར་ཁ། སྟོན་དུས་གང་རུང་ལ་འདེབས་འཛུགས་བྱས་ཆོག་ཅིང་། ཞིང་ཁ་དང་ལྡུམ་རའི་ནང་དུ་འདེབས་འཛུགས་བྱས་ཆོག་ལ། ཁང་བའི་རྒྱབ་མདུན་ལ་ཡང་ཁྱད་པར་མེད་པར་གང་རུང་དུ་འདེབས་འཛུགས་བྱས་ཆོག་རབ་ཡིན་ལ་ལོ་གསུམ་ལ་ཨུ་སུ་དང་ཆིན་ཚལ་བཏབ་མ་མྱོང་བའི་ས་ཞིང་ངམ་ལྡུམ་རའི་ནང་དུ་བཏབ་ལ་བཟང་སྟེ། སྔོང་རྐང་རུལ་སུངས་ཀྱི་ནད་རིམས(སྨུ་གུ་ཤི་རོ་དང་ལྷོང་བུ་ཤི་རོ་ཡང་ཟེར)སོགས་ས་བརྒྱུད་ནད་རིམས་ཀྱི་གནོད་འཚེ་སྟོན

འགོག་བྱེད་དགོས།

བཞི་པ། ས་བོན་གདམ་ག

ཨུ་སུ་ལ་ལོ་མ་ཆེན་པོ་དང་ལོ་མ་ཆུང་ངུ་སྟེ་རིགས་གཉིས་ཡོད་དེ། མིག་ཐེར། སྲུང་སྐྱོང་ཁུལ་ནས་འདེབས་འཛུགས་བྱེད་པར་འཚམ་པའི་ས་བོན་ལ་གཙོ་བོ་སྔ་ཁ་ལྔ་ཡོད་པ་དང་། ཧྲན་ཧྲུང་ལོ་མ་ཆེན་པོ་དང་། པེ་ཅིང་ཨུ་སུ། ཡོན་དབྱང་ཆིག་ཨུ་སུ། མེ་ཏོག་དཀར་པོའི་ཨུ་སུ(མིང་གཞན་ལ་གཞུང་སྔོན་ཨུ་སུ)དང་། སླུག་སྐྱའི་ཨུ་སུ(མིང་གཞན་ལ་གཞུང་སླུག་ཨུ་སུ)སོགས་ཡོད།

ལྔ་པ། འདེབས་གསོའི་དོ་དམ་ལག་རྩལ།

(གཅིག) ས་བོན་གཙང་སེལ་ཐག་གཅོད།

ཨུ་སུའི་ས་བོན་འཕྲུར་མཉེད་བྱས་ཏེ་དྲོད་ཚད 15~20℃ ཡོད་པའི་ཆུ་དྭངས་མོའི་ནང་དུ་དུས་ཚོད12~24ལ་སོན་སྦང་བྱེད་དགོས། (དུས་དཀྱིལ་དུ་ཆུ་ཐེངས་གཅིག་ལ་བརྗེ་གསོར་བྱེད་དགོས)ཕྱིར་བཏོན་རྗེས་ཆུ་རྣམས་ཙང་སྐམ་པར་བཙིར་ནས་རས་ཁུག་རློན་པའི་ནང་དུ་འཇོག་དགོས་ཤིང་། ཁུག་མ་རེ་རེའི་ནང་དུ་ས་བོན་སྤྱི་ཀྲ 0.5འཇོག་པ་ཡིན། དེའི་འཕྲོར་གྲང་བསིལ་དང་བརླན་གཤེར་འཛོམ་པའི་ས་གནས་སུ་བཞག་ནས་མྱུ་གུ་སྐྱེ་འཕེལ་འབྱུང་བར་སྐུལ་འདེད་བྱ་དགོས། མྱུ་གུ་སྐྱེ་འཕེལ་གྱི་གོ་རིམ་ཁྲོད་དུ། ས་བོན་ཕྱིར་བཏོན་ནས་ཉི་མ་རེར་དྲོད་ཚད 10~20℃ཡོད་པའི་ཆུ་དྲོན་མོའི་ནང་དུ་བཞག་ནས་ཐེངས་གཅིག་ལ་སྦང་དགོས། དེ་བཞིན་དུ 5×10^{-6}རྒྱུ་མེ་སུཨུ(85%རྒྱུ་མེ་སུཨུ་ཁེ 1ནང་དུ་ཆུ་སྤྱི་ཀྲ 170བསྲེས་སྦྱོར་བྱེད་པ) ཡང་ན 1.8%ཐྱིན་ཁྲན་སུཨུ་ནང་དུ་ཆུ་པའི་ཡི 6 000 བསྲེས་སྦྱོར་བྱས་ཏེ། དུས་ཚོད 12~14བར་ལ་སོན་སྦང་བྱེད་ཅིང་། དྲོད་ཚད་དམའ་མོའི་སོན་སྦང་དང་མྱུག་སྐྱུལ་གྱི་ཚབ་བྱེད་དགོས།

(གཉིས) སོན་འདེབས།

སྐྱེ་ལྡན་ལུད་རྫས་སྦྱར་བསྐལ་གང་ལེགས་ལངས་པ་དང་རྩག་རྩིག་ཏུ་བཟོ་དགོས་ཤིང་། ཕྱིར་བཏང་དུ་མུ་རེའི་སྟེང་དུ་སྐྱེ་ལྡན་ལུད་རྫས་སྤྱི་རྒྱ 8 000དང་ལིན་སྦྱར་ཨེན་གཉིས་སྤྱི་རྒྱ 75གཏོར་འཛོག་བྱེད་དགོས། ལུད་བཞག་རྗེས་ས་སློག་པ་ཤལ་རྒྱལ་ཕོད་སྐོམ་ཐེངས 2 ~3བྱས་ཏེ། ས་དང་ལུད་རྫས་ཀྱི་བསྲེས་སྦྱོར་ངོ་སྐོམ་ཡོང་བར་བྱེད་དགོས། དེའི་འཕྲོར་རྣང་མིག་ཕོད་སྐོམ་བྱས་ནས་བཞའ་ཚན་གཏིང་ཆུ་འདང་ངེས་ཤིག་གཏོང་བ་དང་། ཆུ་ཐིམ་རྗེས་དུས་ཐོག་ཏུ་ས་བོན་རྨོ་འདེབས་བྱས་ཆོག ས་ཞིང་མུ་རེའི་སྟེང་དུ་ས་བོན་སྤྱི་རྒྱ1.5སྤྱོད་དགོས། གལ་ཏེ་མྱུར་མོར་འཚར་སྐྱེ་བྱུང་སྟེ་སྨྱུ་གུ་ཆུང་དུ་ཁྲིམ་རར་མཁོ་སྤྲོད་བྱེད་དགོས་ན་བར་ཐག་ཤིན་ཏུ་སྟུག་དགོས་ཤིང་། ས་ཞིང་མུ་རེའི་སྟེང་དུ་ས་བོན་ཁི10ཡན་རྨོ་འདེབས་བྱེད་དགོས། ས་བོན་གཏོར་འདེབས་བྱས་རྗེས་མཐུག་ཚད་ལ་ལི་སྨི 0.5 ~0.8ཡོད་པའི་བྱེ་ས་འགེབས་དགོས། ཞ་སྔུའི་མྱུ་གུ་འབུས་ནས་ཉིན 3 ~4 འགོར་རྗེས་ཆུ་ཐེངས 1ལ་གཏོར་དགོས། གྲང་ངར་ཆེ་བའི་དུས་ཚོགས་སུ་སྒྲིག་བཀོད་ནང་ཁྲུལ་གྱི་ལྷང་བུ་གསོ་བ་སྲུང་སྐྱོང་བྱས་ནས། གནམ་གཤིས་ཡག་དུས་ཀྱི་ཉིན་དགུང་གི་དྲོད་ཚད་མཐོ་བའི་ཉི་མས་བསྲོ་བར་སྐྱོན་འགོག་བྱེད་དགོས་པར་མ་ཟད། ཉིན་རེར་ཆུ་ཐེངས 1ལ་གཏོར་དགོས།

(གསུམ) རྩྭ་འགེམས་སྨན་རྫས་གཏོར་བ།

ཞ་སྔུ་བཏབ་རྗེས་མུ་རེ་སྟེང་དུ 48%སྤྲུལ་ལེག་ལིན(ཆའེ་ཁྲེ་ཉུན)ཐྲིས་མ་ཁི 50དང་། ཡང་ན 25%ལི་ཀུད་ལུང་ཐྲིས་མ་ཁི 100 50%ལི་ཀུད་ལུང་རླན་ཙང་ཕྱེ་རྫས་ཁི 60ནང་དུ་ཆུ་སྤྱི་རྒྱ 50བསྲེས་སྦྱོར་བྱས་ནས་ངོ་སྐོམ་གྱིས་རྣང་ངོས་སུ་གཏོར་དགོས་པར་མ་ཟད། རྣང་ངོས་ཀྱི་བརླན་གཤེར་རྒྱུན་འཛིན་བྱེད་དགོས། ཞ་སྔུའི་མྱུ་གུ་འབུས་པའི་རྗེས་སུ། མུ་རེའི་སྟེང་དུ 50%ཕའོ་ཚོད་ཙིན་རླན་ཙང་ཕྱེ་རྫས་གཙང་མ་ཁི 50ནང་དུ་ཆུ་སྤྱི་རྒྱ 50བསྲེས་ནས་གཏོར་དགོས།

(བཞི) ཞིང་ཁའི་བདག་གཉེར།

ཞ་སྨུའི་ལྡང་པ་དོན་དུས་འཚར་སྐྱེའི་དྲོན་ཚད་ནི 3 ~20℃ཡིན་ཞིང་། 12~15℃བར་ནི་འཚམ་ཤོས་རེད། ཞ་སྨུ་ནི་བརླན་གཤེར་ལ་དགའ་བ་དང་འོད་སྐྱོན་ལ་སྐྲག་པ་ཡིན་པས། དུས་དང་རྣམ་པ་ཀུན་ཏུ་ས་རྒྱུའི་བརླན་གཤེར་རྒྱུན་འཁྱོངས་བྱེད་དགོས། སྨུ་གུ་སའི་ཁར་བུད་རྗེས་སྨུ་གུ་མཐུག་སེལ་བྱེད་ཅིང་། ལོ་འདབ 2ཐོན་རྗེས་སྨུ་གུ་གསེབ་འཐྲལ་བྱེད་པ་དང་། སྨུ་གུ་བར་ཚུན་གྱི་བར་ཐག་ནི་ལི་སྨི 3~4བར་ཡིན། སྨུ་གུ་ཡར་སྐྱེས་ནས་མཐོ་ཚད་ལི་སྨི 2ཡོད་པའི་སྐབས་སུ་སྙིང་ལུད་འཇོག་མགོ་རྩོམ་དགོས་ཤིང་། ཆུ་འདྲེན་འོར་དུ་ནུས་སྒྱུར་ཏན་རྒྱུ་རྫས་ལུད་གཏོར་ན་བཟང་། སྤྱིར་བཏང་དུ་ཉིན 8~10བར་ནས་ཆུ་ཐེངས 1ལ་གཏོར་དགོས་ཤིང་། ཉིན 1གི་བར་མཚམས་ནས་ལུད་རྫས་ཐེངས 1ལ་འཇོག་ཅིང་། ཐེངས་རེར་ཟླ་ལྡན་ཟེ་ཚྭའི་སྐྱུར་སྤྱི་རྒྱ 15(ཡང་ན་གཅིན་རྒྱུ་སྤྱི་རྒྱ10)དང་། པོན་ཧྲ་སྤྱི་རྒྱ 0.25གཏོར་དགོས། དུས་མཐུག་ཏུ་ཏན་ལུད་དང་ཟླ་ལུད་བསྲེས་སྦྱོར་བྱེད་ཅིང་། ཐེངས་རེར་གཅིན་རྒྱུ་དང་ཟླ་ལྡན་ཟེ་ཚྭའི་སྐྱུར་སོ་སོ་སྤྱི་རྒྱ 8 ~10གཏོར་དགོས། འཚོལ་བསྡུ་མ་བྱས་པའི་ཟླ་ཕྱེད་ཀྱི་སྔོན་ལ། 20×10⁻⁶~25×10⁻⁶རྫུ་མི་སྨུའུ་གཏོར་ནས་ཐོན་ཚད་ཇེ་མང་དུ་གཏོང་དགོས།

(ལྔ) ནད་འབུའི་གནོད་སྐྱོན་འགོག་བཅོས།

སྔ་འབྱུང་ནད་རིམས་དང་ཞིག་ཁོག་ཕྱི་རིམས་ནི་དུག་གསོད་མཚུར་ལ་བརྟེན་ནས་འགོག་བཅོས་བྱེད་པ་དང་། སྲིད་ཉིང་ནད་དང་སྐྲ་འབུའི་ནད་ནི་སྨུའུ་ཁི་ལིང་དང་ཅིན་ཧེ་ཆེང་སོགས་ཀྱིས་འགོག་བཅོས་བྱེད་དགོས། སྐྲི་རྡུལ་ནད་ནི DTདང CTསོགས་ཀྱི་འགོག་བཅོས་དང་། ནད་དུག་ནད་ནི་ཅིན་ཏའོ་ཆེན་དང་ཀྲི་པིན་ལིང་སོགས་ཀྱི་འགོག་བཅོས་བྱེད་པ་ཡིན། སྔོང་རྐང་རྡུལ་ནད་ནི་ཏའོ་ཅེན་ལིང་སོགས་ཀྱི་འགོག་བཅོས་དང་། སྐྲི་དངོས་གནོད་འབུ་དང་ཕྱི་དཀར། ཁྲ་བོ

མཛོན་མེད་སྨྲང་ནི་ཕི་ཁྲོན་ལིན་དང་ཧིན་ཁྲོན་མའེ། ཨ་ལྷེར་ཁྲོན་ཆེན་སོགས་ཀྱི་འགོག་བཅོས་བྱེད་དགོས།